"十四五"职业教育国家规划教材

职业教育**数字媒体应用**人才培养系列教材

# Premiere Pro CS6 视频编辑案例教程

·微课版·第2版·

王世宏 杨晓庆◎主编 赵兰畔 孟艳芳 黄艳兰◎副主编

人民邮电出版社

北京

**图书在版编目（CIP）数据**

Premiere Pro CS6 视频编辑案例教程 ： 微课版 / 王世宏， 杨晓庆主编. -- 2 版. -- 北京 ： 人民邮电出版社，2025. -- (职业教育数字媒体应用人才培养系列教材).
ISBN 978-7-115-67467-8

Ⅰ. TP317.53

中国国家版本馆 CIP 数据核字第 20251B02T9 号

## 内 容 提 要

本书全面、系统地介绍 Premiere 的基本操作方法及视频编辑技巧，内容包括初识 Premiere Pro CS6，视频剪辑，视频切换效果，应用视频特效，调色、抠像与叠加，字幕与字幕特效，音频与音频特效，输出文件和综合设计实训。

本书的主要章以课堂实训案例为主线，通过案例操作，学生能快速熟悉视频后期编辑思路。通过对软件相关功能的介绍，学生能够深入了解软件功能；实战演练和综合实训可以拓展学生的实际应用能力，提升学生的软件使用技巧。本书最后一章精心安排了 6 个精彩的综合设计实训，帮助学生快速掌握视频后期制作的设计理念和设计元素，顺利达到实战水平。本书提供书中所有案例的素材及效果文件，便于教师授课、学生学习。

本书可作为高等院校数字艺术类专业 Premiere 相关课程的教材，也可作为相关人员的参考书。

◆ 主　　编　王世宏　杨晓庆
副 主 编　赵兰畔　孟艳芳　黄艳兰
责任编辑　马　媛
责任印制　王　郁　焦志炜

◆ 人民邮电出版社出版发行　　北京市丰台区成寿寺路 11 号
邮编　100164　　电子邮件　315@ptpress.com.cn
网址　https://www.ptpress.com.cn
山东华立印务有限公司印刷

◆ 开本：787×1092　1/16
印张：12.5　　2025 年 8 月第 2 版
字数：312 千字　　2025 年 8 月山东第 1 次印刷

定价：49.80 元

**读者服务热线：(010)81055256　印装质量热线：(010)81055316**
**反盗版热线：(010)81055315**

# 前言

## 编写目的

Premiere 是 Adobe 公司开发的视频编辑软件。它功能强大、易学易用，深受广大视频制作爱好者和视频后期编辑人员的喜爱，是这一领域流行的软件之一。目前，我国很多高等院校的数字艺术类专业都将 Premiere 作为一门重要的专业课程。为了帮助教师全面、系统地讲授这门课程，让学生能够熟练地使用 Premiere 进行视频编辑，我们几位长期在学校从事 Premiere 教学的教师和专业影视制作公司经验丰富的设计师合作编写了本书。

人民邮电出版社充分发挥在线教育方面的技术优势、内容优势、人才优势，潜心研究，为读者提供"纸质图书+在线课程"配套的全方位学习 Premiere 视频编辑的解决方案。读者可根据个人需求，利用图书和微课视频进行碎片化、移动化的学习，以便快速、全面地掌握 Premiere 视频编辑技术。

## 本书特色

本书全面贯彻党的二十大精神，以社会主义核心价值观为引领，传承中华优秀传统文化，坚定文化自信，使内容能更好地体现时代性、把握规律性、富于创造性。

根据现代高等院校的教学方向和教学特色，我们对本书的体系做了精心的设计。本书的主要章均以案例引入，力求通过课堂实训案例演练，帮助学生快速熟悉设计制作思路和操作过程；通过软件相关功能的介绍，帮助学生深入了解软件的功能和制作特色；通过实战演练和综合实训，帮助学生拓展实际应用能力。本书最后一章精心安排了 6 个精彩的综合设计实训，帮助学生快速掌握视频后期制作的设计理念和积累相关设计元素，顺利达到实战水平。

本书在内容编排方面，力求细致全面、重点突出；在文字叙述方面，注意言简意赅、通俗易懂；在案例选取方面，强调案例的针对性和实用性。

云盘中包含了书中所有案例的素材及效果文件。另外，为方便教师教学，本书配备了所有案例的微课视频、PPT 课件、教学大纲、教学教案等教学资源，任课教师可登录人邮教育社区（www.ryjiaoyu.com）免费下载使用。本书参考学时为 60 学时，各章的参考学时参见下面的学时分配表。

# 前言

| 章序 | 课 程 内 容 | 学时分配/学时 |
| --- | --- | --- |
| 第 1 章 | 初识 Premiere Pro CS6 | 6 |
| 第 2 章 | 视频剪辑 | 8 |
| 第 3 章 | 视频切换效果 | 8 |
| 第 4 章 | 应用视频特效 | 8 |
| 第 5 章 | 调色、抠像与叠加 | 8 |
| 第 6 章 | 字幕与字幕特效 | 8 |
| 第 7 章 | 音频与音频特效 | 4 |
| 第 8 章 | 输出文件 | 2 |
| 第 9 章 | 综合设计实训 | 8 |
| 学 时 总 计 | | 60 |

由于编者水平有限，书中难免存在不足之处，敬请广大读者批评指正。

编　者

2025 年 1 月

# 目 录

# 目 录

# 目录

# 目录

# 目 录

# 扩展知识扫码阅读

## 设计基础

- 认识形体
- 透视原理
- 认识设计
- 认识构成
- 形式美法则
- 点线面
- 基本型与骨骼
- 认识色彩
- 认识图案
- 图形创意
- 版式设计
- 字体设计

## 设计应用

- 创意绘画
- 图标设计
- 装饰设计
- VI设计
- UI设计
- UI动效设计
- 标志设计
- 包装设计
- 广告设计
- 文创设计
- 网页设计
- H5页面设计
- 电商设计
- MG动画设计
- 网店美工设计
- 新媒体美工设计

# 01 第1章 初识 Premiere Pro CS6

## 本章介绍

本章将对 Premiere Pro CS6 的基础知识和基本操作进行详细讲解。通过本章的学习，读者可以快速了解并掌握 Premiere Pro CS6 的入门知识，为后续章节的学习打下坚实的基础。

## 学习目标

- 掌握 Premiere Pro CS6 的操作界面
- 熟悉常用的操作面板
- 了解其他功能面板

## 能力目标

- 掌握项目文件的基本操作
- 掌握素材的导入及管理方法

## 素质目标

- 培养团队合作和协调能力
- 培养主动学习、善于沟通的思辨能力
- 培养专注和理解能力

# 1.1 Premiere Pro CS6 概述

Premiere Pro CS6 是由 Adobe 公司基于 Macintosh 和 Windows 平台开发的一款非线性编辑软件，被广泛应用于电视节目制作、广告制作和电影制作等领域。初学 Premiere Pro CS6 的读者在启动 Premiere Pro CS6 后，可能会对操作界面或面板感到束手无策。本节将对用户的操作界面、“项目”面板、“时间线”面板、“监视器”面板和其他面板及菜单命令进行讲解。

## 1.1.1 【操作目的】

通过打开文件熟悉新建文件操作；通过为素材添加过渡特效了解面板的使用方法。

## 1.1.2 【操作步骤】

（1）启动 Premiere Pro CS6 软件，选择“文件 > 打开项目”命令，弹出“打开项目”对话框，选择本书云盘中的“Ch01\花的世界短视频\花的世界短视频.prproj”文件，如图 1-1 所示。

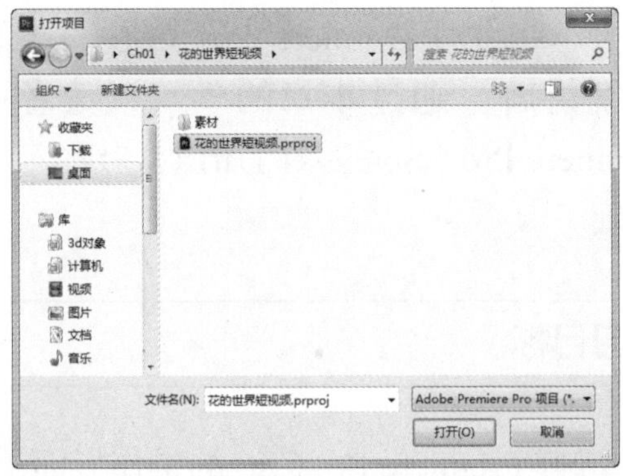


图 1-1

（2）单击“打开”按钮，打开文件，如图 1-2 所示。将时间标签放置在 00:00:24:11 的位置，如图 1-3 所示。

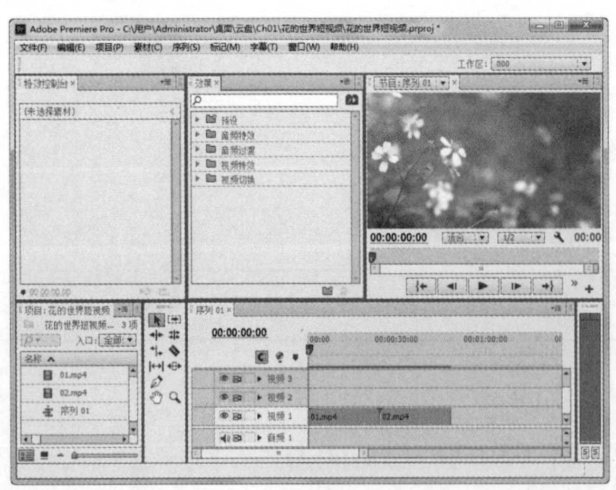

图 1-2

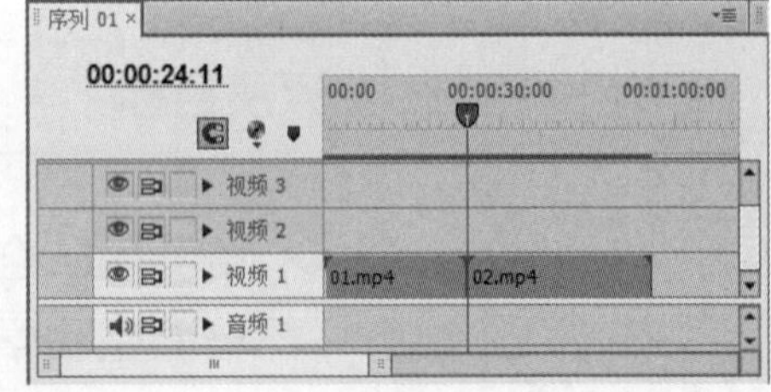


图 1-3

（3）在“效果”面板中，展开“视频切换”特效分类选项，单击“划像”文件夹左侧的按钮▶将其展开，选中“菱形划像”特效，如图 1-4 所示。将“菱形划像”特效拖曳到“时间线”面板中“01”文件与“02”文件相交的位置，如图 1-5 所示。

图 1-4

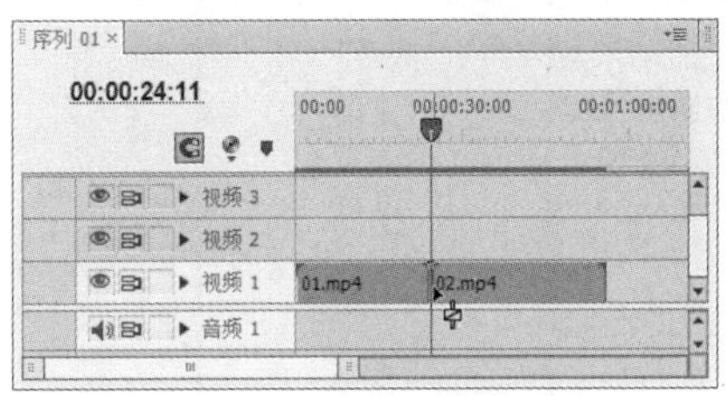


图 1-5

（4）弹出“切换过渡”提示对话框，如图 1-6 所示，单击“确定”按钮，此时的“时间线”面板如图 1-7 所示。在“节目”面板中单击“播放-停止切换”按钮▶预览效果，如图 1-8 和图 1-9 所示。

图 1-6

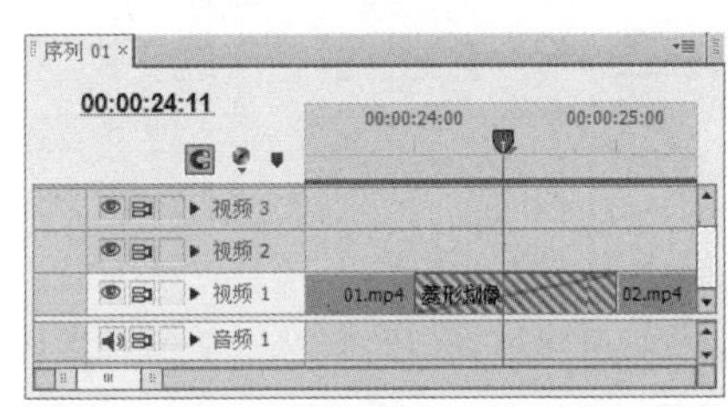


图 1-7

图 1-8

图 1-9

### 1.1.3 【相关工具】

#### 1. 认识用户操作界面

Premiere Pro CS6 的用户操作界面如图 1-10 所示，从图中可以看出，用户操作界面由标题栏、菜单栏、“特效控制台”/“调音台”面板组、“项目”/“媒体浏览器”/“库”/“信息”面板组、“效果”面板、“工具”面板、预设工作区、“源”/“节目”面板、“音频仪表”面板、“时间线”面板组成。

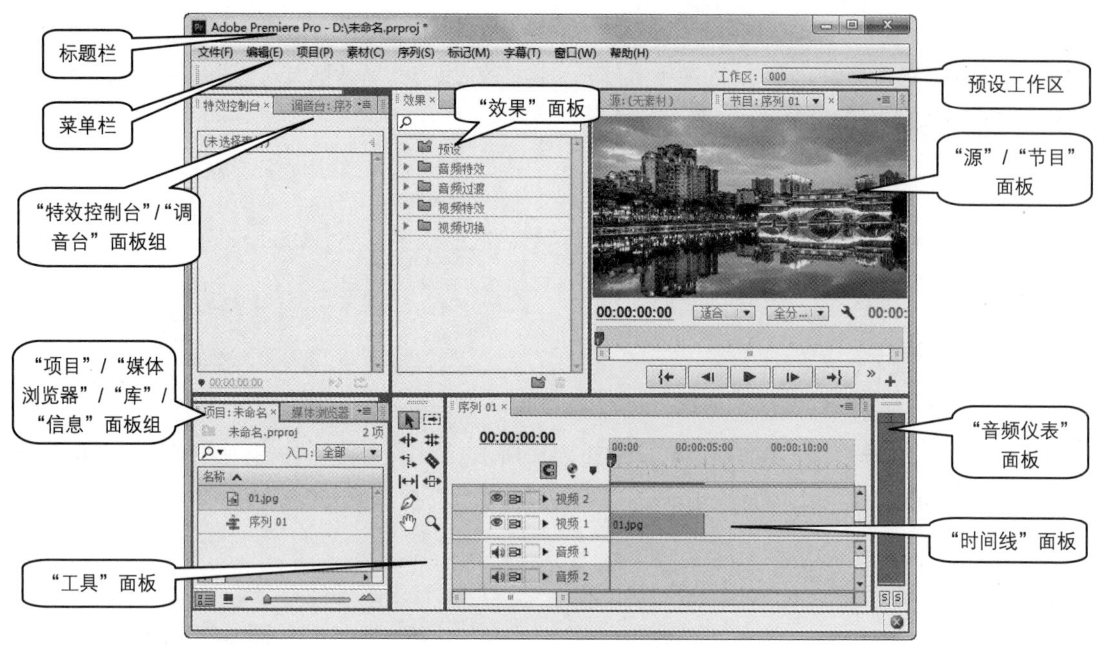


图 1-10

### 2. 熟悉"项目"面板

"项目"面板主要用于输入、组织和存放在"时间线"面板中编辑合成的原始素材，如图 1-11 所示。按 Ctrl+Page Up 组合键，切换到列表状态，如图 1-12 所示。单击"项目"面板右上方的按钮，在弹出的菜单中可以选择面板及相关功能的显示/隐藏方式，如图 1-13 所示。

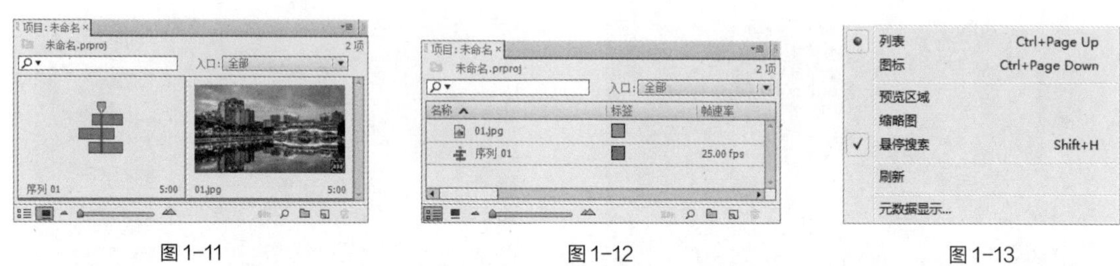


图 1-11　　图 1-12　　图 1-13

在图标状态时，将鼠标指针置于视频图标上左右移动，可以查看不同时间点的视频内容。

在列表状态时，可以查看素材的基本属性，包括素材的名称、媒体格式、视音频信息和数据量等。

"项目"面板下方的工具栏中共有 9 个功能按钮，从左至右分别为"列表视图"按钮、"图标视图"按钮、"缩小"按钮、"放大"按钮、"自动匹配序列"按钮、"查找"按钮、"新建文件夹"按钮、"新建分项"按钮和"清除"按钮。各按钮的含义如下。

"列表视图"按钮：单击此按钮可以将"项目"面板中的素材以列表形式显示。

"图标视图"按钮：单击此按钮可以将"项目"面板中的素材以图标形式显示。

"缩小"按钮：单击此按钮可以将"项目"面板中的素材缩小。

"放大"按钮：单击此按钮可以将"项目"面板中的素材放大。

"自动匹配序列"按钮：单击此按钮可以将素材自动调整到时间线。

"查找"按钮：单击此按钮可以按查找条件快速查找素材。

"新建文件夹"按钮：单击此按钮可以新建文件夹以便管理素材。

"新建分项"按钮：单击此按钮，在弹出的下拉菜单中创建不同的素材项。

"清除"按钮：选中不需要的文件，单击此按钮可将其删除。

### 3. 认识"时间线"面板

"时间线"面板是 Premiere Pro CS6 的核心部分，在编辑素材的过程中，大部分工作都是在"时间线"面板中完成的。使用"时间线"面板，可以轻松地对素材进行剪辑、插入、复制、粘贴、修整等操作，如图 1-14 所示。"时间线"面板中各选项的含义如下。

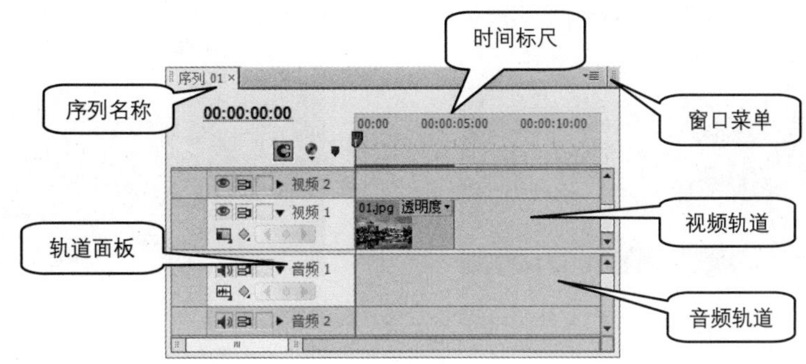


图 1-14

"吸附"按钮：单击此按钮可以启动吸附功能，在"时间线"面板中拖动素材时，素材将自动吸附到邻近素材的边缘。

"设置 Encore 章节标记"按钮：用于设定 DVD 主菜单标记。

"添加标记"按钮：单击此按钮，可以在当前帧的位置上设置标记。

"同步锁定开关"按钮：单击此按钮，当按钮变成状时，当前的轨道被锁定，处于不能编辑状态；当按钮变成状时，可以编辑该轨道。

"切换轨道输出"按钮：单击此按钮，可以设置是否在"节目"面板中显示该影片。

"折叠-展开轨道"按钮：隐藏/展开视频轨道工具栏或音频轨道工具栏。

"设置显示样式"按钮：单击此按钮将弹出下拉菜单，在其中可选择显示的命令。

"显示关键帧"按钮：单击此按钮可选择显示当前关键帧的方式。

"设置显示样式"按钮：单击该按钮将弹出下拉菜单，在菜单中可以根据需要对音频轨道素材的显示样式进行选择。

"切换轨道输出"按钮：激活该按钮可以播放声音，反之则是静音。

"转到下一关键帧"按钮：将时间指针定位在被选素材轨道上的下一个关键帧上。

"添加/移除关键帧"按钮：在时间指针所处的位置上，在轨道中被选素材的当前位置上添加或移除关键帧。

"转到前一关键帧"按钮：将时间指针定位在被选素材轨道上的上一个关键帧上。

滑块：放大、缩小时间显示比例，以增加或减少轨道细节。

时间指示器 00:00:00:00：显示或更改当前时间指示器的位置。

序列名称：单击相应的标签可以在不同的序列间相互切换。

轨道面板：对轨道的退缩、锁定等参数进行设置。

时间标尺：对剪辑的组进行时间定位。

窗口菜单：对时间单位及剪辑参数进行设置。

视频轨道：对影片进行视频剪辑的轨道。

音频轨道：对影片进行音频剪辑的轨道。

#### 4．认识“监视器”面板

“监视器”面板分为“源”面板和“节目”面板，分别如图 1-15 和图 1-16 所示，所有编辑或未编辑的素材都在“监视器”面板中显示。“监视器”面板中各选项的含义如下。

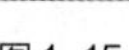

图 1-15

图 1-16

“添加标记”按钮：设置素材未编号标记。

“标记入点”按钮：设置当前素材位置的起始点。

“标记出点”按钮：设置当前素材位置的结束点。

“跳转入点”按钮：单击此按钮，可将时间标签移到起始点位置。

“逐帧退”按钮：此按钮是对素材进行逐帧倒播的控制按钮，每单击一次该按钮，就会后退一帧；按住 Shift 键的同时单击此按钮一次，后退 5 帧。

“播放－停止切换”按钮/：单击此按钮会从“监视器”面板中时间标签的当前位置开始或暂停播放；在“节目”监视器面板中，在播放时按 J 键可以倒播。

“逐帧进”按钮：此按钮是对素材进行逐帧播放的控制按钮。每单击一次该按钮，就会前进 1 帧，按住 Shift 键的同时单击此按钮一次，前进 5 帧。

“跳转出点”按钮：单击此按钮，可将时间标签移到结束点位置。

“插入”按钮：单击此按钮，当插入一段素材时，重叠的片段将后移。

“覆盖”按钮：单击此按钮，当插入一段素材时，重叠的片段将被覆盖。

“提升”按钮：用于将轨道上入点与出点之间的内容删除，删除之后仍然留有空间。

“提取”按钮：用于将轨道上入点与出点之间的内容删除，删除之后不留空间，后面的素材会自动连接前面的素材。

“导出单帧”按钮：可导出当前帧的影视画面。

分别单击“源”面板和“节目”面板右下方的“按钮编辑器”按钮，弹出图 1-17 和图 1-18 所示的面板，面板中包含一些已有和未显示的按钮。

“清除入点”按钮：清除设置的标记入点。

“清除出点”按钮：清除设置的标记出点。

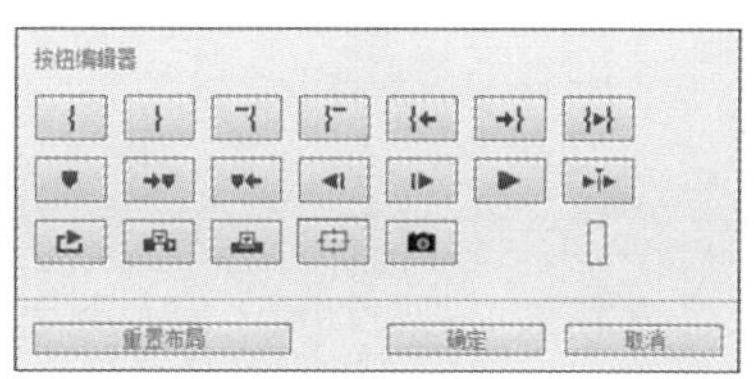
图 1-17

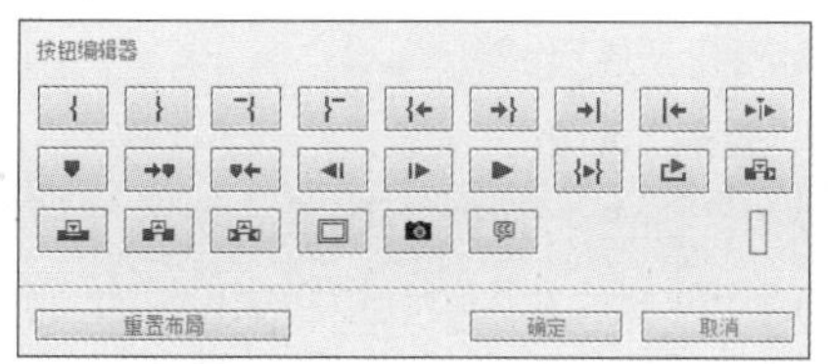
图 1-18

“播放入点到出点”按钮：在播放素材时，单击此按钮，只在定义的入点与出点之间播放素材。

“转到下一标记”按钮：调整时将滑块移动到当前位置的后一个标记处。

“转到前一标记”按钮：调整时将滑块移动到当前位置的前一个标记处。

“播放邻近区域”按钮：单击此按钮，将播放时间标签当前位置前后 2 秒的内容。

“循环”按钮：单击此按钮，“监视器”面板就会不断循环播放素材，直至按下停止按钮。

“安全框”按钮：单击该按钮为影片设置安全边界线，以防影片画面太大播放不完整，再次单击可隐藏安全线。

“隐藏字幕”按钮：可隐藏字幕的显示效果。

“跳转到下一个编辑点”按钮：表示转到同一轨道上当前编辑点的后一个编辑点。

“跳转到前一个编辑点”按钮：表示转到同一轨道上当前编辑点的前一个编辑点。

可以直接将面板中需要的按钮拖曳到下面的显示框中，如图 1-19 所示；松开鼠标，按钮将被添加到面板中，如图 1-20 所示。单击“确定”按钮，所选按钮显示在面板中，如图 1-21 所示。用户可以用相同的方法添加多个按钮，如图 1-22 所示。

若要恢复默认的布局，再次单击面板右下方的“按钮编辑器”按钮，在弹出的面板中单击“重置布局”按钮，再单击“确定”按钮，即可恢复。

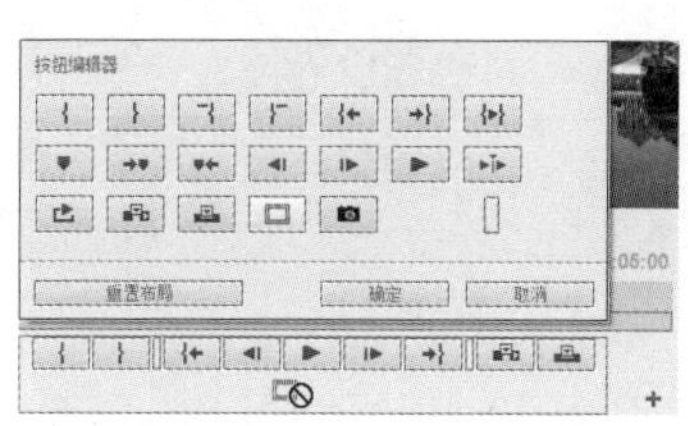
图 1-19

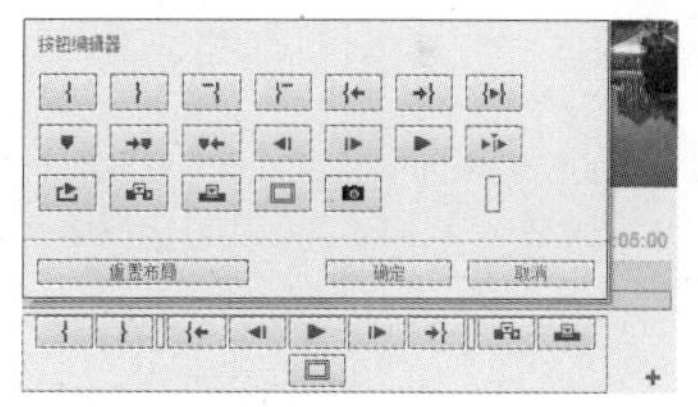
图 1-20

图 1-21

图 1-22

5. 其他功能面板概述

除了以上介绍的面板，Premiere Pro CS6 还提供了其他方便编辑操作的功能面板。下面对其他主要功能面板进行介绍。

◎ **“效果”面板**

“效果”面板存放着 Premiere Pro CS6 自带的各种预设特效、音频特效和视频特效等。“效果”面板按照功能分为 5 大类，包括预设、音频特效、音频过渡、视频特效及视频切换。每一大类又按照效果细分为很多小类，如图 1-23 所示。如果用户安装了第三方特效插件，也会出现在该面板的相应类别文件夹中。

默认设置下，“效果”面板与“历史”面板、“信息”面板合并为一个面板组，单击“效果”标签，即可切换到“效果”面板。

◎ **“特效控制台”面板**

同“效果”面板一样，在 Premiere Pro CS6 的默认设置下，“特效控制台”面板与“源”面板、“调音台”面板合为一个面板组。“特效控制台”面板主要用于控制对象的运动、透明度、切换、特效等设置，如图 1-24 所示。当为某一段素材添加了音频、视频或切换特效后，就需要在该面板中进行相应的参数设置和添加关键帧，画面的运动特效也是在这里进行设置，该面板会根据素材和特效的不同显示不同的内容。

◎ **“调音台”面板**

“调音台”面板可以更加有效地调节项目的音频，并实时混合各轨道的音频对象，如图 1-25 所示。

图 1-23

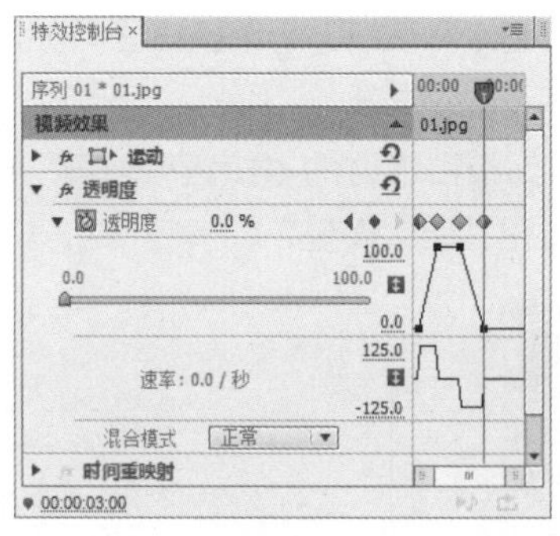


图 1-24

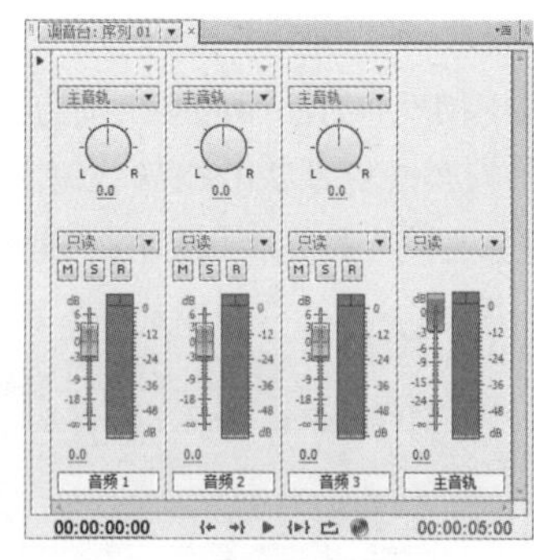


图 1-25

◎ **“工具”面板**

“工具”面板如图 1-26 所示，主要用来放置对“时间线”面板中的音频、视频等内容进行编辑的工具。

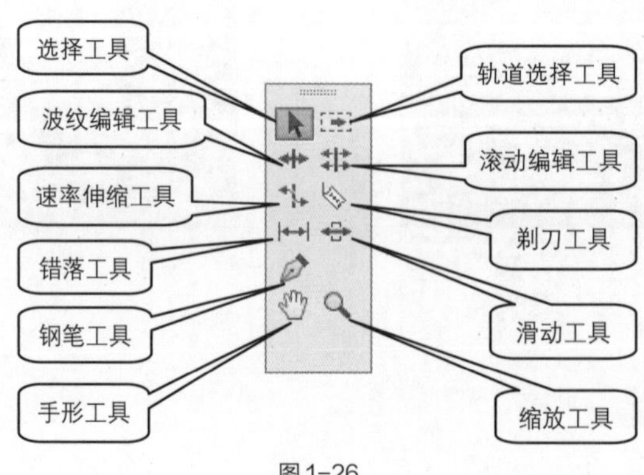


图 1-26

## 1.2 Premiere Pro CS6 的基本操作

### 1.2.1 【操作目的】

通过“导入”命令，熟练掌握导入素材文件的方法；通过将素材添加到“时间线”面板中，了解在面板中添加素材的技巧；通过切割素材熟练掌握工具的使用方法；通过关闭新建的文件熟练掌握保存和关闭命令的使用。

### 1.2.2 【操作步骤】

（1）启动 Premiere Pro CS6 软件，选择“文件 > 新建 > 项目”命令，弹出“新建项目”对话框，如图 1-27 所示，单击“确定”按钮，新建项目。选择“文件 > 新建 > 序列”命令，弹出“新建序列”对话框，单击“设置”选项卡，设置相应参数，如图 1-28 所示，单击“确定”按钮，新建序列。

图 1-27

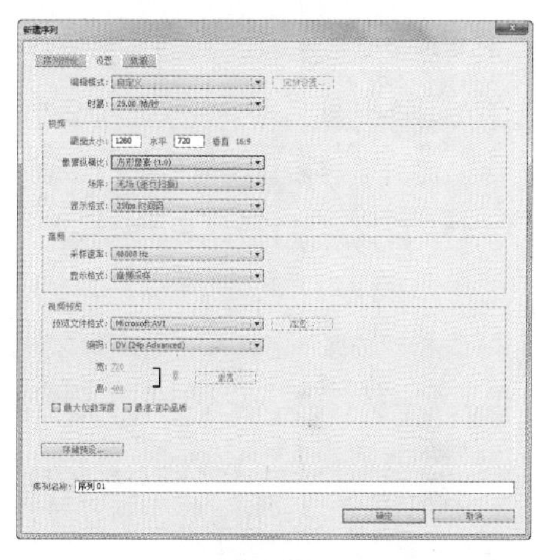


图 1-28

（2）选择“文件 > 导入”命令，弹出“导入”对话框，选择本书云盘中的“Ch01\环保生活短视频\素材\01”文件，如图 1-29 所示，单击“打开”按钮，将素材文件导入到“项目”面板中，如图 1-30 所示。

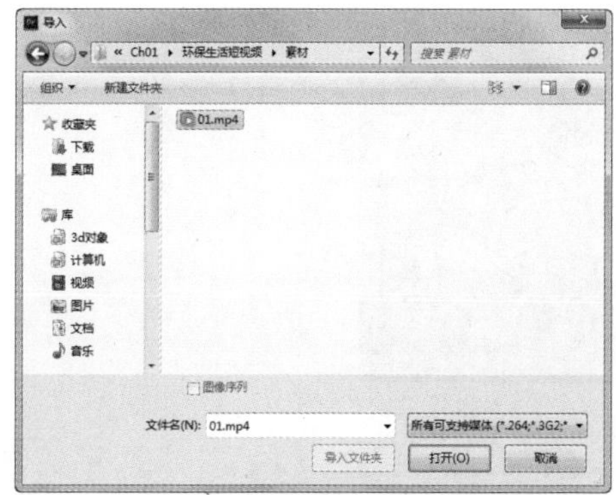


图 1-29

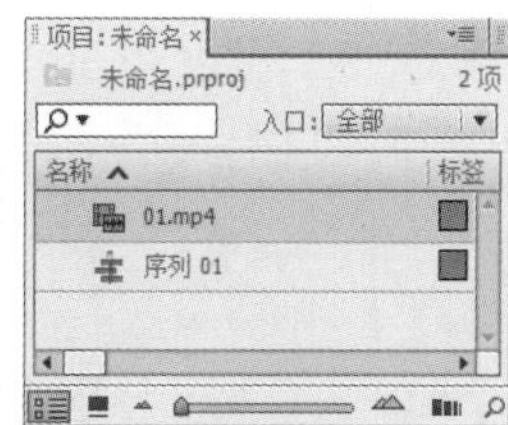


图 1-30

（3）在“项目”面板中，选中“01”文件并将其拖曳到“时间线”面板中的“视频 1”轨道中，弹出“素材不匹配警告”对话框，如图 1-31 所示，单击“保持现有设置”按钮，在保持现有序列设置的情况下将文件放置在“视频 1”轨道中，如图 1-32 所示。

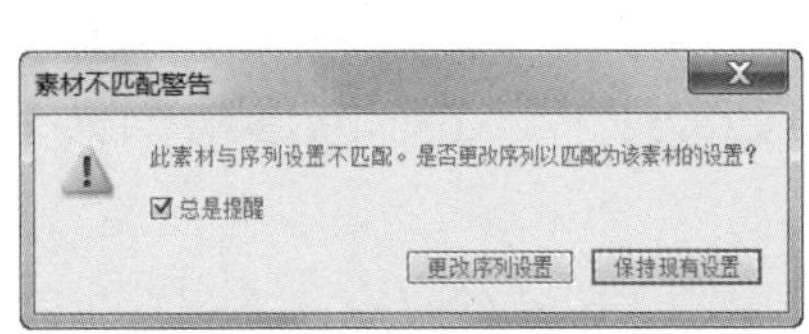


图 1-31

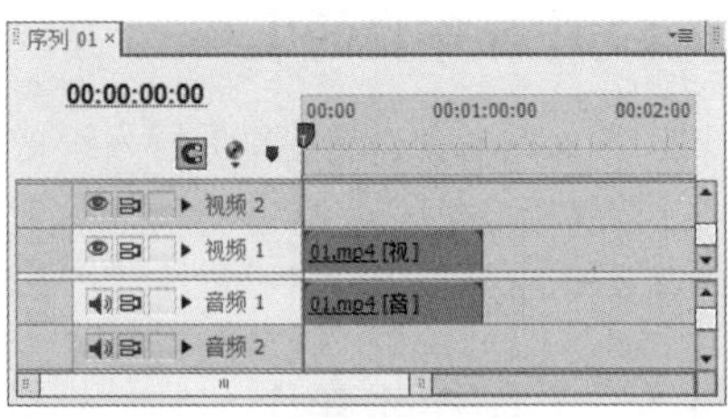


图 1-32

（4）将时间标签放置在 00:00:45:00 的位置，如图 1-33 所示。选择“剃刀”工具，在指定的位置上单击，如图 1-34 所示，将“01”文件切割为两段素材。

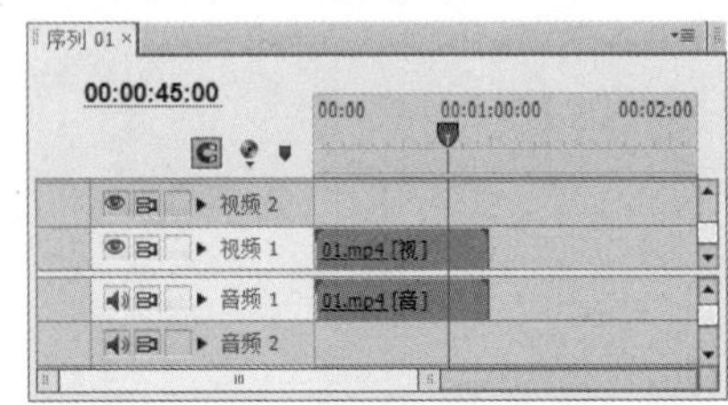


图 1-33

图 1-34

（5）选择“选择”工具，选择第 2 段素材，如图 1-35 所示。按 Delete 键将其删除，效果如图 1-36 所示。在“节目”面板中单击“播放-停止切换”按钮预览效果，如图 1-37 所示。

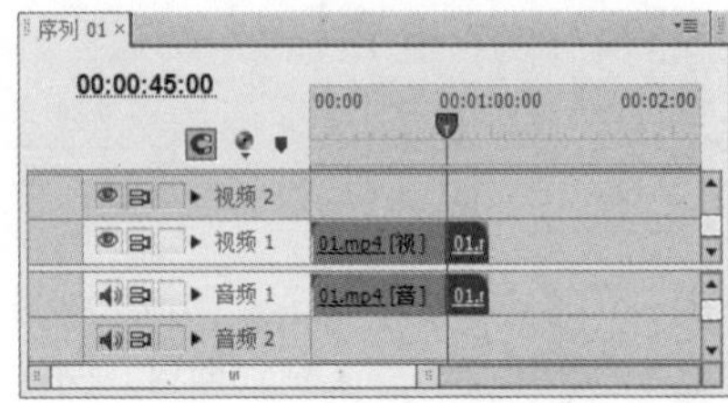


图 1-35

图 1-36

图 1-37

（6）选择“文件 > 保存”命令，保存项目文件。选择“文件 > 关闭项目”命令，关闭项目文件。单击软件右上角的 x 按钮，退出程序。

## 1.2.3 【相关工具】

### 1. 项目文件操作

在启动 Premiere Pro CS6 进行视频编辑时，必须首先创建新的项目文件或打开已存在的项目文件，这是 Premiere Pro CS6 基本的操作之一。

**◎新建项目文件**

新建项目文件的方法有两种，一种是启动 Premiere Pro CS6 时直接新建一个项目文件，另一种是在 Premiere Pro CS6 已经启动的情况下新建项目文件。

在启动 Premiere Pro CS6 时新建项目文件的具体操作步骤如下。

（1）选择“开始 > 所有程序 > Adobe Premiere Pro CS6”命令，或双击桌面上的 Adobe Premiere Pro CS6 快捷方式图标，弹出启动窗口，单击“新建项目”按钮，如图 1–38 所示。

（2）弹出“新建项目”对话框，如图 1–39 所示。在“常规”选项卡中设置视频渲染与回放及视频、音频、采集的规格，单击“位置”选项右侧的“浏览”按钮，在弹出的对话框中选择项目文件的保存路径。在“名称”选项的文本框中设置项目名称。

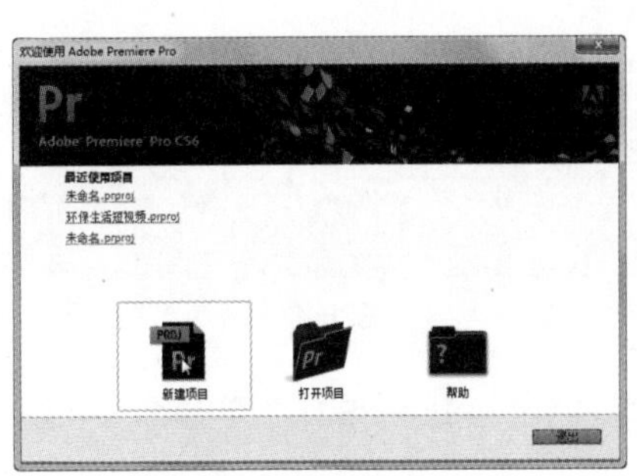


图 1–38

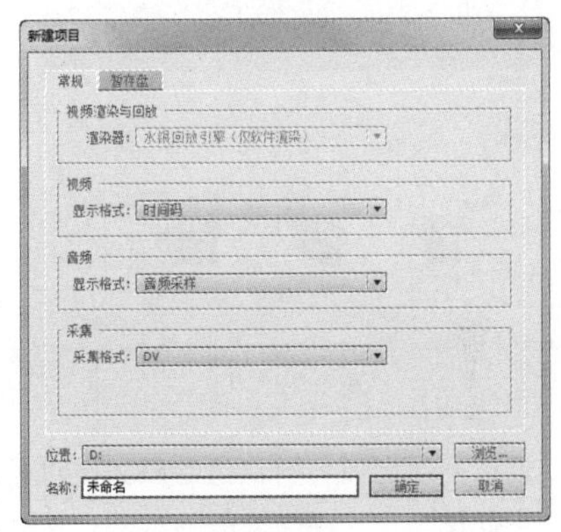


图 1–39

（3）单击“确定”按钮，弹出如图 1–40 所示的对话框。在“序列预设”选项卡的“有效预设”选项区中选择项目文件格式，如“DV–PAL”制式下的“标准 48kHz”，此时，在“预设描述”选项区中将列出相应的项目信息。

（4）单击“确定”按钮，即可创建一个新的项目文件。

Premiere Pro CS6 已经启动的情况下，可利用菜单命令新建项目文件，具体步骤如下。

选择“文件 > 新建 > 项目”命令，如图 1–41 所示，或按 Ctrl+Alt+N 组合键，弹出“新建项目”对话框，单击“确定”按钮，即可创建一个新的项目文件。

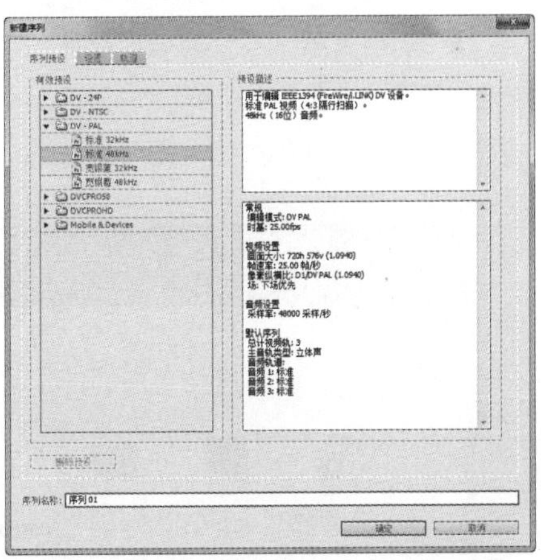


图 1–40

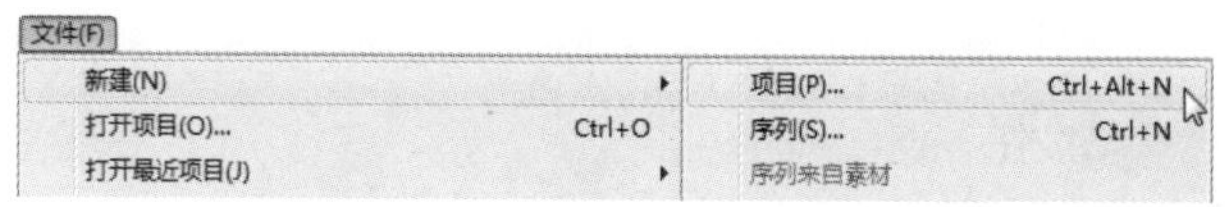


图 1-41

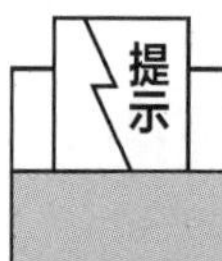


如果正在编辑某个项目文件，此时要采用上述方法新建项目文件，系统会将当前正在编辑的项目文件关闭，因此，在采用此方法新建项目文件之前一定要保存当前的项目文件，防止数据丢失。

◎打开已有的项目文件

要打开一个已存在的项目文件，并对其进行编辑或修改，可以使用如下 4 种方法。

- 通过启动窗口打开项目文件。启动 Premiere Pro CS6，在弹出的启动窗口中单击“打开项目”按钮，如图 1-42 所示，在弹出的对话框中选择需要打开的项目文件，如图 1-43 所示，单击“打开”按钮，即可打开选中的项目文件。

图 1-42

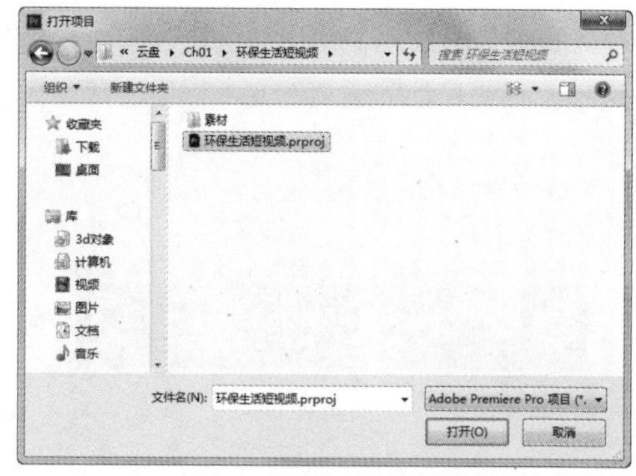

图 1-43

- 通过启动窗口打开最近编辑过的项目文件。启动 Premiere Pro CS6，在弹出的启动窗口的“最近使用项目”选项中单击需要打开的项目文件，可以打开最近保存过的项目文件，如图 1-44 所示。
- 利用菜单命令打开项目文件。在 Premiere Pro CS6 程序窗口中选择“文件 > 打开项目”命令，如图 1-45 所示，或按 Ctrl+O 组合键，在弹出的对话框中选择需要打开的项目文件，单击“打开”按钮，即可打开选中的项目文件。

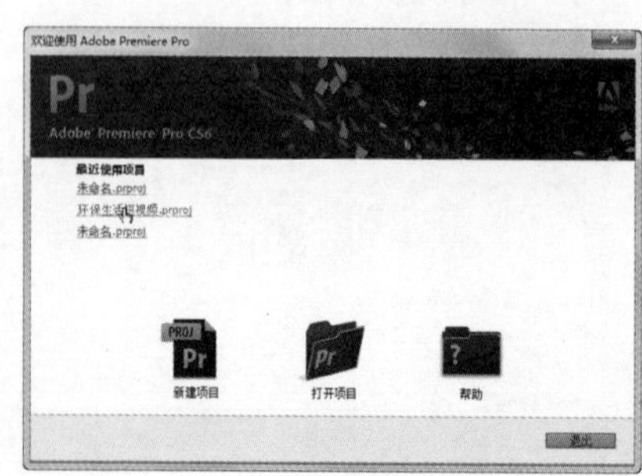

图 1-44

图 1-45

- 利用菜单命令打开近期的项目文件。Premiere Pro CS6 会将近期打开过的文件保存在“文件”菜单中，选择“文件 > 打开最近项目”命令，在其子菜单中选择需要打开的项目文件，如图 1–46 所示，即可打开选中的项目文件。

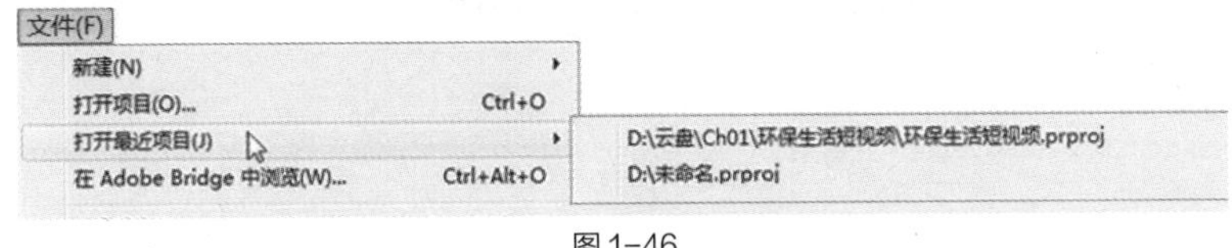


图 1–46

**◎保存项目文件**

文件的保存是文件编辑的重要环节，在 Premiere Pro CS6 中，不同方式保存的文件有不同的使用方法。

刚启动 Premiere Pro CS6 时，系统会提示用户先保存一个设置好参数的项目，因此，对于编辑过的项目，直接选择“文件 > 存储”命令，或按 Ctrl+S 组合键，即可直接保存。另外，系统还会隔一段时间自动保存一次项目。

Premiere Pro CS6 还提供了“存储为”和“存储副本”命令，来保存项目文件，具体操作步骤如下。

（1）选择“文件 > 存储为”命令，或按 Ctrl+Shift+S 组合键；或者选择“文件 > 存储副本”命令，或按 Ctrl+Alt+S 组合键，均可弹出“保存项目”对话框。

（2）在上方的选项框中选择文件的保存路径。

（3）在“文件名”文本框中输入文件名。

（4）单击“保存”按钮即可保存项目文件。

**◎关闭项目文件**

如果要关闭当前项目文件，选择“文件 > 关闭项目”命令即可。如果对当前文件做了修改却尚未保存，系统会弹出图 1–47 所示的提示对话框，询问是否要保存该项目文件所做的修改。单击“是”按钮，保存项目文件的修改；单击“否”按钮，则不保存项目文件的修改并直接退出项目文件。

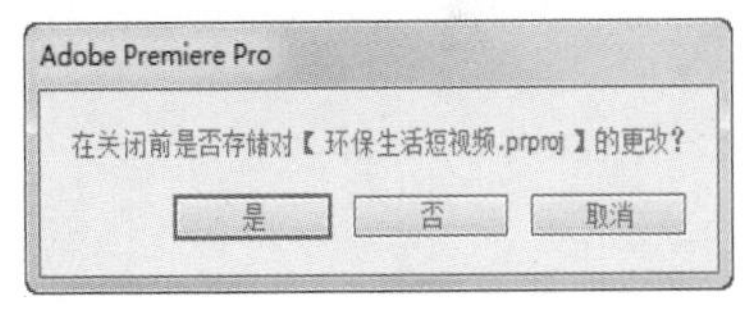


图 1–47

### 2. 撤销与恢复操作

通常情况下，一个完整的项目需要经过反复调整、修改与比较才能完成，因此，Premiere Pro CS6 为用户提供了“撤销”与“重做”命令。

在编辑视频或音频时，如果用户的上一步操作是错误的，或对操作得到的效果不满意，选择“编辑 > 撤销”命令即可撤销该操作，如果连续选择此命令，则可连续撤销前面的多步操作。

如果取消撤销操作，可选择“编辑 > 重做”命令。例如，删除了一个素材，通过“撤销”命令撤销操作后，还想将这个素材删除，则选择“编辑 > 重做”命令即可。

### 3. 导入素材

Premiere Pro CS6 支持导入大部分主流的视频、音频及图像文件格式，一般的导入方式为选择“文件 > 导入”命令，在“导入”对话框中选择所需要的文件和文件格式即可。

### ◎导入图层文件

以素材方式导入图层的设置方法如下。

（1）选择“文件 > 导入”命令，弹出“导入”对话框，可以选择 Photoshop、Illustrator 等含有图层的文件格式，如图 1-48 所示，选择需要导入的文件，单击“打开”按钮，会弹出图 1-49 所示的提示对话框。

图 1-48

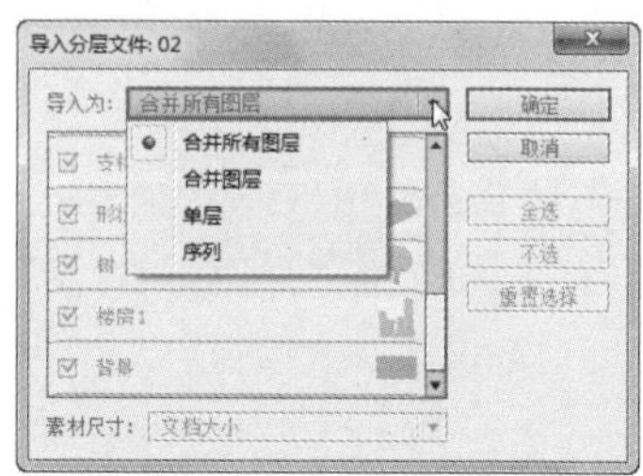


图 1-49

“导入分层文件”对话框：可设置 PSD 图层素材导入的方式。在“导入为”选项的下拉列表中可选择“合并所有图层”“合并图层”“单层”“序列”。

（2）本例选择“序列”选项，如图 1-50 所示，单击“确定”按钮，在“项目”面板中会自动生成一个文件夹，其中包括序列文件和图层素材，如图 1-51 所示。以序列的方式导入图层后，会按照图层的排列方式自动生成一个序列，用户可以打开该序列设置动画，进行编辑。

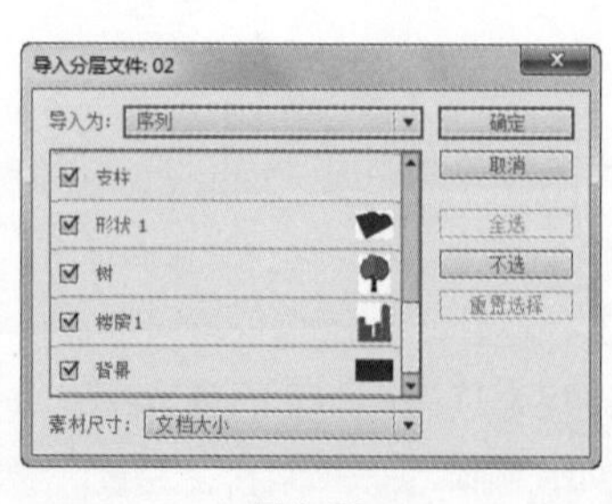


图 1-50

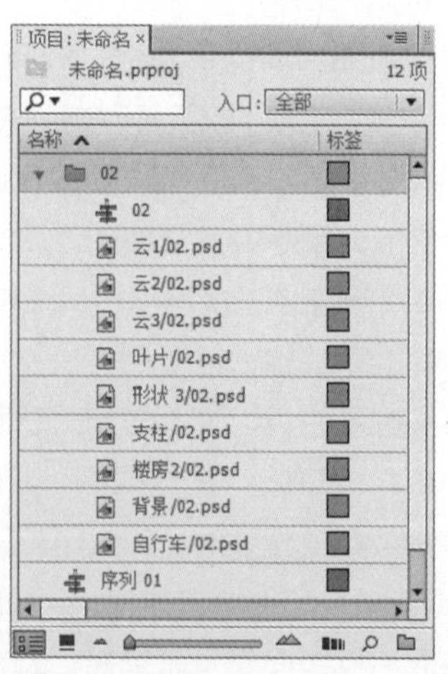


图 1-51

### ◎导入序列文件

序列文件是一种非常重要的源素材，它由若干幅按序排列的图片组成，主要用于记录活动影片，每幅图片代表 1 帧。通常可以在 3ds Max、After Effects、Combustion 软件中产生序列文件，然后再导入 Premiere Pro CS6 中使用。

序列文件以数字序号为序进行排列。导入序列文件时，应在“首选项”对话框中设置图片的帧速率；也可以在导入序列文件后，在“解释素材”对话框中改变帧速率。导入序列文件的步骤如下。

（1）在“项目”面板的空白区域双击，弹出“导入”对话框，找到序列文件所在的目录，勾选“图像序列”复选框，如图 1-52 所示。

（2）单击“打开”按钮，导入素材。序列文件导入后的状态如图 1-53 所示。

图 1-52

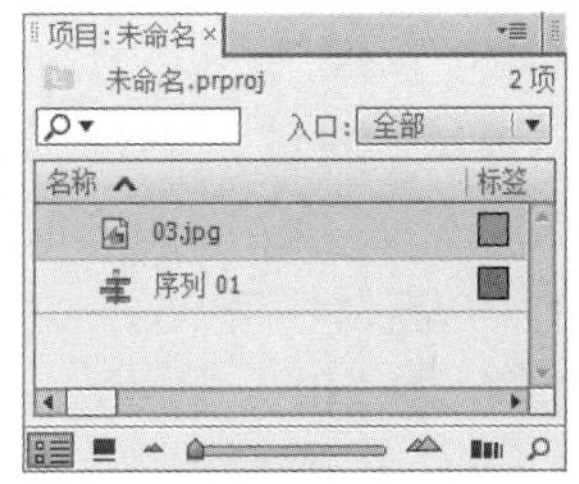


图 1-53

## 4. 解释素材

对于项目文件可以通过解释素材来修改其属性。在“项目”面板中的素材上单击鼠标右键，在弹出的快捷菜单中选择“修改 > 解释素材”命令，弹出“修改素材”对话框，如图 1-54 所示。“帧速率”选项可以设置素材的帧速率；“像素纵横比”选项可以设置素材的像素纵横比；“场序”选项可以设置素材的场序；“Alpha 通道”选项可以对素材的透明通道进行设置。

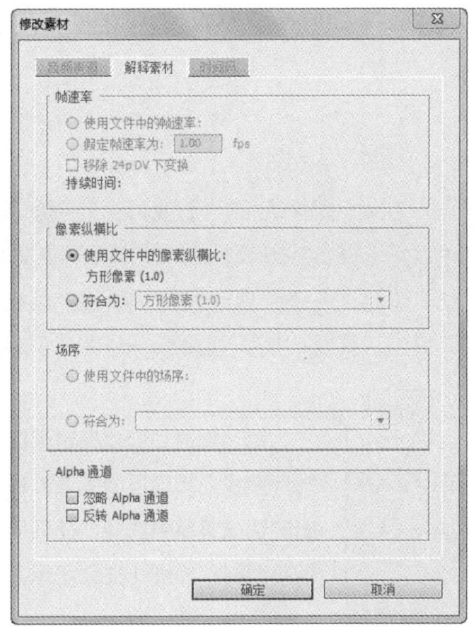


图 1-54

## 5. 重命名素材

在“项目”面板中的素材上单击鼠标右键，在弹出的快捷菜单中选择“重命名”命令，素材名称会处于可编辑状态，输入新名称即可重命名素材，如图 1-55 所示。

用户可以给素材重命名，这在一部影片中重复使用一个素材或复制一个素材并为之设定新的入点和出点时极其有用。给素材重命名可以避免在“项目”面板和序列中观看重复使用的素材时产生混淆。

## 6. 组织素材

用户可以在“项目”面板中建立一个素材库（即素材文件夹）来管理素材。使用素材文件夹，可以将项目中的素材分门别类、有条不紊地组织起来，这在组织包含大量素材的复杂项目时特别有用。

单击“项目”面板下方的“新建文件夹”按钮，会自动创建新的文件夹，如图 1-56 所示，单击文件夹左侧的按钮▾可以展开或折叠文件夹。

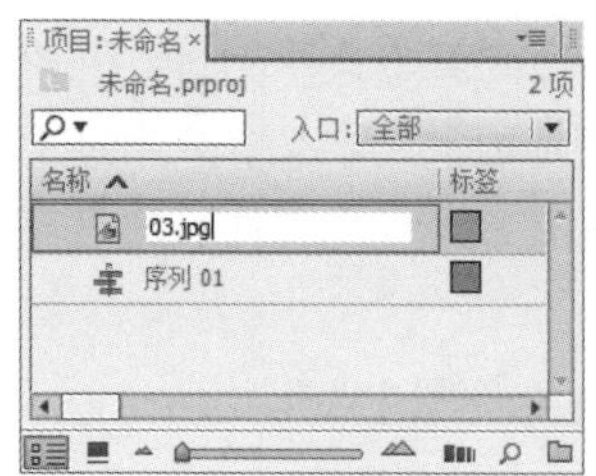


图1-55

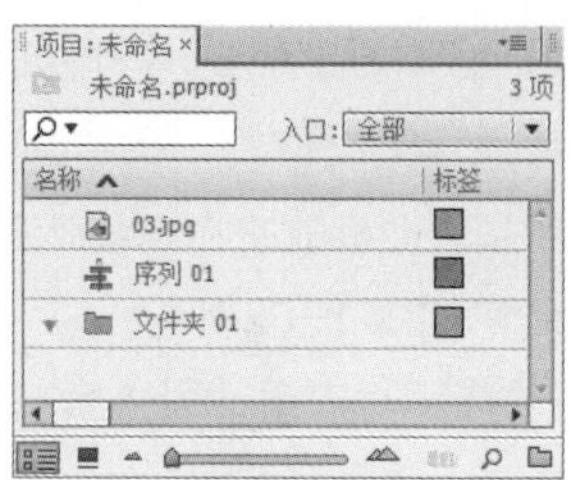


图1-56

### 7. 查找素材

用户可以根据素材的名字、属性或附属的说明和标签在 Premiere Pro CS6 的“项目”面板中查找素材。例如，可以查找所有文件格式相同的素材，如查找*.avi 和*.mp3 等格式的素材。

单击“项目”面板下方的“查找”按钮，或单击鼠标右键，在弹出的快捷菜单中选择“查找”命令，弹出“查找”对话框，如图 1-57 所示。

在“查找”对话框中选择查找素材的属性，如素材的名称、媒体类型、卷标等属性。在“匹配”选项的下拉列表中可以选择查找的关键字是全部匹配还是部分匹配，若勾选“区分大小写”复选框，则必须将关键字的大小写输入正确。

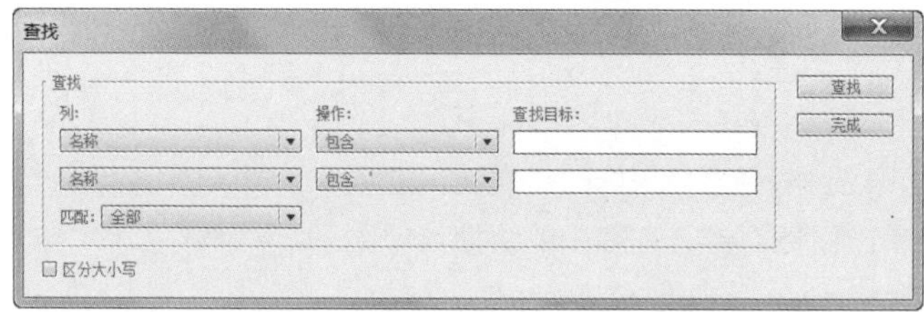


图1-57

在对话框右侧的“查找目标”选项的文本框中输入查找素材的属性关键字。例如，要查找图片文件，可选择查找的属性为“名称”，在文本框中输入“JPEG”或其他文件格式的后缀，然后单击“查找”按钮，系统会自动找到“项目”面板中的图片文件。如果“项目”面板中有多个图片文件，可再次单击“查找”按钮查找下一个图片文件。单击“完成”按钮，可退出“查找”对话框。

**提示**

**除了通过“查找”对话框来查找“项目”面板中的素材，还可以通过自动定位序列中的影片来找到其项目中的源素材，方法为：在“时间线”面板中的素材上单击鼠标右键，在弹出的快捷菜单中选择“在项目中显示”命令，如图 1-58 所示，即可找到“项目”面板中的相应素材，如图 1-59 所示。**

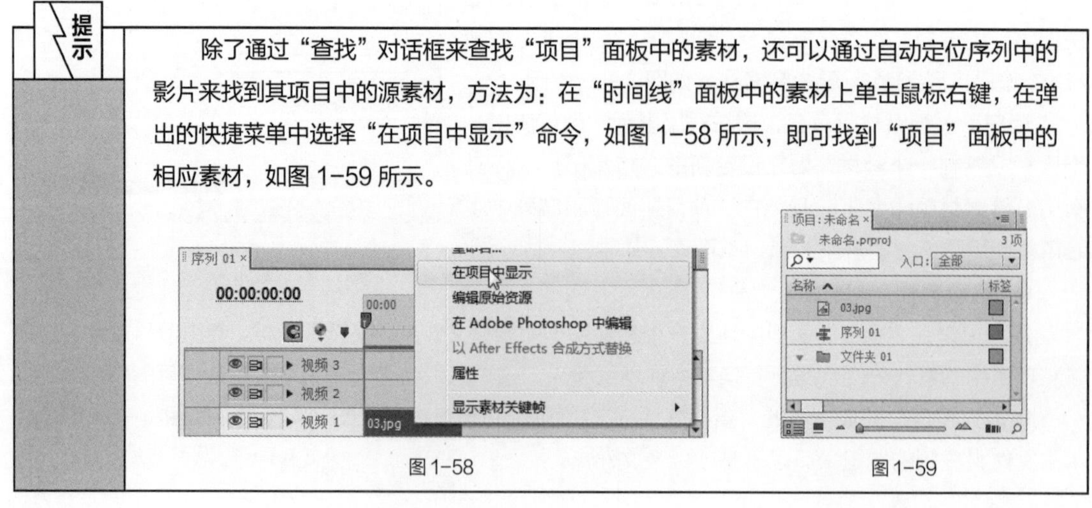


图1-58

图1-59

8. **离线素材**

打开一个项目文件时，系统提示找不到源素材，这可能是源文件被改名或存在磁盘上的位置发生了变化造成的。可以直接在磁盘上找到源素材，然后单击“选择”按钮；也可以单击“跳过”按钮选择略过素材；或单击“脱机”按钮，建立离线文件代替源素材，如图 1-60 所示。

图 1-60

由于 Premiere Pro CS6 使用链接方式进行工作，因此，如果磁盘上的源文件被删除、改名或者移动，就会发生在项目中无法找到源文件的情况。此时，可以建立一个离线文件。离线文件具有和其所替换的源文件相同的属性，可以进行相同的操作。当找到所需文件后，可以用该文件替换离线文件，以进行正常编辑操作。离线文件实际上起到一个占位符的作用，它可以暂时占据丢失源文件所处的位置。

在“项目”面板中单击“新建分项”按钮，在弹出的菜单中选择“脱机文件”命令，弹出“新建脱机文件”对话框，如图 1-61 所示，设置相关的参数后，单击“确定”按钮，弹出“脱机文件”对话框，如图 1-62 所示。

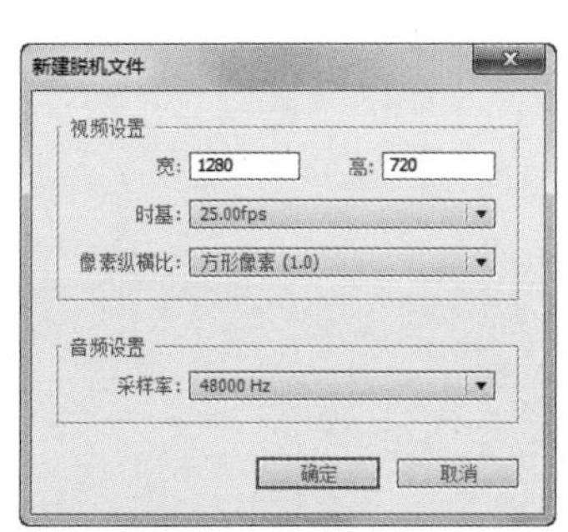


图 1-61

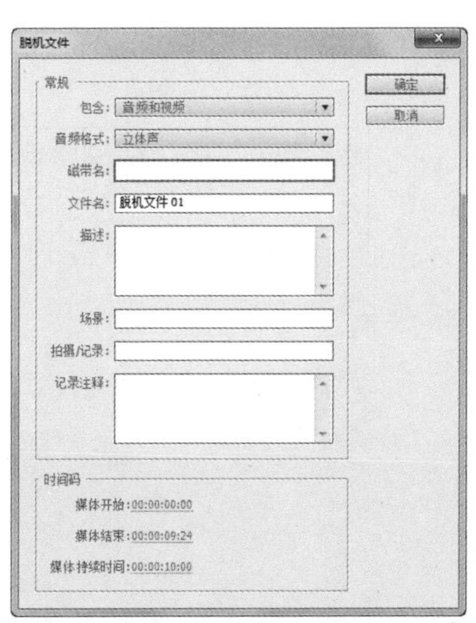


图 1-62

在“包含”选项的下拉列表中可以选择建立含有影像和声音的离线素材，或者选择仅含有其中一项的离线素材。在“音频格式”选项中设置音频的声道。在“磁带名”选项的文本框中输入磁带卷标。在“文件名”选项的文本框中指定离线素材的名称。在“描述”选项的文本框中可以输入一些备注。在“场景”选项的文本框中输入离线素材与源文件场景的关联信息。在“拍摄/记录”选项的文本框中说明拍摄信息。在“记录注释”选项的文本框中记录离线素材的日志信息。在“时间码”选项区域中可以指定离线素材的时间。

如果要以实际素材替换离线素材，则可以在“项目”面板中的离线素材上单击鼠标右键，在弹出的快捷菜单中选择“链接媒体”命令，在弹出的对话框中指定文件并进行替换。“项目”面板中离线素材的图标如图 1-63 所示。

图 1-63

02

# 第2章 视频剪辑

## 本章介绍

本章将对 Premiere Pro CS6 中视频剪辑的基本技术和操作进行详细介绍,其中包括剪辑素材、分离素材、使用 Premiere Pro CS6 创建新元素等。通过本章的学习，读者可以掌握剪辑技术的使用方法和应用技巧。

## 学习目标

- 了解“监视器”面板
- 掌握剪辑方法和工具的使用

## 能力目标

- 了解不同素材的剪辑和编辑方法
- 掌握创建新元素的技巧

## 素质目标

- 培养能够有效执行计划的能力
- 培养具有独到见解的创造性思维能力
- 培养能够正确理解他人问题的沟通能力

# 2.1 剪辑城市形象宣传片视频

## 2.1.1 【操作目的】

使用“导入”命令导入视频文件，使用入点和出点在“源”面板中剪辑视频，使用编辑点的拖曳功能在“时间线”面板中剪辑素材。最终效果参看云盘中的“Ch02\剪辑城市形象宣传片视频\剪辑城市形象宣传片视频.prproj”，如图 2-1 所示。

图 2-1

## 2.1.2 【操作步骤】

（1）启动 Premiere Pro CS6 软件，弹出“欢迎使用 Adobe Premiere Pro”欢迎界面，单击“新建项目”按钮，弹出“新建项目”对话框，如图 2-2 所示。单击“确定”按钮，弹出“新建序列”对话框，单击“设置”选项卡，设置相应参数，如图 2-3 所示，单击“确定”按钮，新建序列。

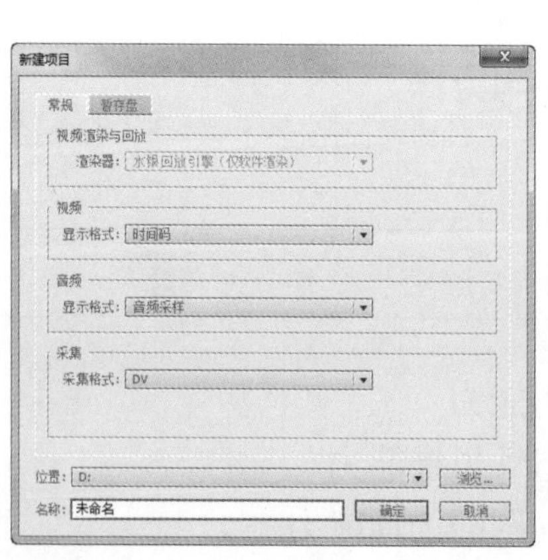


图 2-2

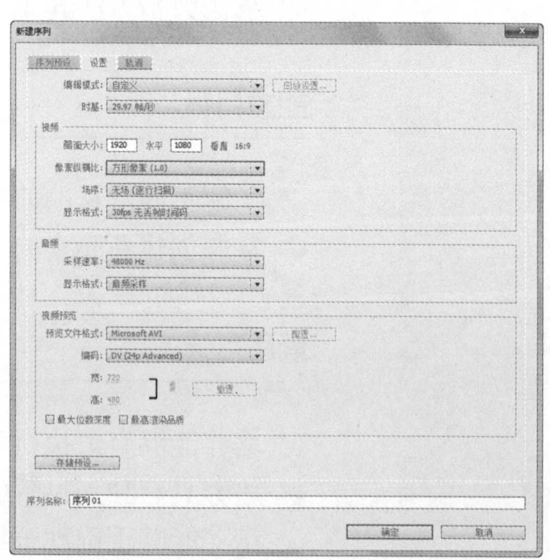


图 2-3

（2）选择“文件>导入”命令，弹出“导入”对话框，选择本书云盘中的“Ch02\剪辑城市形象宣传片视频\素材\01~04”文件，如图 2-4 所示，单击“打开”按钮，将素材文件导入到“项目”面板中，如图 2-5 所示。

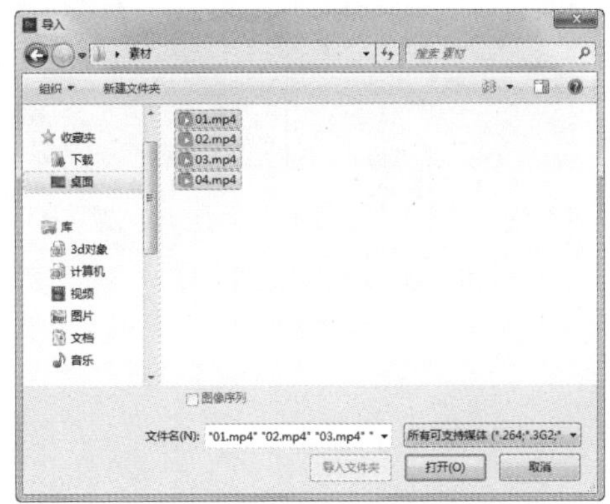


图 2-4

图 2-5

（3）双击“项目”面板中的“01”文件，在“源”面板中打开“01”文件。将时间标签放置在00:00:05:06 的位置，按 I 键，创建标记入点，如图 2-6 所示。将时间标签放置在 00:00:16:06 的位置，按 O 键，创建标记出点，如图 2-7 所示。选中“源”面板中的“01”文件并将其拖曳到“时间线”面板中的“视频 1”轨道中，如图 2-8 所示。

图 2-6

图 2-7

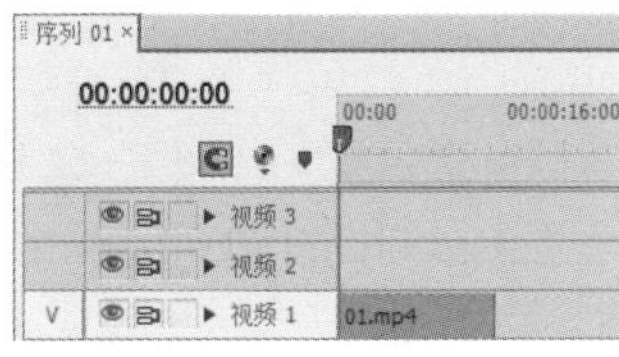


图 2-8

（4）双击“项目”面板中的“02”文件，在“源”面板中打开“02”文件。将时间标签放置在00:00:06:10 的位置，按 I 键，创建标记入点，如图 2-9 所示。将时间标签放置在 00:00:09:13 的位置，按 O 键，创建标记出点，如图 2-10 所示。选中“源”面板中的“02”文件并将其拖曳到“时间线”面板中的“视频 1”轨道中，如图 2-11 所示。

图 2-9

图 2-10

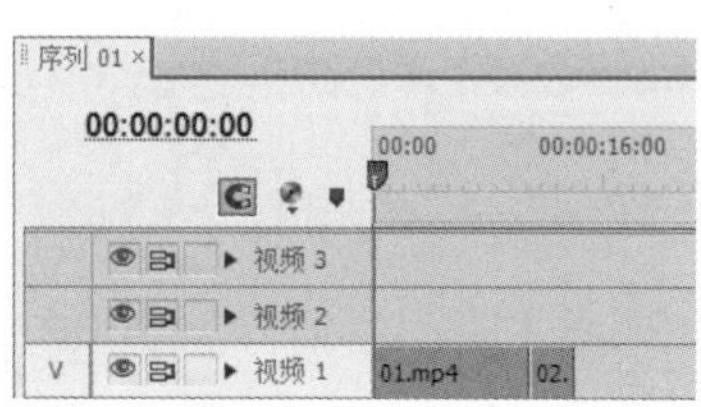


图 2-11

（5）双击“项目”面板中的“03”文件，在“源”面板中打开“03”文件。将时间标签放置在 00:00:04:08 的位置，按 I 键，创建标记入点，如图 2-12 所示。选中“源”面板中的“03”文件并将其拖曳到“时间线”面板中的“视频 1”轨道中，如图 2-13 所示。

图 2-12

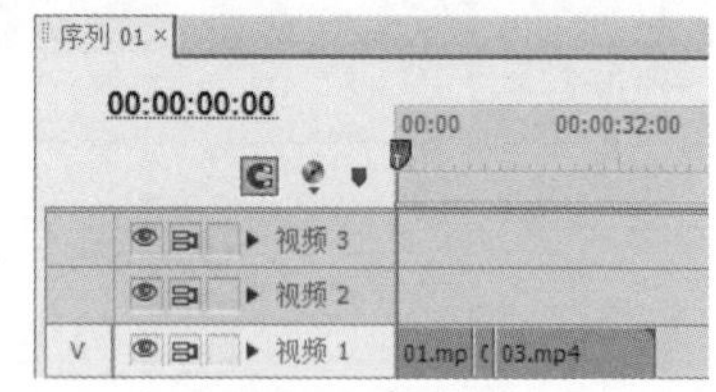


图 2-13

（6）将时间标签放置在 00:00:20:00 的位置，如图 2-14 所示。将鼠标指针放在“03”文件的结束位置，当鼠标指针呈状时，向左拖曳鼠标指针到 00:00:20:00 的位置上，如图 2-15 所示。

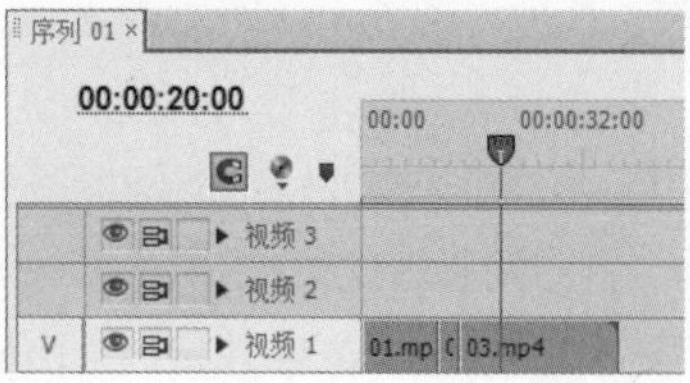

图 2-14

图 2-15

（7）双击“项目”面板中的“04”文件，在“源”面板中打开“04”文件。将时间标签放置在 00:00:17:05 的位置，按 I 键，创建标记入点，如图 2-16 所示。选中“源”面板中的“04”文件并将其拖曳到“时间线”面板中的“视频 1”轨道中，如图 2-17 所示。城市形象宣传片视频剪辑完成。

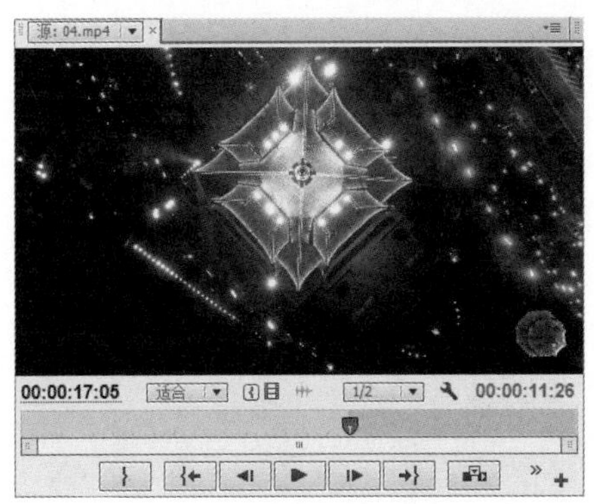

图 2-16

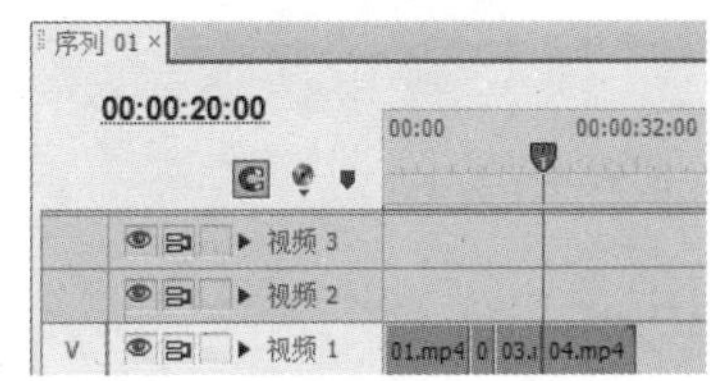

图 2-17

## 2.1.3 【相关工具】

### 1. “监视器”面板概述

Premiere Pro 的“监视器”面板分为“源”面板与“节目”面板，如图 2-18 和图 2-19 所示，分别用来显示素材与作品在编辑时的状况。“源”面板可以显示和设置节目中的素材；“节目”面板可以显示和设置序列。

图 2-18

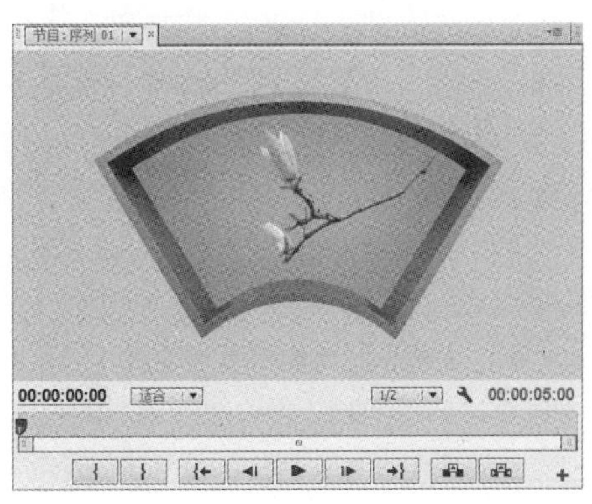

图 2-19

◎ **安全区域**

用户可以在“源”监视器面板和“节目”监视器面板中设置安全区域，这对输出为电视机播放的影片非常有用。电视机在播放视频图像时，屏幕的边缘会切除部分图像，这种现象叫“溢出扫描”。不同电视机溢出的扫描量不同，所以，要把图像的重要部分放在“安全区域”内。外侧方框以内的区域为“运动安全区域”，内侧方框以内的区域为“标题安全区域”。在制作影片时，需要将重要的场景元素、演员、图表放在“运动安全区域”内；将标题、字幕放在“标题安全区域”内。

如图 2-20 所示，单击“源”监视器面板或“节目”监视器面板下方的“安全框”按钮，可以显示或隐藏监视器面板中的安全区域。

◎ **播放按钮**

在“项目”和“时间线”面板中双击要观看的素材，素材都会自动显示在“源”监视器面板中。使用面板下方的工具栏可以对素材进行播放控制，方便查看剪辑，如图 2-21 所示。

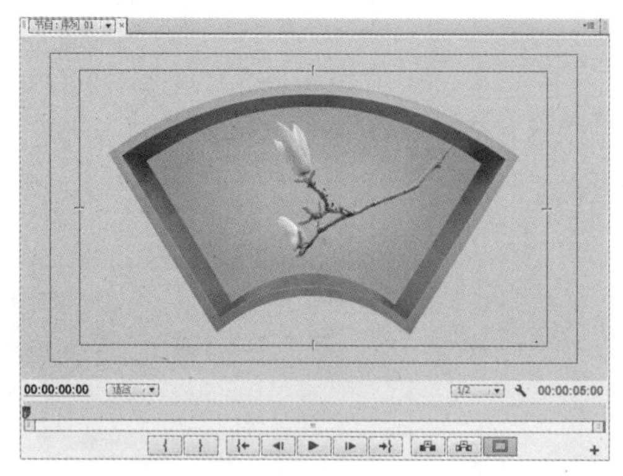


图 2-20

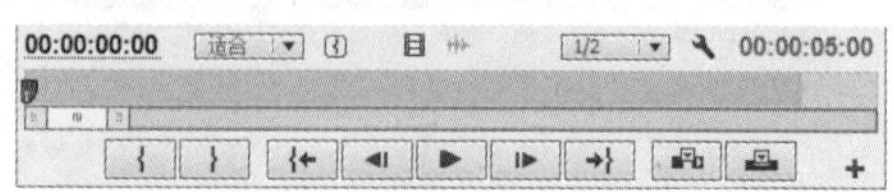


图 2-21

◎ **时间标签**

在不同的时间编码模式下，时间数字的显示模式会有所不同。如果是“无掉帧”模式，各时间单位之间用冒号分隔；如果是“掉帧”模式，各时间单位之间用分号分隔；如果选择“帧”模式，时间单位显示为帧数。移动鼠标到时间显示的区域并单击，可以从键盘上直接输入数值，改变时间显示，影片会自动跳到输入的时间位置。如果输入的时间数值之间无间隔符号，如“1234”，则 Premiere Pro 会自动将其识别为帧数，并根据所选用的时间编码，将其换算为相应的时间。

面板右侧的持续时间标签显示影片入点与出点间的长度，即影片的持续时间。

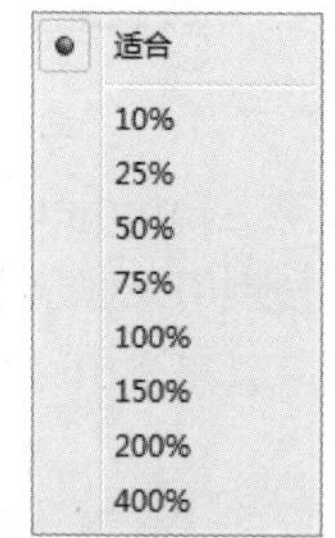


图 2-22

◎ **显示比例**

缩放列表在“源”监视器面板或“节目”监视器面板的正下方，可改变面板中影片的显示比例，如图 2-22 所示。可以通过放大或缩小影片进行观察，如果选择“适合”选项，则无论面板大小，影片会匹配视窗，完全显示影片内容。

2. ***在“监视器”面板中剪辑素材***

剪辑可以增加或删除帧以改变素材的长度。素材开始帧的位置被称为入点，素材结束帧的位置被称为出点。用户可以为素材的视频和音频同时设置入点和出点、为音频单独设置入点和出点，也可以为同一素材的视频和音频单独设置入点和出点。

◎ **为素材的视频和音频同时设置入点和出点**

（1）在“项目”面板中双击要设置入点和出点的素材，将其在“源”监视器面板中打开。

（2）在“源”监视器面板中拖动时间标签或按空格键，找到要使用的片段的开始位置。

（3）单击“源”监视器面板下方的“标记入点”按钮或按 I 键，“源”监视器面板中显示当前素材入点画面，监视器面板右上方显示入点标记，如图 2-23 所示。

（4）继续播放影片，找到使用片段的结束位置。单击“源”监视器面板下方“标记出点”按钮或按 O 键，面板下方显示当前素材出点。入点和出点间显示为浅青色，两点之间的片段即入点与出点间的素材片段，如图 2-24 所示。

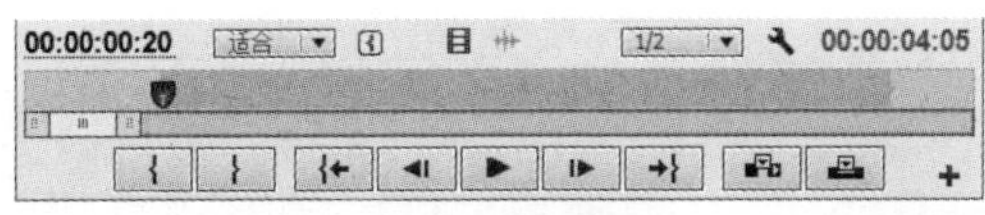

图 2-23

图 2-24

（5）单击“跳转入点”按钮可以自动跳到影片的入点位置，单击“跳转出点”按钮可以自动跳到影片出点的位置。

◎ **为音频设置入点和出点**

当声音同步要求非常严格时，用户可以为音频素材设置高精度的入点。音频素材的入点可以使用高达 1/600s 的精度来调节。对于音频素材，入点和出点指示器出现在波形图相应的点处，如图 2-25 所示。

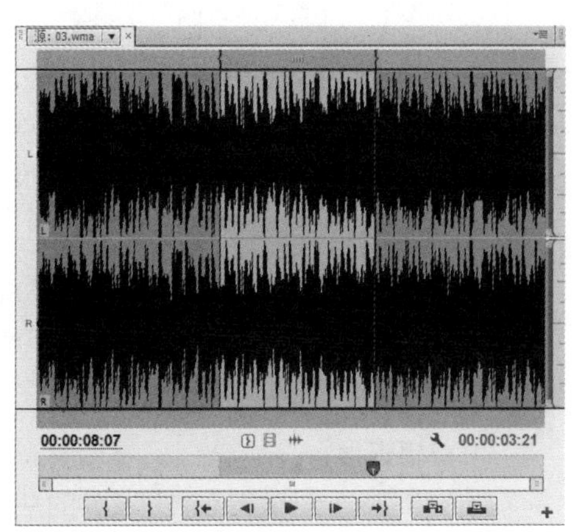


图 2-25

为音频设置入点和出点的方法与视频相同，这里就不再赘述。

当将一个同时含有影像和声音的素材拖曳到“时间线”面板时，该素材的音频和视频部分会被放到相应的轨道中。

◎ **为素材的视频和音频单独设置入点和出点**

为素材的视频或音频部分单独设置入点和出点的方法如下。

（1）在“源”监视器面板打开要设置入点和出点的素材。

（2）在“源”监视器面板中拖动时间标签或按空格键，找到要使用的片段的开始位置。选择“标记>标记拆分”命令，弹出子菜单，如图 2-26 所示。

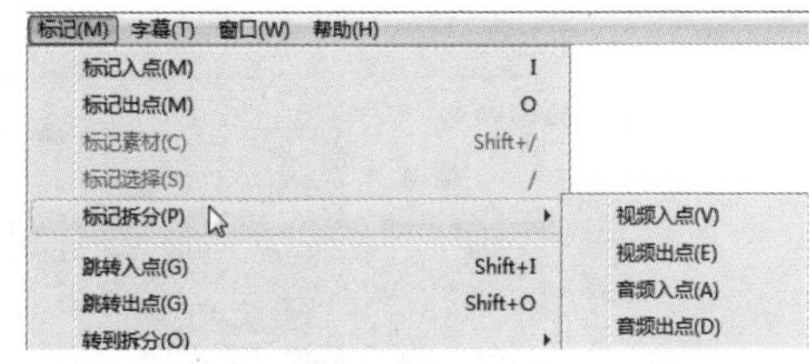


图 2-26

（3）在弹出的子菜单中选择“视频入点”/“视频出点”命令，在视频部分设置入点和出点，如图 2-27 所示。继续播放影片，找到使用音频片段的开始或结束位置。选择“音频入点”/“音频出点”命令，在音频部分设置入点和出点，如图 2-28 所示。

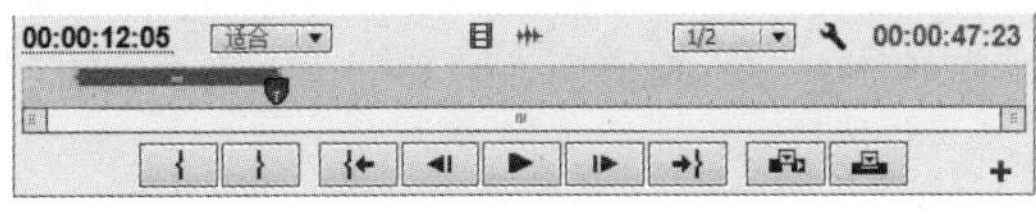


图 2-27

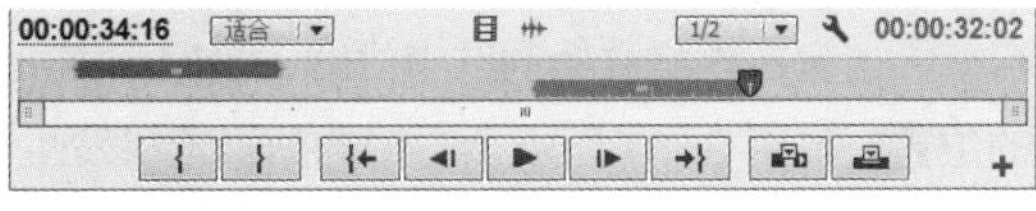


图 2-28

### 3. 在“时间线”面板中剪辑素材

Premiere Pro 提供了多种编辑片段的工具，下面介绍这些编辑工具的具体操作方法。

◎ **选择素材**

（1）选择“选择”工具，在“时间线”面板中单击可以直接选择待剪辑的素材，如图 2-29 所示；按住 Alt 键的同时单击，可以单独选择待剪辑的音频或视频部分，如图 2-30 所示；按住 Shift 键的同时单击要选择的素材，可以同时选择多个待剪辑素材，如图 2-31 所示。

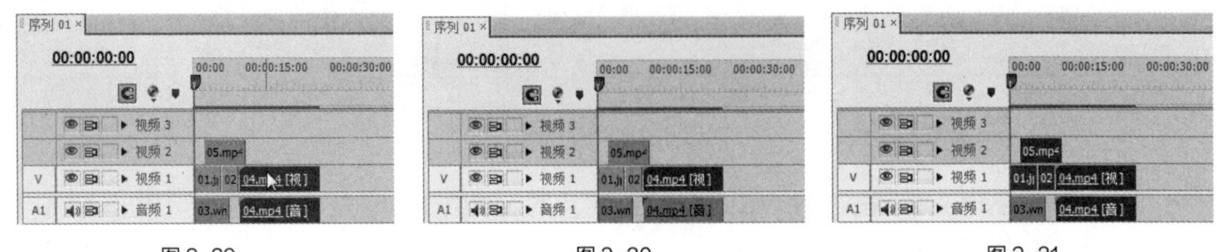

图 2-29　　图 2-30　　图 2-31

（2）选择“轨道选择轨道”工具，在“时间线”面板中单击可以选择鼠标指针右侧的所有剪辑，如图 2-32 所示。按住 Shift 键的同时单击，可以选择当前轨道中光标右侧的所有剪辑，如图 2-33 所示。

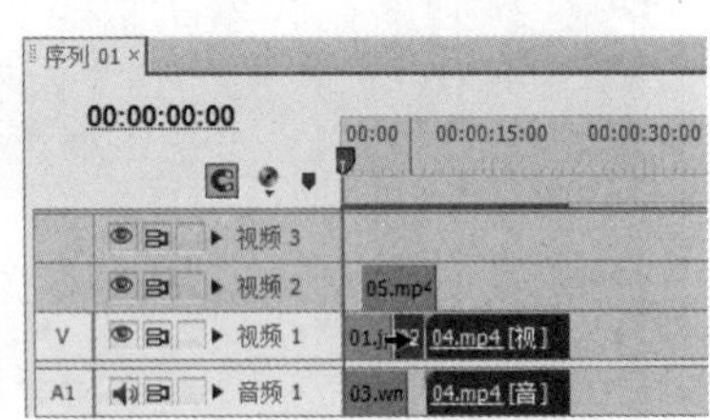

图 2-32

图 2-33

◎ **剪辑素材**

（1）将鼠标指针放置在素材文件的开始位置，当鼠标指针呈状时单击，显示编辑点，向右拖曳编辑点到适当的位置，如图 2-34 所示。将鼠标指针放置在素材文件的结束位置，当鼠标指针呈状时单击，显示编辑点，向左拖曳编辑点到适当的位置，如图 2-35 所示。

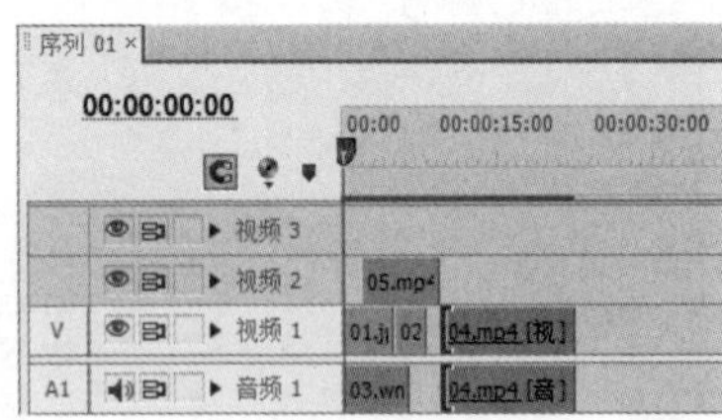

图 2-34

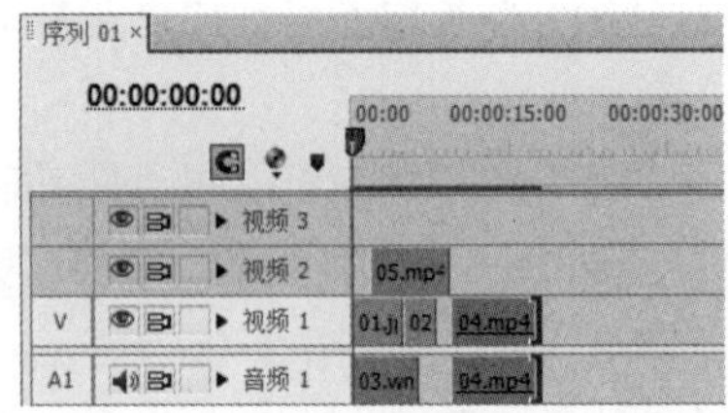

图 2-35

（2）选择“波纹编辑”工具，将鼠标指针放置在素材文件的开始位置，当鼠标指针呈状时单击，显示编辑点，向右拖曳编辑点到适当的位置，如图 2-36 所示，右侧的剪辑素材发生位移。将鼠标指针放置在素材文件的结束位置，当鼠标指针呈状时单击，显示编辑点，向左拖曳编辑点到适当的位置，如图 2-37 所示，右侧的剪辑素材发生位移。

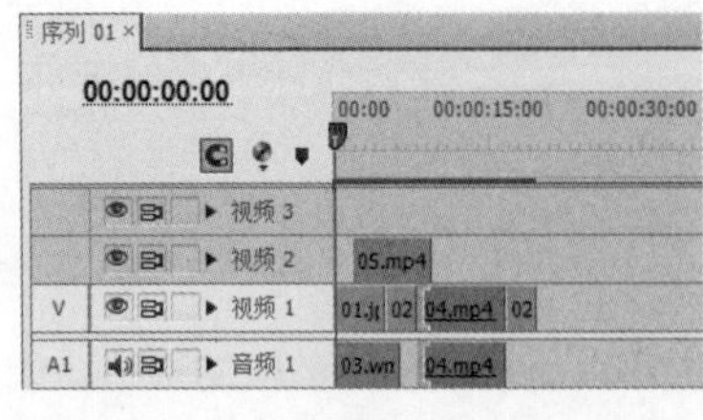

图 2-36

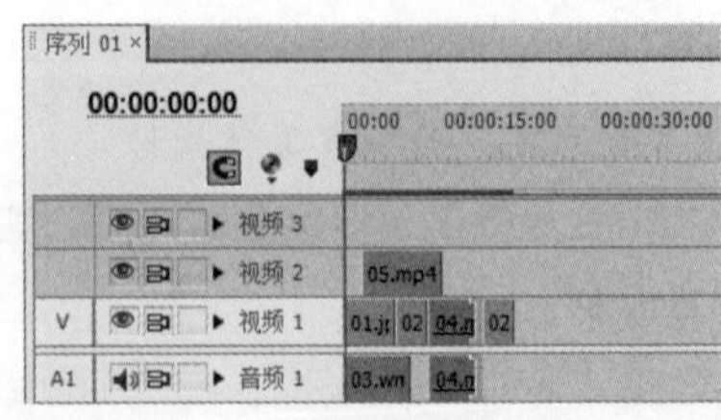

图 2-37

#### 4. 速度/持续时间

在 Premiere Pro 中，用户可以根据需要更改影片的播放速度，具体操作步骤如下。

◎ **使用“速度/持续时间”命令调整**

在“时间线”面板的某一个文件上单击鼠标右键，在弹出的菜单中选择“速度/持续时间”命令，会弹出图 2-38 所示的对话框。设置完成后，单击“确定”按钮，完成更改。

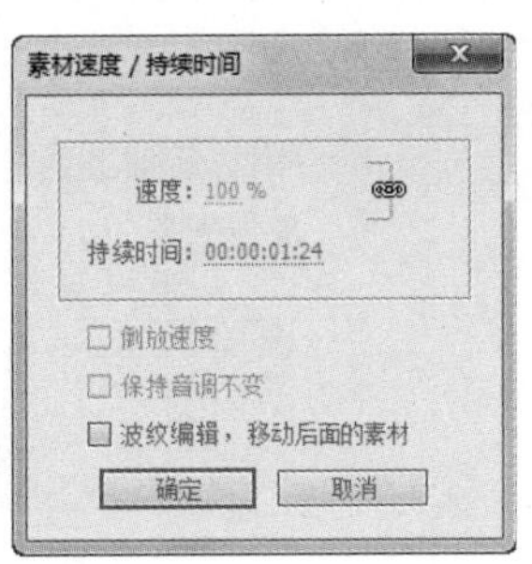

图 2-38

速度：用于设置播放速度的百分比，以决定影片的播放速度。

持续时间：单击右侧的时间码，修改时间值。时间值越长，影片播放的速度越慢；时间值越短，影片播放的速度越快。

倒放速度：勾选此复选框，影片将向反方向播放。

保持音频不变：勾选此复选框，影片将保持音频的播放速度不变。

波纹编辑，移动后面的素材：勾选此复选框，让变化剪辑后方相邻的素材保持跟随。

◎ **使用“速率伸缩”工具调整**

选择“速率伸缩”工具，将鼠标指针放置在素材文件的开始位置，当鼠标指针呈状时，向左拖曳到适当的位置，如图 2-39 所示，调整影片的速度。当鼠标指针呈状时，向右拖曳到适当的位置，如图 2-40 所示，调整影片的速度。

图 2-39

图 2-40

◎ **使用速度线调整**

（1）在“时间线”面板中选择素材文件，如图 2-41 所示。在素材文件上单击鼠标右键，在弹出的菜单中选择“显示素材关键帧 > 时间重映射 > 速度”命令，此时的效果如图 2-42 所示。

图 2-41

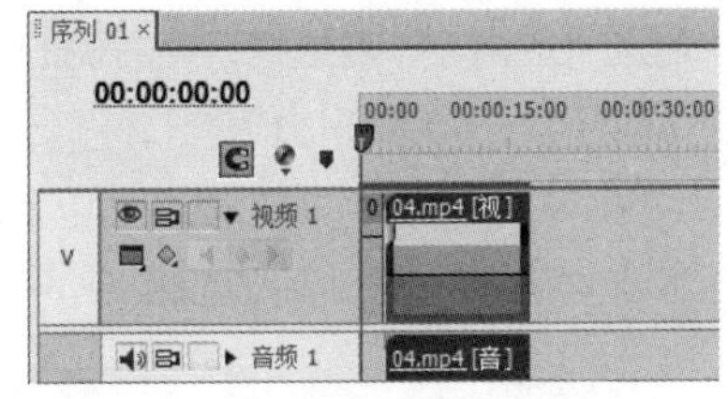

图 2-42

（2）向下拖曳中心的速度水平线，调整影片的速度，如图 2-43 所示，松开鼠标，效果如图 2-44 所示。

图 2-43

图 2-44

（3）按住 Ctrl 键的同时，在速度水平线上单击，生成关键帧，如图 2-45 所示。用相同的方法再次添加关键帧，效果如图 2-46 所示。

图 2-45

图 2-46

（4）向上拖曳两个关键帧之间的速度水平线，调整影片的速度，如图 2-47 所示。拖曳第 2 个关键帧的右半部分，拆分关键帧，如图 2-48 所示。

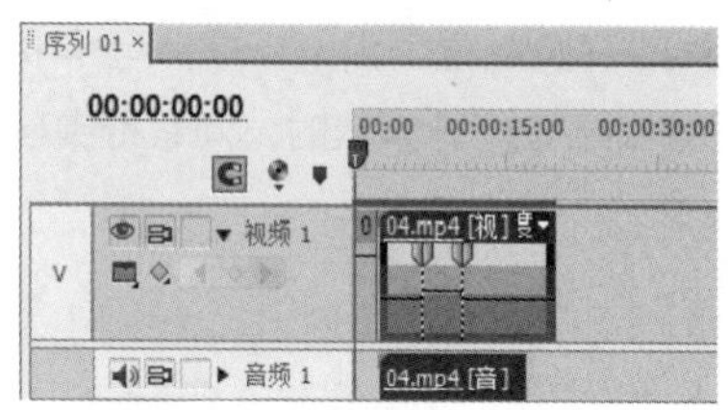


图 2-47

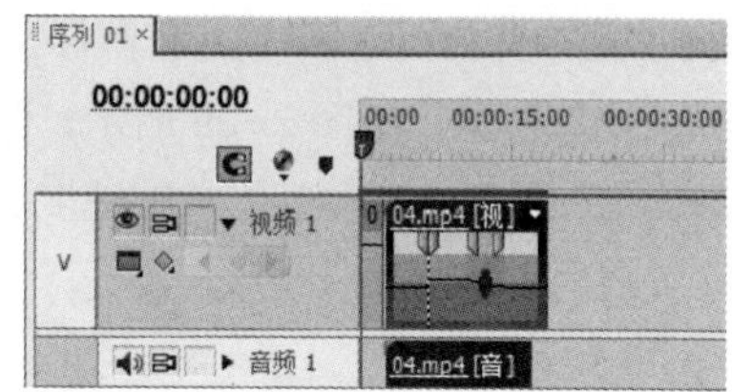


图 2-48

### 5. 帧定格

帧定格是指冻结片段中的某一帧，此时，会以静帧方式显示该画面，就好像使用了一张静止图像的效果，被冻结的帧也可以是片段开始点或结束点。创建帧定格的具体操作步骤如下。

（1）单击“时间线”面板中的某一段节目片段，将时间标签移动到需要冻结的某一帧画面上，如图 2-49 所示。

（2）在素材上单击鼠标右键，在弹出的菜单中选择“帧定格选项”命令，弹出如图 2-50 所示对话框。

（3）勾选“定格在”复选框，在右侧的下拉列表中根据入点、出点或者标记 0 选择帧，如图 2-51 所示。

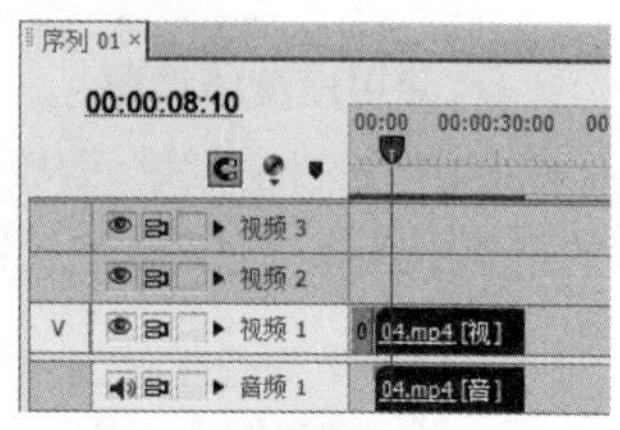


图 2-49

（4）勾选“定格滤镜”复选框，可以使冻结的帧画面依然保持使用滤镜后的效果。

（5）单击“确定”按钮完成创建。

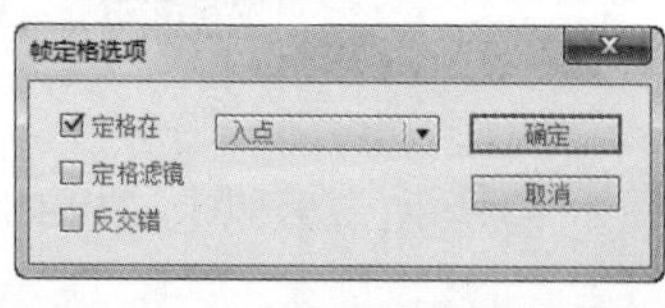


图 2-50

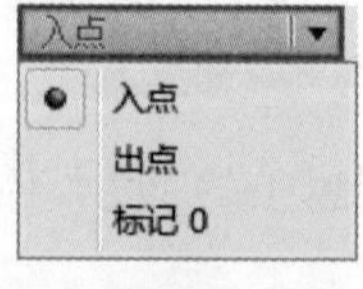


图 2-51

### 6. 标记点

为了查看素材的帧与帧之间是否对齐，用户需要在素材或标尺上做一些标记。

◎ **添加标记**

为影片添加标记的具体操作步骤如下。

（1）将“时间线”面板中的时间标签移到需要添加标记的位置，单击左侧的“添加标记”按钮，该标记将被添加到时间标签停放的地方，如图2-52所示。

（2）如果“时间线”面板左侧的“吸附”按钮处于选中状态，将一个素材拖曳到轨道标记处，则素材的入点将会自动与标记对齐。

图2-52

◎ **跳转标记**

在“时间线”面板的标尺上单击鼠标右键，在弹出的菜单中选择“转到下一标记”命令，如图2-53所示，也可以按Shift+M组合键，时间标签会自动跳转到下一个标记；选择“转到前一标记”命令，也可以按Ctrl+Shift+M组合键，时间标签会自动跳转到前一个标记。

图2-53

◎ **删除标记**

如果用户在使用标记的过程中发现有不需要的标记，可以将其删除，具体的删除步骤如下。

在“时间线”面板的标尺上单击鼠标右键，在弹出的菜单中选择“清除当前标记”命令，如图2-54所示，也可以按Ctrl+Alt+M组合键，可清除当前选取的标记。选择“清除所有标记”命令，或按Ctrl+Shift+Alt+M组合键，即可将“时间线”面板中的所有标记清除。

图2-54

7. **粘贴素材**

Premiere Pro提供了标准的Windows编辑命令，用于剪切、复制和粘贴素材，这些命令都在“编辑”菜单命令中。

◎ **使用“粘贴插入”命令**

使用“粘贴插入”命令的具体操作步骤如下。

（1）在“时间线”面板中选择素材，然后选择“编辑>复制”命令，或按Ctrl+C组合键。

（2）将时间标签移动到需要粘贴素材的位置，如图2-55所示。

（3）选择“编辑>粘贴插入”命令，或按Ctrl+Shift+V组合键，复制的影片被粘贴到时间标签位置，其后的影片等距离后退，如图2-56所示。

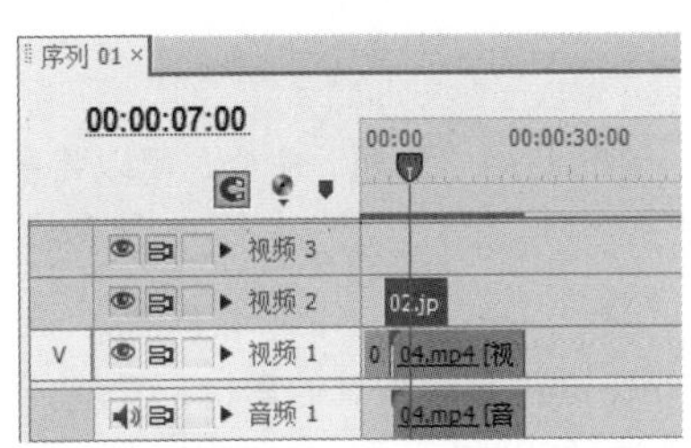


图2-55

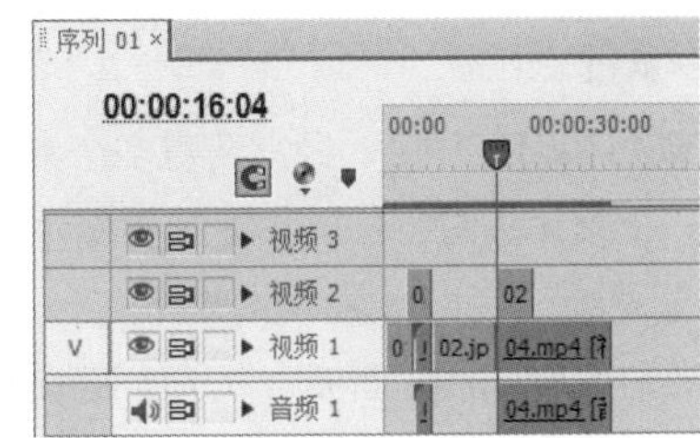


图2-56

◎ **使用“粘贴属性”命令**

使用“粘贴属性”命令的具体操作步骤如下。

（1）在“时间线”面板中选择影片素材，设置“透明度”选项，并添加视频特效，如图2-57所示。在影片素材上单击鼠标右键，在弹出的菜单中选择“复制”命令，如图2-58所示。

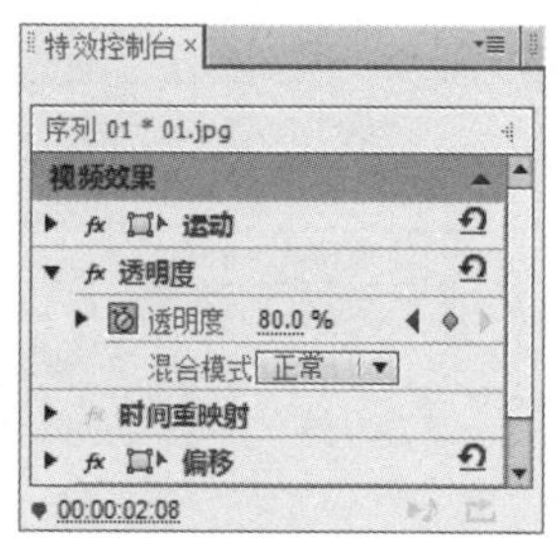


图 2-57

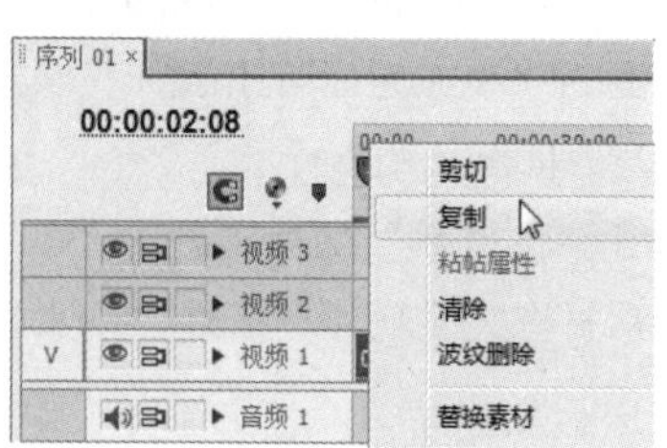


图 2-58

（2）用圈选的方法选择需要粘贴属性的素材文件，如图 2-59 所示。在影片素材上单击鼠标右键，在弹出的菜单中选择“粘贴属性”命令，如图 2-60 所示。可以将视频属性（运动、透明度、时间重映射、效果）粘贴到选中的素材文件上，如图 2-61 和图 2-62 所示。用相同的方法也可以将音频属性（音量、声道音量、声像器、效果）粘贴到选中的素材文件上。

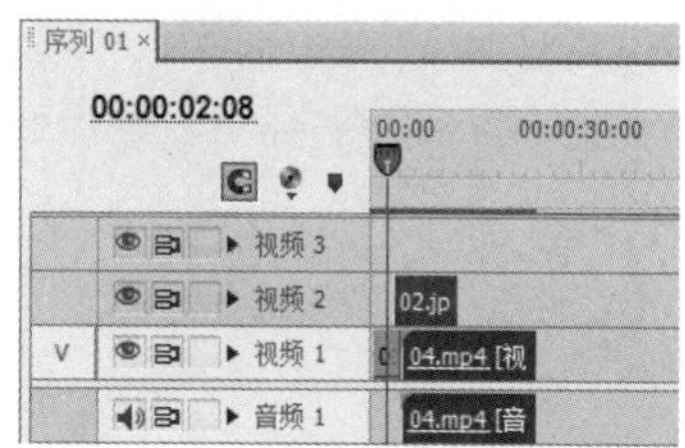


图 2-59

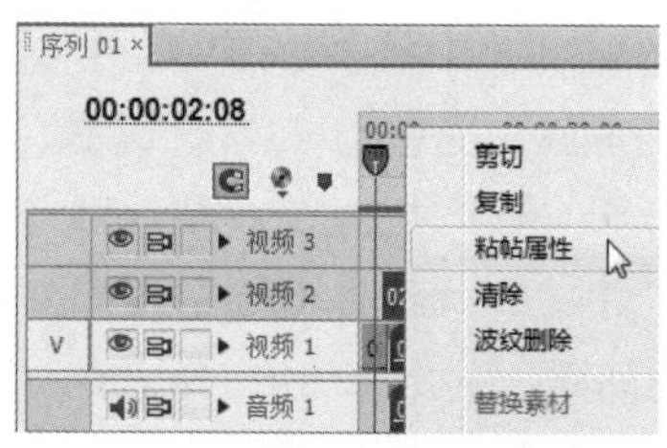


图 2-60

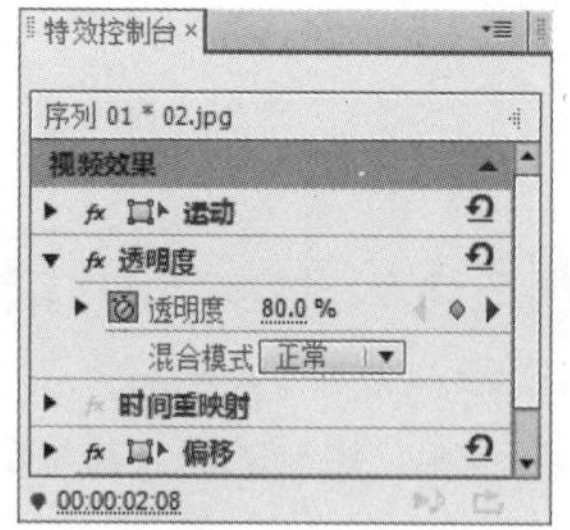


图 2-61

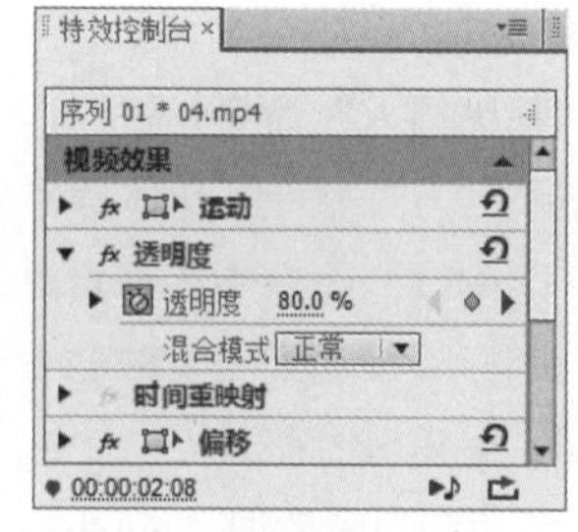


图 2-62

#### 8. 编组

在项目编辑工作中，经常要对多个素材进行整体操作。这时使用“编组”命令，可以将多个片段组合为一个整体来进行移动和复制等操作。

为素材编组的具体操作步骤如下。

（1）在“时间线”面板中框选中要编组的素材。按住 Shift 键再次单击其他素材，可以加选素材。

（2）在选定的素材上单击鼠标右键，在弹出的菜单中选择“编组”命令，则选定的素材被编组。

素材被编组后，在进行移动和复制等操作的时候，就会作为一个整体进行操作。如果要取消编组效果，可以在编组的对象上单击鼠标右键，在弹出的菜单中选择“取消编组”命令即可。

#### 9. 删除素材

如果用户决定不使用“时间线”面板中的某个素材片段，则可以在“时间线”面板中将其删除。在“时间线”面板中删除的素材并不会在“项目”面板中删除。当用户删除一个已经应用于“时间线”

面板的素材后，在“时间线”面板的轨道上该素材处留下空位。用户也可以选择“波纹删除”命令，即将该素材轨道上的内容向左移动，覆盖被删除的素材留下的空位。

◎**清除素材**

使用“清除”命令删除素材的方法如下。

（1）在“时间线”面板中选择一个或多个素材。

（2）按 Delete 键或选择“编辑>清除”命令。

◎**波纹删除素材**

使用“波纹删除”命令删除素材的方法如下。

（1）在“时间线”面板中选择一个或多个素材。

（2）如果不希望其他轨道的素材移动，可以锁定该轨道。

（3）选中素材并单击鼠标右键，在弹出的菜单中选择“波纹删除”命令，或按 Shift+Delete 组合键。

### 10. 序列嵌套

序列嵌套是指将“时间线”中多个轨道的素材打包并合并到一起，对其进行管理和快速处理。它是序列中的序列，嵌套的序列可以和其他的素材一样进行修改，无论是视频素材还是音频素材都可以一次或多次进行嵌套。

◎ **创建序列嵌套**

（1）在“时间线”面板中选中要嵌套的素材文件，如图 2-63 所示。

（2）选择“素材 > 嵌套”命令，或在素材文件上单击鼠标右键，在弹出的菜单中选择“嵌套”命令，单击“确定”按钮，创建嵌套，如图 2-64 所示。同时在“项目”面板中创建序列嵌套，如图 2-65 所示。

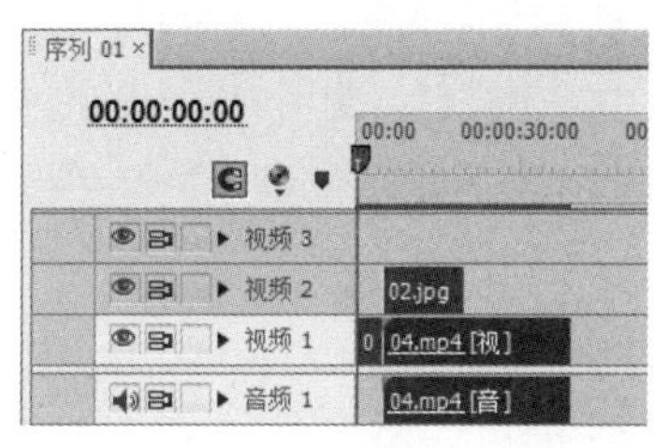


图 2-63

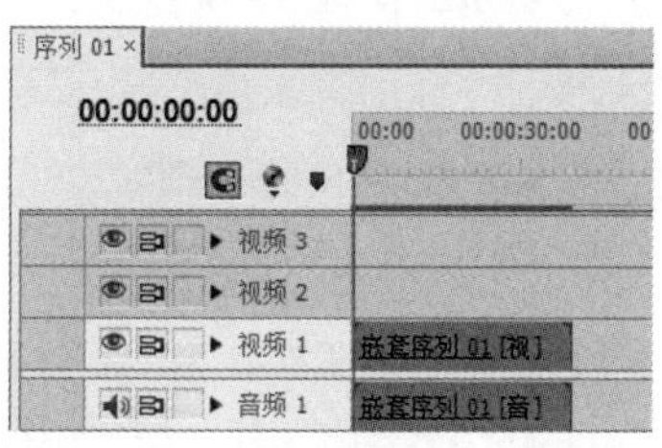


图 2-64

图 2-65

◎ **修改序列嵌套**

（1）在“时间线”面板或“项目”面板中双击序列嵌套文件，进入嵌套序列中，如图 2-66 所示。选择“视频 2”轨道中的“02”文件，对其进行编辑，如图 2-67 所示。

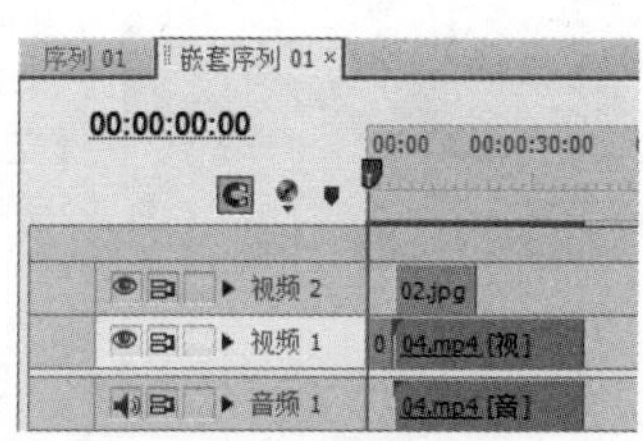


图 2-66

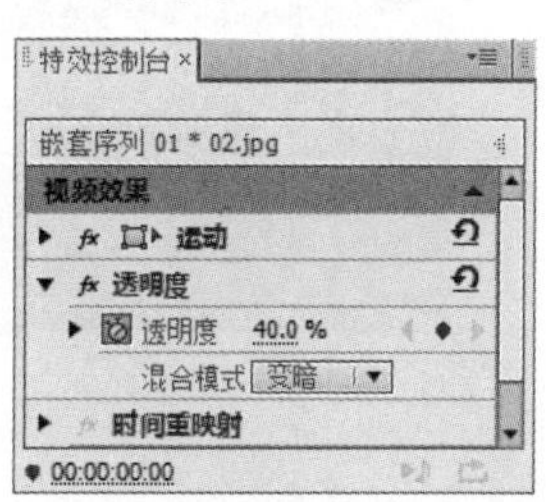


图 2-67

（2）选择“序列 01”，查看调整后的效果，“序列 01”中的嵌套序列同步被修改。

◎ **移出嵌套内容**

（1）选取嵌套序列中的所有素材，如图 2-68 所示。按 Ctrl+X 组合键，剪切素材，如图 2-69 所示。

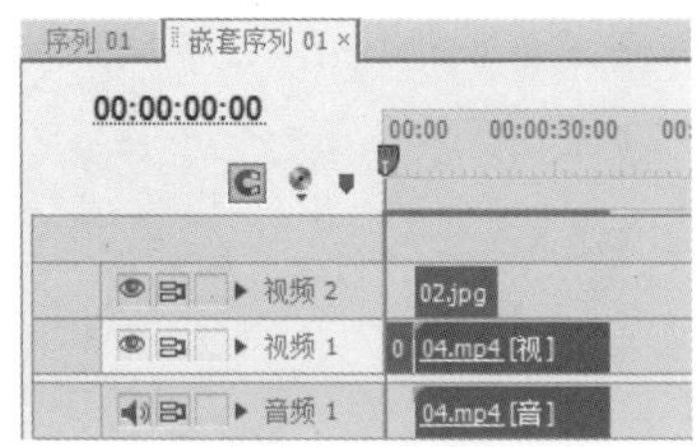


图 2-68

图 2-69

（2）在“序列 01”中，将时间标签移动到需要的位置。按 Ctrl+V 组合键，粘贴嵌套内容，如图 2-70 所示。删除左侧的嵌套序列。将粘入的内容前移，如图 2-71 所示。

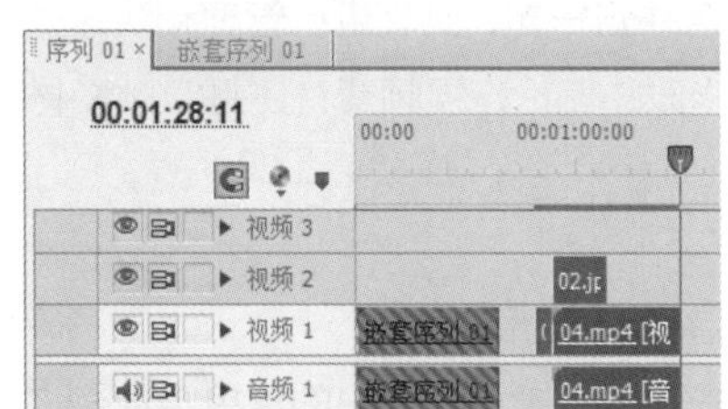


图 2-70

图 2-71

### 2.1.4 【实战演练】剪辑超市宣传短视频

使用“导入”命令导入视频文件，使用入点和出点在“源”面板中剪辑视频，使用剪辑点的拖曳功能剪辑素材，使用“速度/持续时间”命令调整视频播放速度。最终效果参看云盘中的“Ch02/剪辑超市宣传短视频/剪辑超市宣传短视频.prproj”，如图 2-72 所示。

图 2-72

# 2.2 重组番茄的故事宣传片视频

## 2.2.1 【操作目的】

使用“导入”命令导入视频文件，使用“特效控制台”面板调整文件大小，使用“插入”按钮插入视频文件。最终效果参看云盘中的“Ch02/重组番茄的故事宣传片视频/重组番茄的故事宣传片视频.prproj”，如图 2-73 所示。

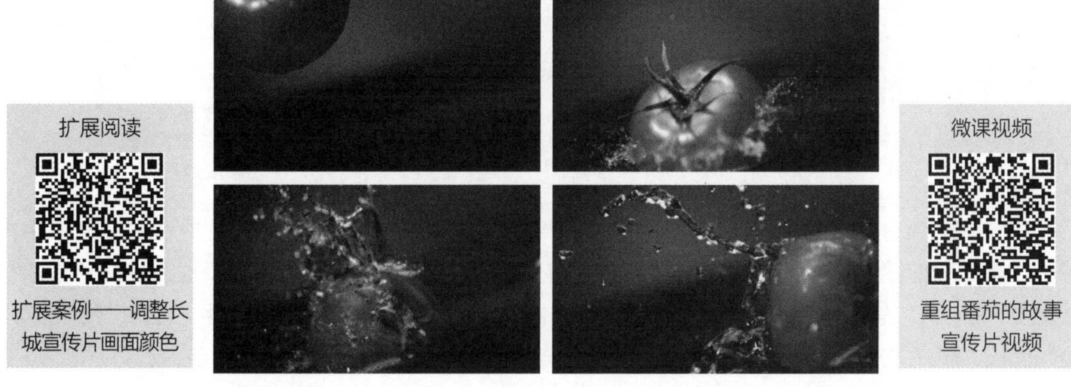


图 2-73

## 2.2.2 【操作步骤】

（1）启动 Premiere Pro CS6 软件，弹出“欢迎使用 Adobe Premiere Pro”欢迎界面，单击“新建项目”按钮，弹出“新建项目”对话框，如图 2-74 所示。单击“确定”按钮，弹出“新建序列”对话框，单击“设置”选项卡，设置相应参数，如图 2-75 所示，单击“确定”按钮，新建序列。

图 2-74

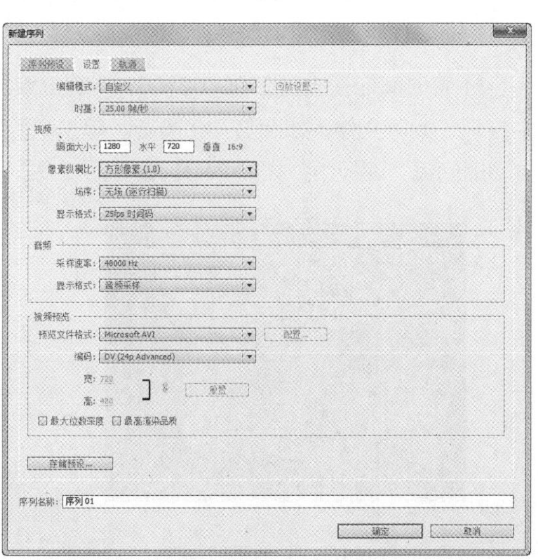


图 2-75

（2）选择“文件>导入”命令，弹出“导入”对话框，选择本书云盘中的“Ch02/重组番茄的故事宣传片视频/素材/01 和 02”文件，如图 2-76 所示，单击“打开”按钮，将素材文件导入到“项目”面板中，如图 2-77 所示。

图 2-76

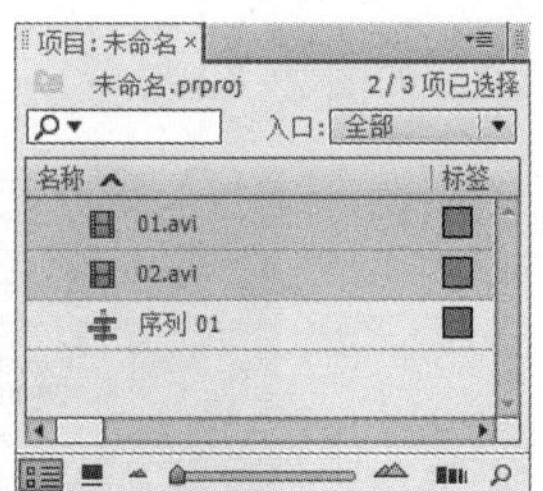

图 2-77

（3）在“项目”面板中，选中“01”文件并将其拖曳到“时间线”面板中的“视频 1”轨道中，弹出“素材不匹配警告”对话框，单击“保持现有设置”按钮，在保持现有序列设置的情况下将文件放置在“视频 1”轨道中，如图 2-78 所示。选择“时间线”面板中的“01”文件。选择“特效控制台”面板，展开“运动”选项，将“缩放比例”选项设置为 170.0，如图 2-79 所示。

图 2-78

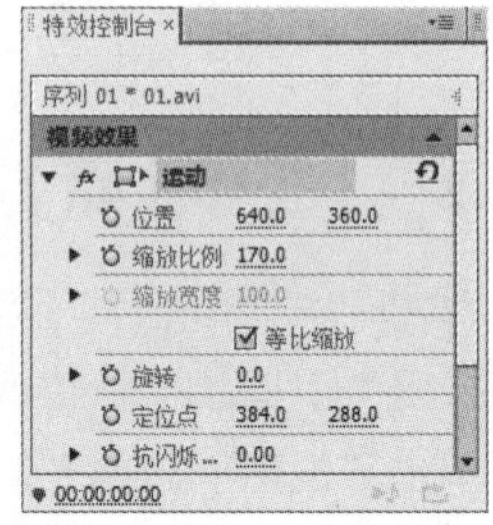

图 2-79

（4）将时间标签放置在 00:00:06:00 的位置。双击“项目”面板中的“02”文件，在“源”面板中打开“02”文件，如图 2-80 所示。单击“源”面板下方的“插入”按钮，将“02”文件插入到“时间线”面板中，如图 2-81 所示。

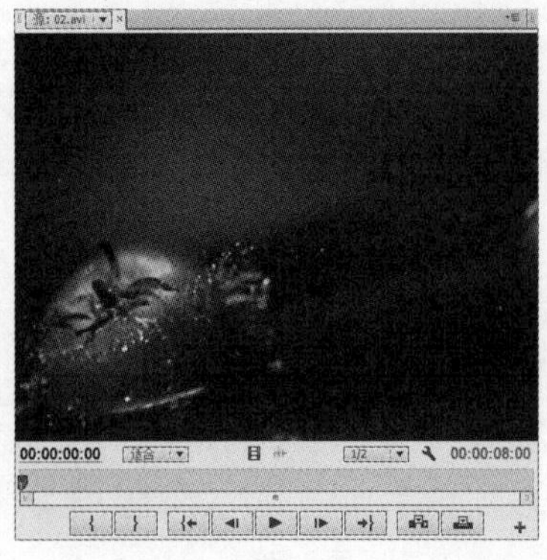

图 2-80

图 2-81

（5）将时间标签放置在 00:00:25:00 的位置。将鼠标指针放在“01”文件的结束位置，当鼠标指针呈状时，向左拖曳光标到 00:00:25:00 的位置上，如图 2-82 所示。

（6）选择“时间线”面板中的“02”文件。选择“特效控制台”面板，展开“运动”选项，将“缩放比例”选项设置为 170.0，如图 2-83 所示。番茄的故事宣传片视频重组完成。

图 2-82

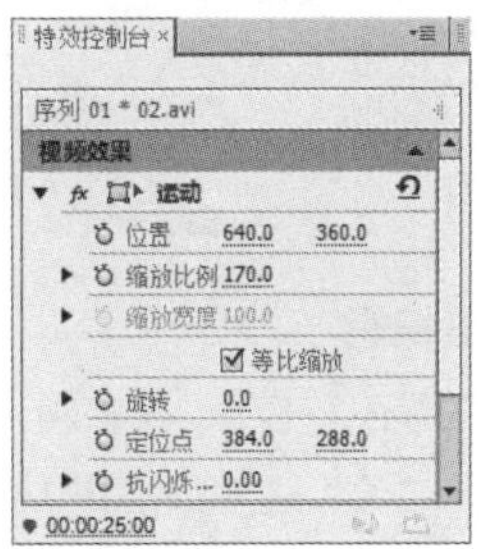


图 2-83

## 2.2.3 【相关工具】

### 1. 切割素材

在 Premiere Pro 中，当素材被添加到“时间线”面板的轨道中后，可以使用“工具”面板中的“剃刀”工具对此素材进行分割，具体操作步骤如下。

（1）在“时间线”面板中添加要切割的素材。选择工具箱中的“剃刀”工具。

（2）将鼠标指针移到需要切割的位置并单击，该素材即被切割为两个素材，每一个素材都有独立的长度及入点与出点，如图 2-84 所示。

（3）如果要将多个轨道上的素材在同一点分割，则按住 Shift 键，会显示多重刀片，单击分割点，轨道上未锁定的素材都在该位置被分割成两段，如图 2-85 所示。

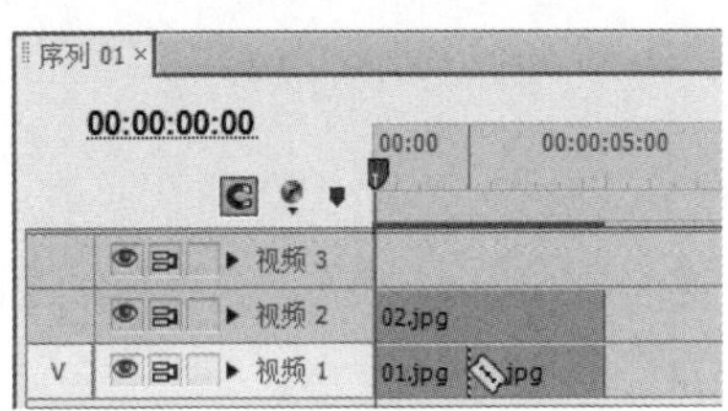


图 2-84

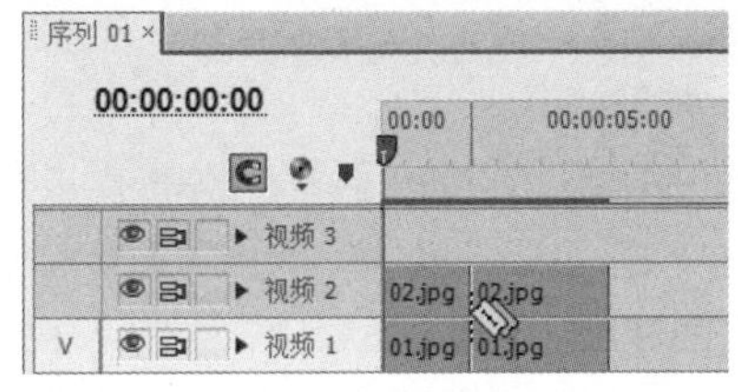


图 2-85

### 2. 插入和覆盖编辑

“插入”按钮和“覆盖”按钮可以将“源”监视器面板中的片段直接置入“时间线”面板中时间标签所在位置的当前轨道中。

**◎ 插入编辑**

使用“插入”按钮的具体操作步骤如下。

（1）在“源”监视器面板中选中要插入“时间线”面板中的素材。

（2）在“时间线”面板中将时间标签移动到需要插入素材的位置，如图 2-86 所示。

（3）单击“源”监视器面板下方的“插入”按钮，将选择的素材插入“时间线”面板中，插入的新素材会直接插入其中，把原有素材分为两段，原有素材的后半部分将自动向后移动，接在新素材之后，效果如图 2-87 所示。

图 2-86

图 2-87

◎ **覆盖编辑**

使用“覆盖”按钮的具体操作步骤如下。

（1）在“源”监视器面板中选中要插入“时间线”面板中的素材。

（2）在“时间线”面板中将时间标签移动到需要插入素材的位置，如图 2-88 所示。

（3）单击“源”监视器面板下方的“覆盖”按钮，将选择的素材插入“时间线”面板中，加入的新素材将覆盖时间标签右侧的原有素材，如图 2-89 所示。

图 2-88

图 2-89

### 3. 提升和提取编辑

使用“提升”按钮和“提取”按钮可以在“时间线”面板的指定轨道上删除指定的节目片段。

◎ **提升编辑**

使用“提升”按钮的具体操作步骤如下。

（1）在“节目”监视器面板中为素材需要提升的部分设置入点和出点。设置的入点和出点同时显示在“时间线”面板的标尺上，如图 2-90 所示。

（2）单击“节目”监视器面板下方的“提升”按钮，入点和出点之间的素材会被删除，删除后的区域留下空白间隙，如图 2-91 所示。

图 2-90

图 2-91

◎ **提取编辑**

使用“提取”按钮的具体操作步骤如下。

（1）在“节目”监视器面板中为素材需要提取的部分设置入点和出点。设置的入点和出点同时显示在“时间线”面板的标尺上。

（2）单击“节目”监视器面板下方的“提取”按钮，入点和出点之间的素材会被删除，其后面的素材自动前移，填补空缺处，如图 2-92 所示。

图 2-92

**4．通用倒计时片头**

通用倒计时片头通常用于影片开始前的倒计时准备中。Premiere Pro 提供了现成的通用倒计时片头，用户可以非常便捷地创建一个标准的倒计时素材，并可以在 Premiere Pro 中随时对其进行修改，如图 2-93 所示。

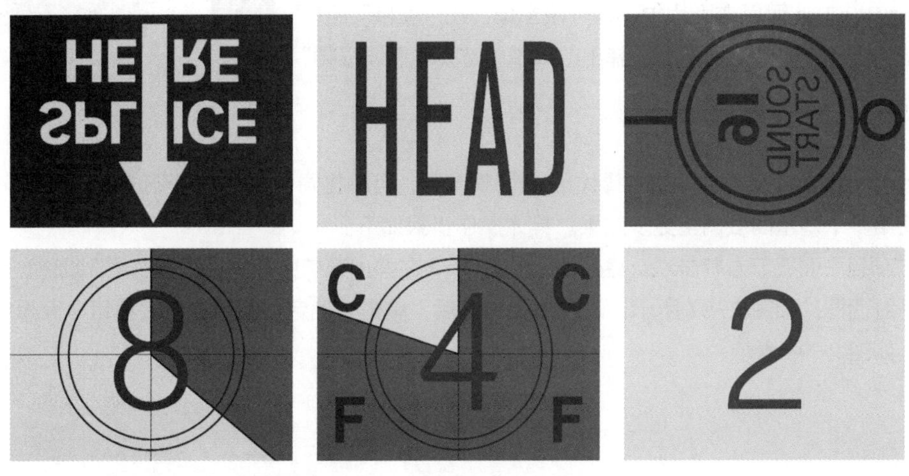


图 2-93

创建倒计时素材的具体操作步骤如下。

（1）单击“项目”面板下方的“新建分项”按钮，在弹出的菜单中选择“通用倒计时片头”命令，会弹出“新建通用倒计时片头”对话框，如图 2-94 所示。设置完成后，单击“确定”按钮，会弹出“通用倒计时设置”对话框，如图 2-95 所示。

图 2-94

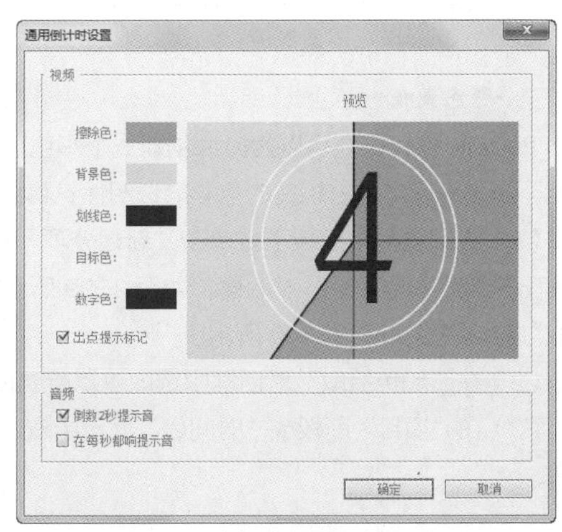


图 2-95

（2）设置完成后，单击“确定”按钮，该段倒计时影片将自动加入“项目”面板中。

（3）在“项目”面板或“时间线”面板中，双击倒计时素材，随时可以打开“通用倒计时设置”对话框进行修改。

5. **彩条和黑场**

◎ **彩条**

Premiere Pro 可以为影片在开始前加入一段彩条，如图 2-96 所示。在“项目”面板下方单击“新建分项”按钮，在弹出的菜单中选择“彩条”命令，即可创建彩条。

图 2-96

◎ **黑场**

Premiere Pro 可以在影片中创建一段黑场。在“项目”面板下方单击“新建分项”按钮，在弹出的菜单中选择“黑场视频”命令，即可创建黑场。

6. **调整图层**

Premiere Pro 可以创建调整图层。使用调整图层，可以将同一效果应用至时间线上的多个剪辑，也可以使用多个调整图层调整更多效果。具体操作步骤如下。

在“项目”面板下方单击“新建分项”按钮，在弹出菜单中选择“调整图层”选项，弹出“调整图层”对话框，如图 2-97 所示。进行参数设置后，单击“确定”按钮。在“项目”面板中生成调整图层，如图 2-98 所示。

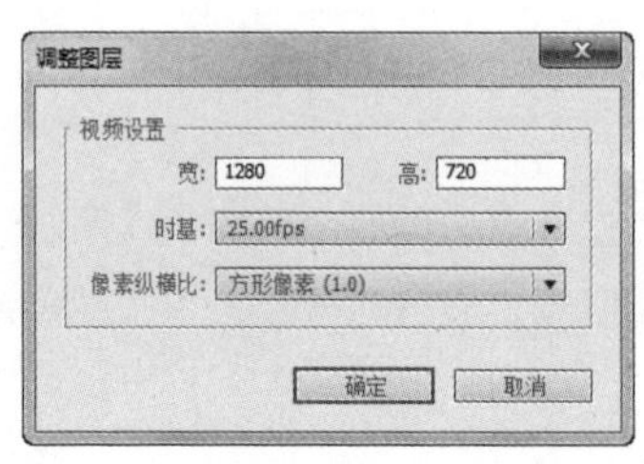


图 2-97

图 2-98

7. **彩色蒙板**

Premiere Pro 还可以为影片创建一个彩色蒙板。用户可以将彩色蒙板当作背景，也可利用“透明度”命令来设定与它相关的色彩的透明性，具体操作步骤如下。

（1）在“项目”面板下方单击“新建分项”按钮，在弹出的菜单中选择“彩色蒙板”命令，会弹出“新建彩色蒙板”对话框，如图 2-99 所示。设置参数后，单击“确定”按钮，会弹出“颜色拾取”对话框，如图 2-100 所示。

（2）在“颜色拾取”对话框中选取遮罩所要使用的颜色，单击“确定”按钮。

（3）在“项目”面板或“时间线”面板中双击彩色蒙板，随时可以打开“颜色拾取”对话框进行修改。

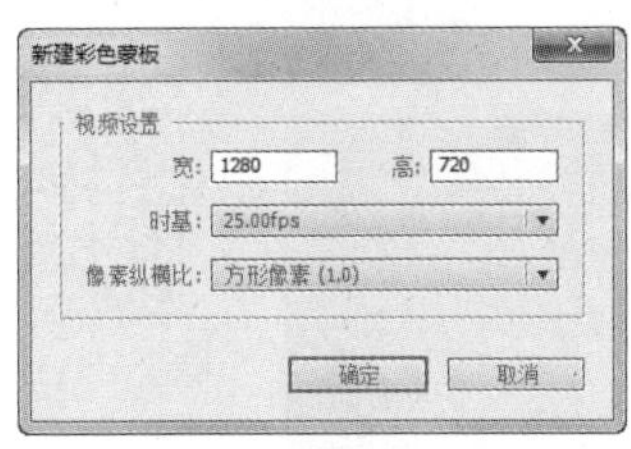


图 2-99

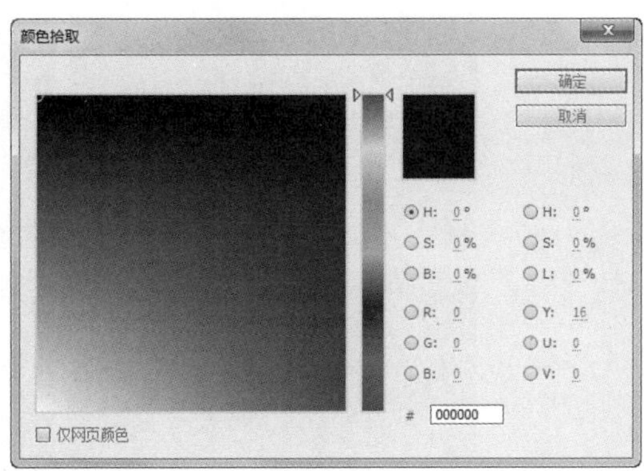


图 2-100

8. 透明视频

在 Premiere Pro 中，可以创建一个透明的视频层，它能够将效果应用到一系列的影片剪辑中，而无须重复地复制和粘贴属性。只要应用一个效果到透明视频轨道上，该效果将自动出现在下面的所有视频轨道中。

### 2.2.4 【实战演练】重组璀璨烟火宣传片视频

使用“导入”命令导入视频文件，使用“插入”按钮插入视频文件，使用“剃刀”工具切割素材文件，使用“字幕”面板添加文本。最终效果参看云盘中的“Ch02/重组璀璨烟火宣传片视频/重组璀璨烟火宣传片视频.prproj”，如图 2-101 所示。

图 2-101

## 2.3 综合实训——重组壮丽黄河宣传片视频

使用“导入”命令导入视频文件，使用“特效控制台”面板调整素材大小，使用剪辑点的拖曳功能剪辑素材，使用“插入”命令插入素材文件。最终效果参看云盘中的“Ch02\重组壮丽黄河宣传片视频\重组壮丽黄河宣传片视频.prproj”，如图 2-102 所示。

图 2-102

## 2.4 综合实训——重组篮球公园宣传片视频

使用“导入”命令导入视频文件，使用“剃刀”工具切割视频素材，使用“插入”命令插入素材文件。最终效果参看云盘中的“Ch02\重组篮球公园宣传片视频\重组篮球公园宣传片视频.prproj”，如图 2-103 所示。

图 2-103

03

# 第 3 章 视频切换效果

## 本章介绍

本章主要介绍如何在 Premiere Pro CS6 的影片素材或静止图像素材之间建立丰富多彩的切换特效的方法。每一个图像切换的控制方式都具有很多可调的选项。本章内容对于影视剪辑中的镜头切换有着非常实用的意义，它可以使剪辑的画面更加富于变化，更加生动多姿。

## 学习目标

- 掌握视频切换效果的设置方法
- 掌握视频切换效果的应用技巧

## 能力目标

- 掌握不同类型转场的设置方法
- 熟练掌握不同类型转场的添加技巧

## 素质目标

- 培养能够与他人有效沟通的能力
- 培养善于思考、勤于练习的能力
- 培养运用科学方法完成任务的能力

# 3.1 设置校园生活短片的转场

## 3.1.1 【操作目的】

使用“导入”命令导入素材文件，使用“交叉叠化（标准）”效果制作图片之间的过渡，使用“特效控制台”面板调整过渡效果。最终效果参看云盘中的“Ch03\设置校园生活短片的转场\设置校园生活短片的转场.prproj”，如图 3-1 所示。

扩展阅读
扩展案例——添加剪纸窗花短片的转场

微课视频
设置校园生活短片的转场

图 3-1

## 3.1.2 【操作步骤】

### 1. 添加并调整素材

（1）启动 Premiere Pro CS6 软件，弹出“欢迎使用 Adobe Premiere Pro”欢迎界面，单击“新建项目”按钮，弹出“新建项目”对话框，如图 3-2 所示。单击“确定”按钮，弹出“新建序列”对话框，单击“设置”选项卡，设置相应参数，如图 3-3 所示，单击“确定”按钮，新建序列。

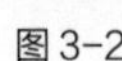
图 3-2

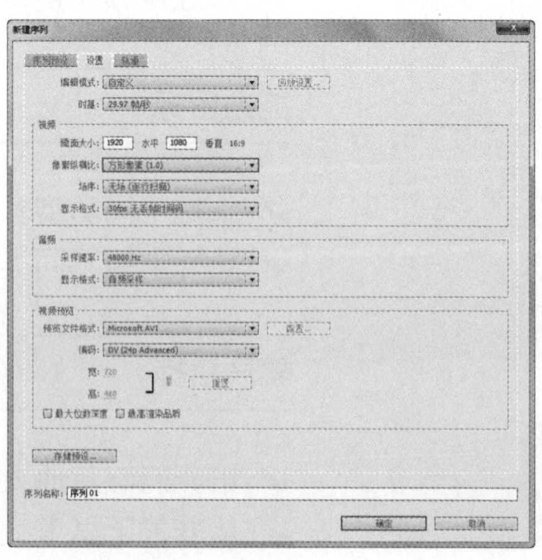


图 3-3

（2）选择“文件>导入”命令，弹出“导入”对话框，选择本书云盘中的“Ch03/设置校园生活短片的转场/素材/01~04”文件，如图 3-4 所示，单击“打开”按钮，将素材文件导入到“项目”面板中，如图 3-5 所示。

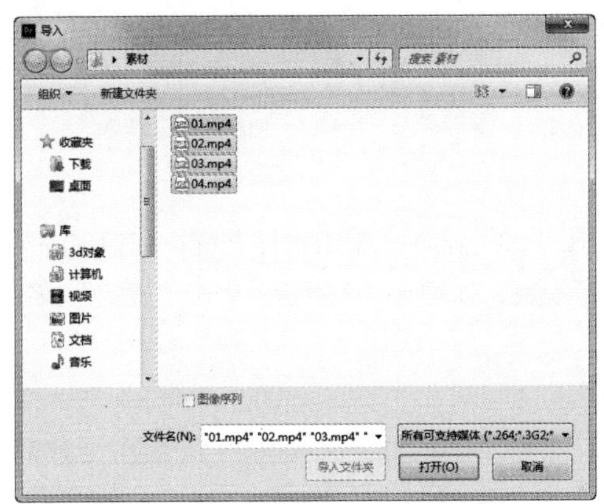

图 3-4

图 3-5

（3）在“项目”面板中，选中“01”文件并将其拖曳到“时间线”面板的“视频 1”轨道中，如图 3-6 所示。选择“时间线”面板中的“01”文件。在“01”文件上单击鼠标右键，在弹出的快捷菜单中选择“速度/持续时间”命令，在弹出的对话框中进行设置，如图 3-7 所示，单击“确定”按钮。

图 3-6

图 3-7

（4）在“项目”面板中，选中“02”文件并将其拖曳到“时间线”面板的“视频 1”轨道中，如图 3-8 所示。选择“时间线”面板中的“02”文件。在“02”文件上单击鼠标右键，在弹出的快捷菜单中选择“速度/持续时间”命令，在弹出的对话框中进行设置，如图 3-9 所示，单击“确定”按钮。

图 3-8

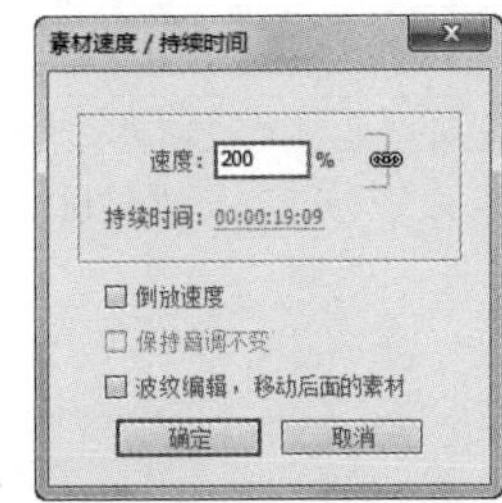

图 3-9

（5）将时间标签放置在 00:00:13:13 的位置。将鼠标指针放在“02”文件的结束位置，当鼠标指针呈◀状时，向左拖曳光标到 00:00:13:13 的位置上，如图 3-10 所示。在“项目”面板中，选中

“03”文件并将其拖曳到“时间线”面板的“视频 1”轨道中，如图 3-11 所示。

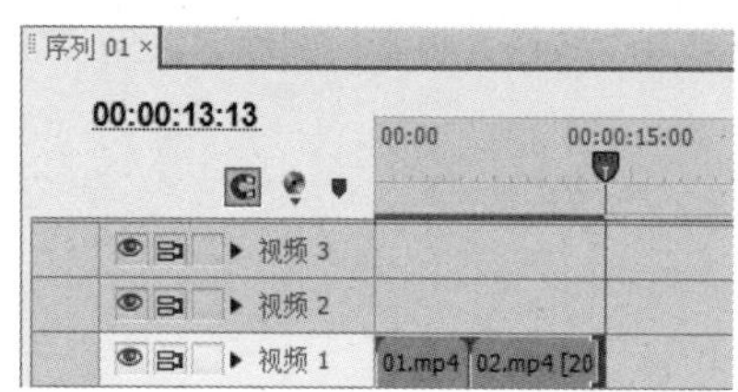


图 3-10

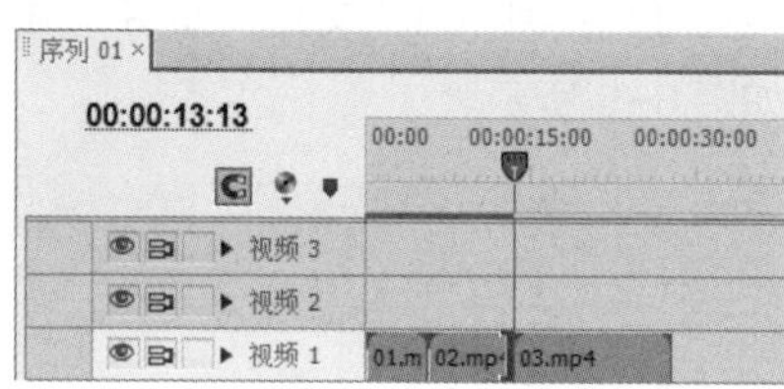


图 3-11

（6）选择“时间线”面板中的“03”文件。在“03”文件上单击鼠标右键，在弹出的菜单中选择“速度/持续时间”命令，在弹出的对话框中进行设置，如图 3-12 所示，单击“确定”按钮，效果如图 3-13 所示。

图 3-12

图 3-13

（7）双击“项目”面板中的“04”文件，在“源”面板中打开“04”文件。将时间标签放置在 00:00:09:48 的位置，按 I 键，创建标记入点，如图 3-14 所示。将时间标签放置在 00:00:15:48 的位置，按 O 键，创建标记出点，如图 3-15 所示。选中“源”面板中的“04”文件并将其拖曳到“时间线”面板中的“视频 1”轨道中，如图 3-16 所示。

图 3-14

图 3-15

图 3-16

2. *为素材添加过渡*

（1）选择“效果”面板，展开“视频切换”特效分类选项，单击“叠化”文件夹前面的三角形按钮▶将其展开，选中“交叉叠化（标准）”特效，如图 3-17 所示。将“交叉叠化（标准）”特效拖曳到“时间线”面板“01”文件的结束位置和“02”文件的开始位置，如图 3-18 所示。

图 3-17

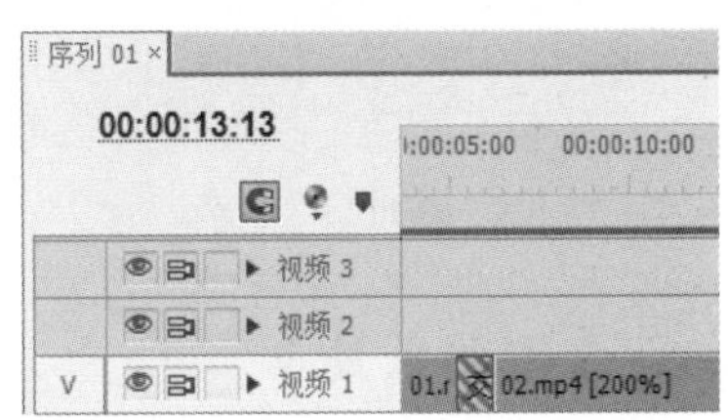

图 3-18

（2）选择“时间线”面板中的“交叉叠化（标准）”特效。选择“特效控制台”面板，将“持续时间”选项设置为 00:00:02:00，如图 3-19 所示，“时间线”面板如图 3-20 所示。

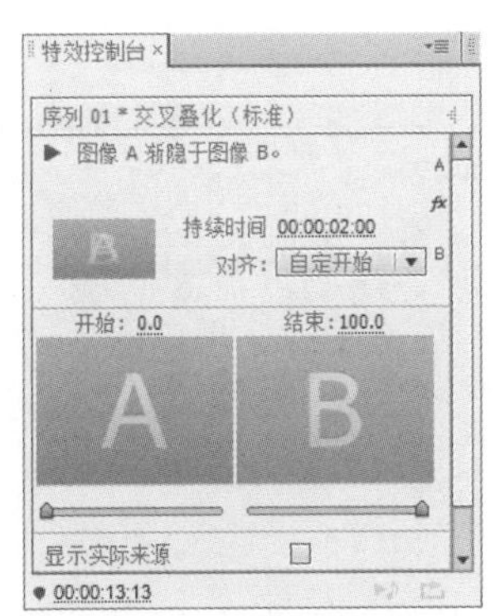

图 3-19

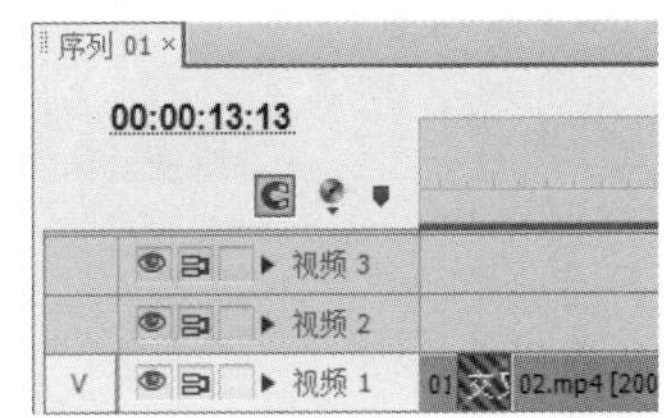

图 3-20

（3）在“效果”面板中选中“交叉叠化（标准）”特效，将“交叉叠化（标准）”特效拖曳到“时间线”面板“03”文件的开始位置和结束位置，如图 3-21 所示。再将“交叉叠化（标准）”特效拖曳到“时间线”面板“04”文件的结束位置，如图 3-22 所示。

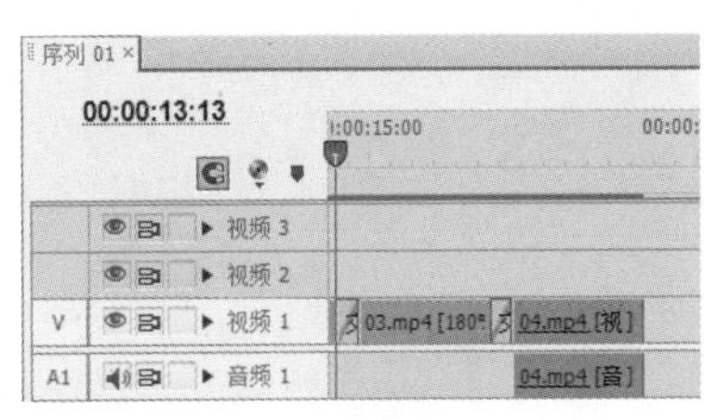

图 3-21

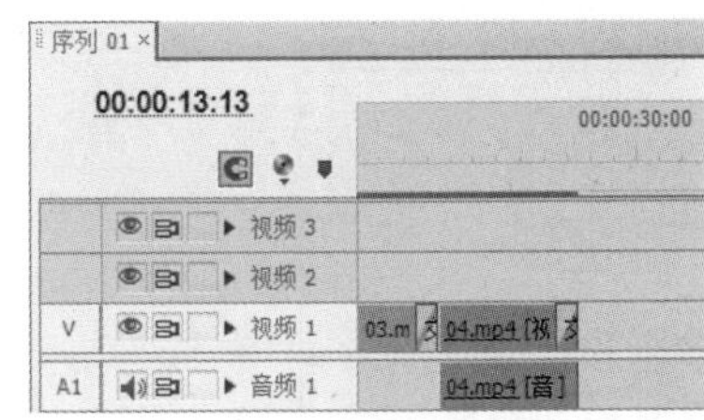

图 3-22

（4）选择“时间线”面板中“04”文件结束位置的“交叉叠化（标准）”特效。选择“特效控制台”面板，将“持续时间”选项设置为 00:00:03:00，如图 3-23 所示；“时间线”面板如图 3-24 所示。校园生活短片的转场设置完成。

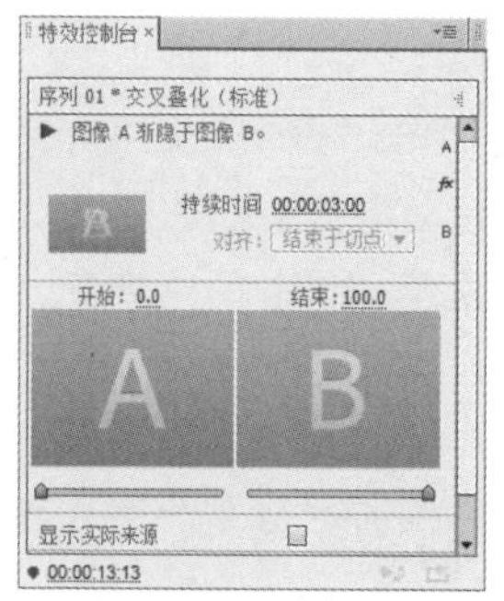


图 3-23

图 3-24

## 3.1.3 【相关工具】

### 1. 使用镜头切换

一般情况下，镜头切换是在同一轨道的两个相邻素材之间使用，如图 3-25 所示。也可以单独为一个素材添加镜头切换，此时，素材与其下方的轨道进行镜头切换，但是下方的轨道只是作为背景使用，并不能被镜头切换所控制，如图 3-26 所示。

图 3-25

图 3-26

### 2. 调整切换区域

两段影片加入切换效果后，时间线上会有一个重叠区域，这个重叠区域就是发生切换的范围。可以通过“特效控制台”面板和“时间线”面板对切换效果进行设置。

“特效控制台”面板如图 3-27 所示。在“特效控制台”面板上方单击▶按钮，可以在小视窗中预览切换效果，如图 3-28 所示。对于某些有方向性的切换来说，可以在上方小视窗中单击箭头改变切换的方向。例如，单击右上角的箭头改变切换方向，如图 3-29 所示。

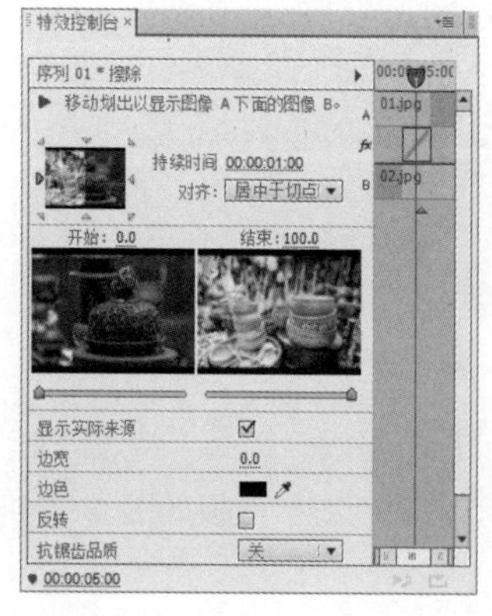


图 3-27

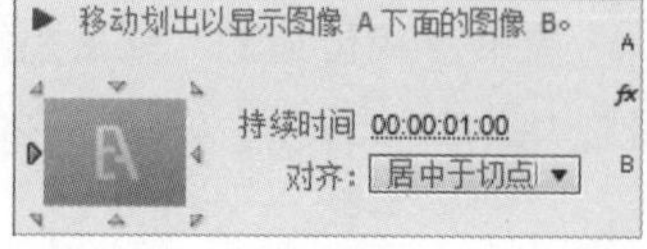


图 3-28

图 3-29

“持续时间”选项：该选项中可以设置切换的持续时间。

“对齐”选项：该选项包含“居中于切点”“开始于切点”“结束于切点”和“自定开始”4 种切入对齐方式。

“开始”和“结束”选项：该选项可以设置切换的起始和结束状态。按住 Shift 键并拖曳滑块，可以使开始和结束滑块以相同的数值变化。

“显示实际来源”复选框：勾选该复选框可以在上方的“开始”和“结束”视图窗中显示切换的开始和结束帧。

其他选项设置会根据切换的不同有不同的变化。

### 3. 切换设置

在“特效控制台”面板的右侧区域和“时间线”面板中，还可以对切换进行进一步的调整。

在“特效控制台”面板中，将鼠标指针移动到切换中线上，当鼠标指针呈 状时拖曳鼠标，可以改变素材影片的持续时间和切换的影响区域，如图 3-30 所示。将鼠标指针移动到切换块上，当鼠标指针呈 状时拖曳鼠标，可以改变切换的切入位置，如图 3-31 所示。

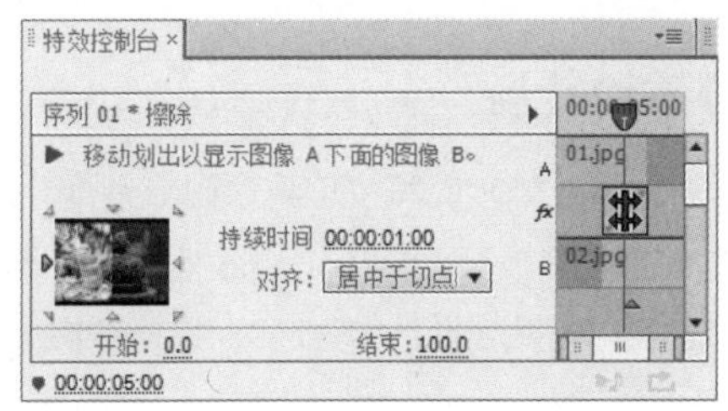


图 3-30

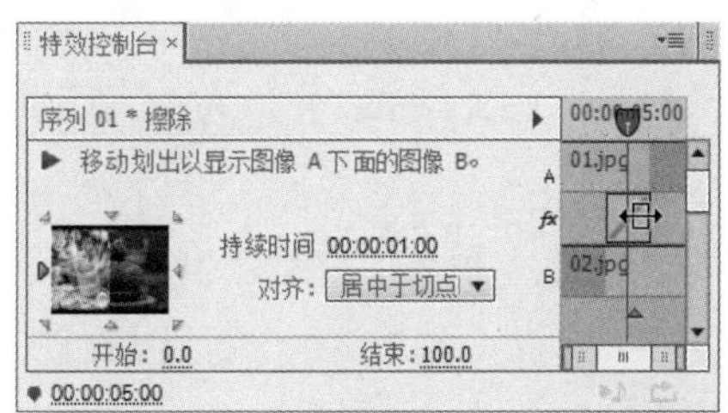


图 3-31

在“特效控制台”面板中，将鼠标指针移动到切换的左侧边缘，当鼠标指针呈 状时拖曳鼠标，可以改变切换的长度，如图 3-32 所示。在“时间线”面板中，将鼠标指针移动到切换块的右侧边缘，当鼠标指针呈 状时拖曳鼠标，也可以改变过渡的长度，如图 3-33 所示。

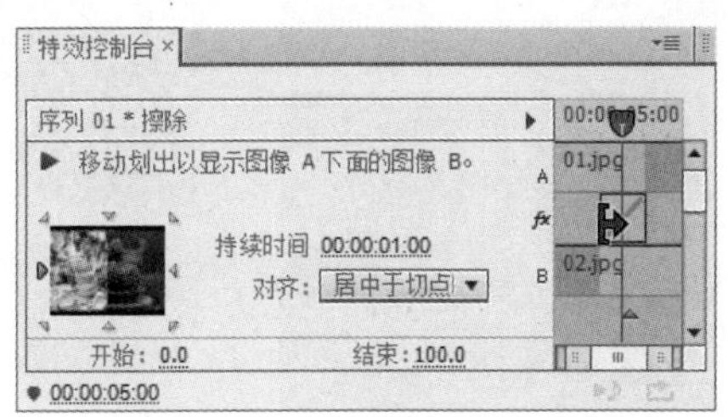


图 3-32

图 3-33

### 4. 设置默认切换

选择“编辑>首选项>常规”命令，弹出“首选项”对话框，可以分别设置视频切换和音频过渡的默认持续时间，如图 3-34 所示。

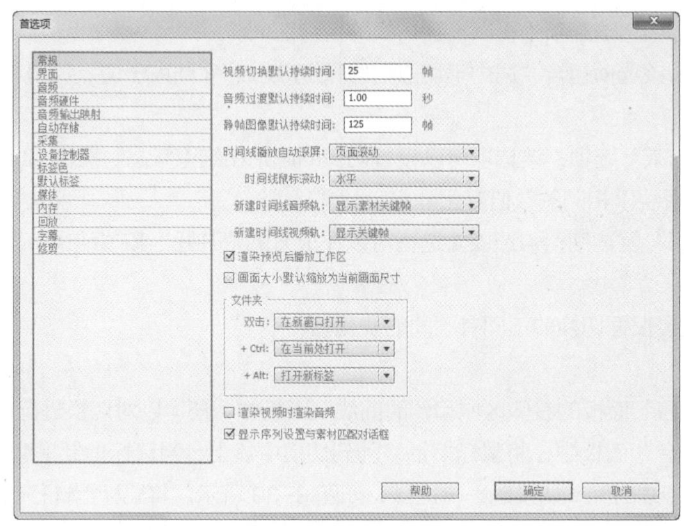


图 3-34

### 3.1.4 【实战演练】为京城韵味电子相册添加转场

使用“导入”命令导入素材文件，使用“立方体旋转”效果、“圆划像”效果、“楔形划变”效果、“百叶窗”效果、“风车”效果和“插入”效果制作素材之间的过渡效果，使用“特效控制台”面板调整视频文件的大小。最终效果参看云盘中的“Ch03\为京城韵味电子相册添加转场\为京城韵味电子相册添加转场.prproj”，如图 3-35 所示。

微课视频

【实战演练】为京城韵味电子相册添加转场

图 3-35

## 3.2 为花世界电子相册添加转场

### 3.2.1 【操作目的】

使用“导入”命令导入素材文件，使用“立方体旋转”效果、“圆划像”效果、“带状擦除”效果和“交叉叠化（标准）”效果制作素材之间的过渡效果，使用“特效控制台”面板调整过渡效果。最终效果参看云盘中的“Ch03\为花世界电子相册添加转场\为花世界电子相册添加转场.prproj”，如图 3–36 所示。

图 3–36

### 3.2.2 【操作步骤】

（1）启动 Premiere Pro CS6 软件，弹出“欢迎使用 Adobe Premiere Pro”欢迎界面，单击“新建项目”按钮，弹出“新建项目”对话框，如图 3–37 所示。单击“确定”按钮，弹出“新建序列”对话框，单击“设置”选项卡，设置相应参数，如图 3–38 所示，单击“确定”按钮，新建序列。

图 3–37

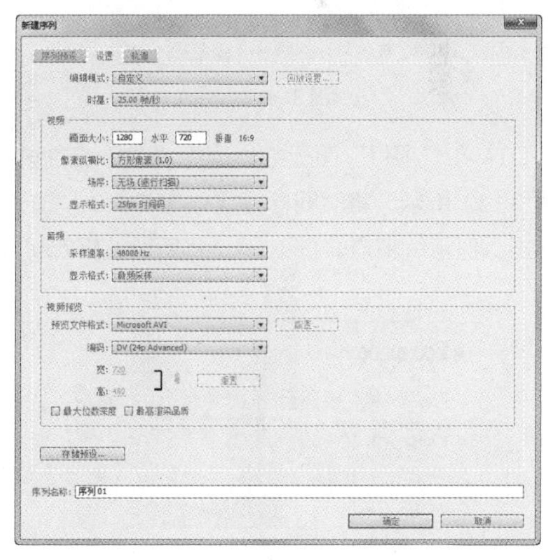


图 3–38

（2）选择“文件>导入”命令，弹出“导入”对话框，选择本书云盘中的“Ch03\添加花世界电子相册的转场\素材\01~05”文件，如图 3–39 所示，单击“打开”按钮，将素材文件导入到“项目”面板中，如图 3–40 所示。

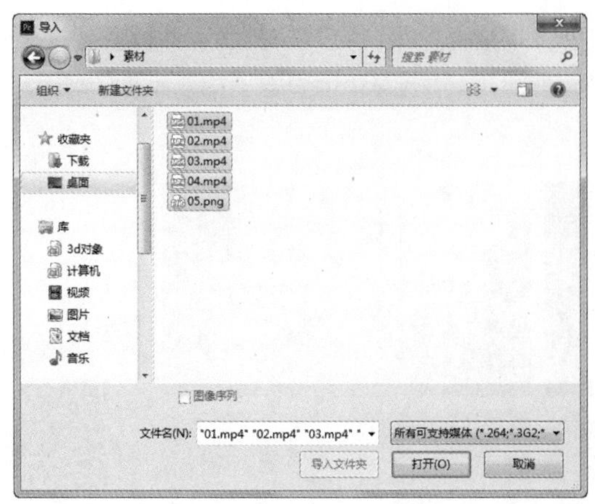

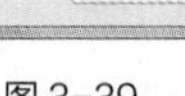


图 3-39

图 3-40

（3）在“项目”面板中，选中“01”文件并将其拖曳到“时间线”面板中的“视频 1”轨道中，弹出“剪辑不匹配警告”对话框，单击“保持现有设置”按钮，在保持现有序列设置的情况下将文件放置在“视频 1”轨道中，如图 3-41 所示。

（4）将时间标签放置在 00:00:05:00 的位置上。将鼠标指针放在“01”文件的结束位置单击，显示编辑点。按 E 键，将所选编辑点扩展到时间标签的位置上，如图 3-42 所示。

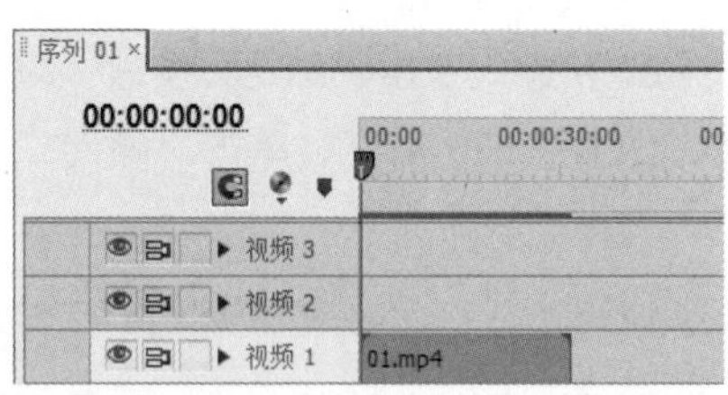


图 3-41

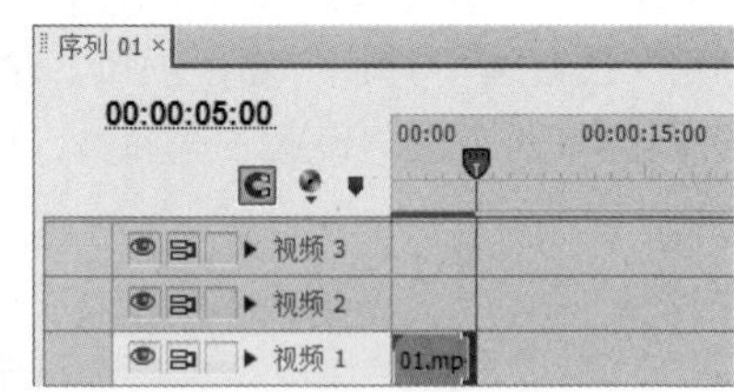


图 3-42

（5）在“项目”面板中，选中“02”文件并将其拖曳到“时间线”面板中的“视频 1”轨道中，如图 3-43 所示。将时间标签放置在 00:00:10:00 的位置上。将鼠标指针放在“02”文件的结束位置单击，显示编辑点。按 E 键，将所选编辑点扩展到时间标签的位置上，如图 3-44 所示。

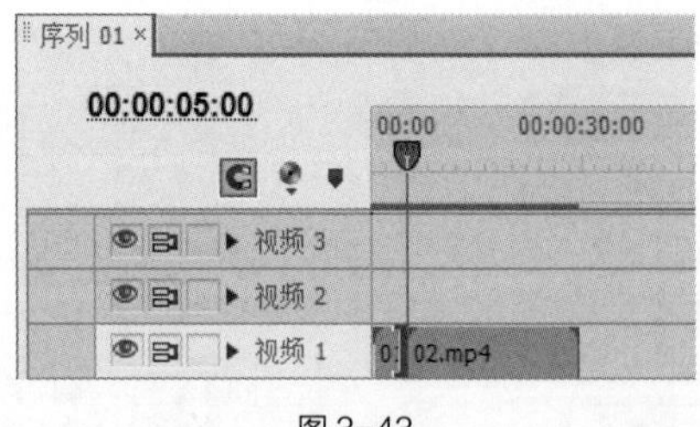


图 3-43

图 3-44

（6）用相同的方法添加“03”和“04”文件，并进行剪辑操作，如图 3-45 所示。分别依次选择 01~04 文件，选择“特效控制台”面板，展开“运动”选项，将“缩放比例”选项设置为 70.0。将时间标签放置在 00:00:00:00 的位置上。在“效果”面板，展开“视频切换”效果分类选项，单击“3D 运动”文件夹前面的三角形按钮▶将其展开，选中“立方体旋转”效果，如图 3-46 所示。

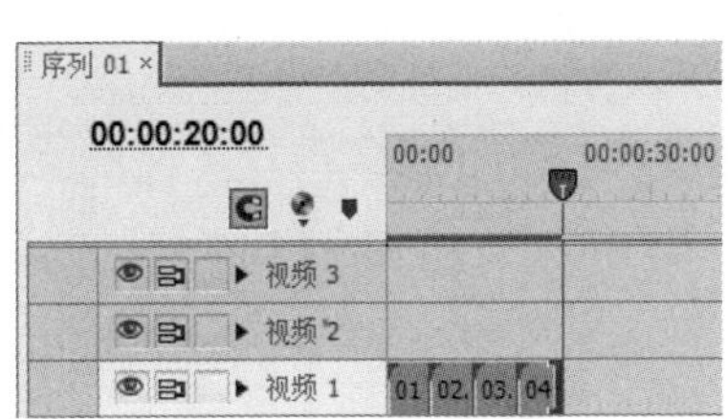

图 3-45

图 3-46

（7）将“立方体旋转”效果拖曳到“时间线”面板中的“02”文件的开始位置，如图 3-47 所示。选中“时间线”面板中的“立方体旋转”效果，如图 3-48 所示。

图 3-47

图 3-48

（8）选择“特效控制台”面板，将“持续时间”选项设置为 00:00:03:00，“对齐”选项设置为“居中于切点”，如图 3-49 所示；“时间线”面板如图 3-50 所示。

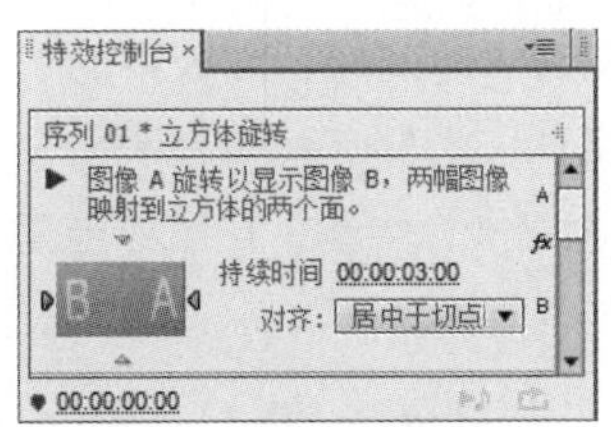

图 3-49

图 3-50

（9）在“效果”面板，单击“划像”文件夹前面的三角形按钮▶将其展开，选中“圆划像”效果，如图 3-51 所示。将“圆划像”效果拖曳到“时间线”面板中的“03”文件的开始位置，“时间线”面板如图 3-52 所示。

图 3-51

图 3-52

（10）在“效果”面板，单击“擦除”文件夹前面的三角形按钮▶将其展开，选中“带状擦除”效果，如图 3-53 所示。将“带状擦除”效果拖曳到“时间线”面板中的“04”文件的开始位置。选中“时间线”面板中的“带状擦除”效果。选择“特效控制台”面板，将“持续时间”选项设置为 00:00:02:00，“对齐”选项设置为“居中于切点”，如图 3-54 所示。

图 3-53

图 3-54

（11）在“效果”面板，单击“叠化”文件夹前面的三角形按钮将其展开，选中“交叉叠化（标准）”效果，如图 3-55 所示。将“交叉叠化（标准）”效果拖曳到“时间线”面板中的“04”文件的结束位置，“时间线”面板如图 3-56 所示。

图 3-55

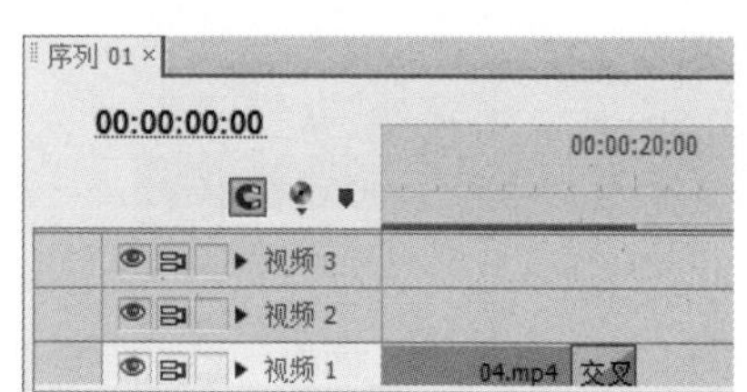


图 3-56

（12）在“项目”面板中，选中“05”文件并将其拖曳到“时间线”面板中的“视频 2”轨道中，如图 3-57 所示。选择“时间线”面板中的“05”文件。选择“特效控制台”面板，展开“运动”选项，将“位置”选项设置为 1125.0 和 639.0，如图 3-58 所示。花世界电子相册的转场添加完成。

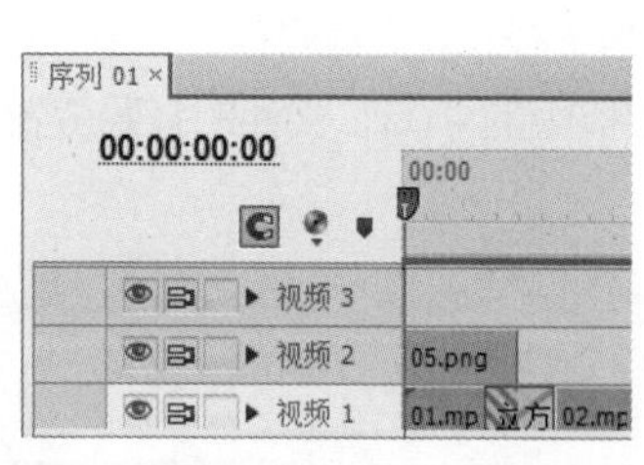


图 3-57

图 3-58

### 3.2.3 【相关工具】

1．3D 运动

在“3D 运动”文件夹中共包含 10 种三维运动效果的场景切换，如图 3-59 所示。使用不同的过渡后，效果如图 3-60 所示。

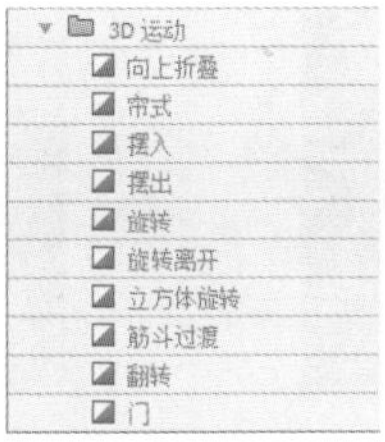
3D 运动
向上折叠
帘式
摆入
摆出
旋转
旋转离开
立方体旋转
筋斗过渡
翻转
门

图 3-59

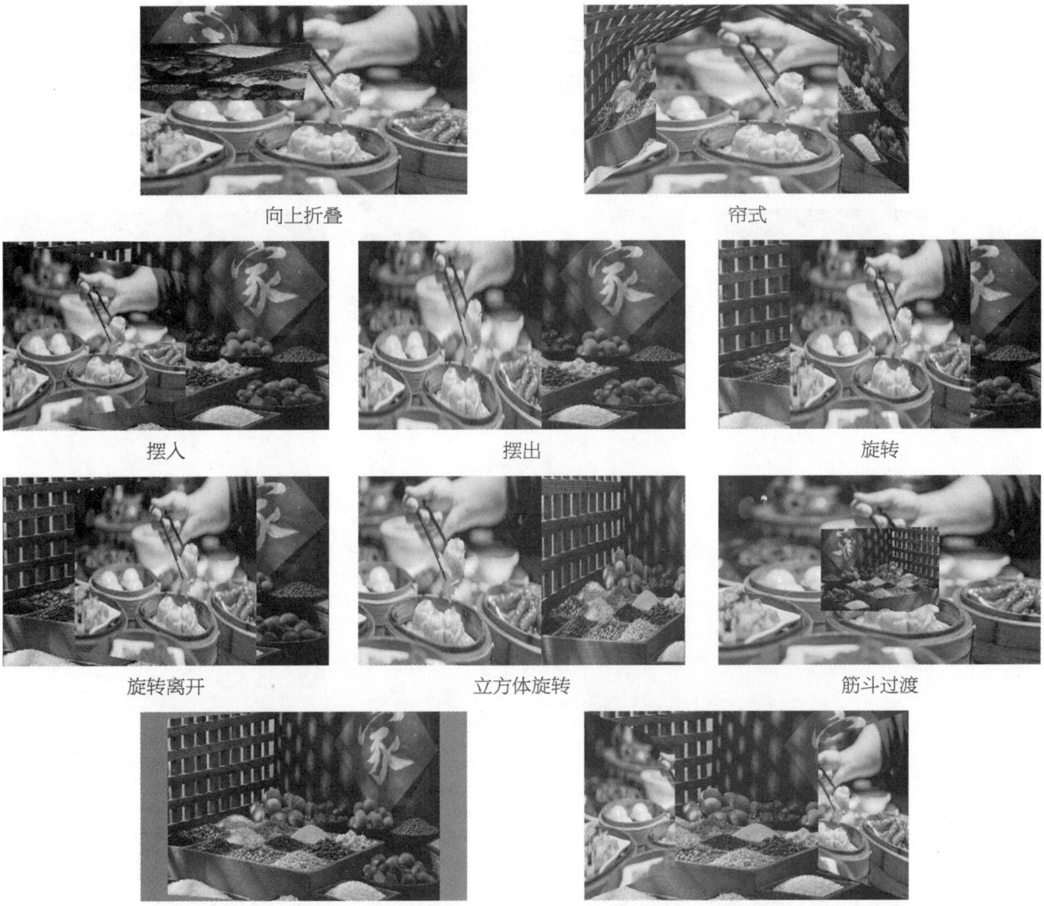
向上折叠
帘式
摆入
摆出
旋转
旋转离开
立方体旋转
筋斗过渡
翻转
门

图 3-60

2. **叠化**

在“叠化”文件夹下，共包含 8 种叠化溶解效果的视频转场特效，如图 3-61 所示。使用不同的过渡后，效果如图 3-62 所示。

叠化
交叉叠化（标准）
抖动溶解
白场过渡
胶片溶解
附加叠化
随机反相
非附加叠化
黑场过渡

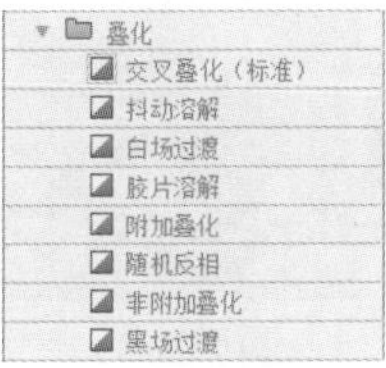

图 3-61

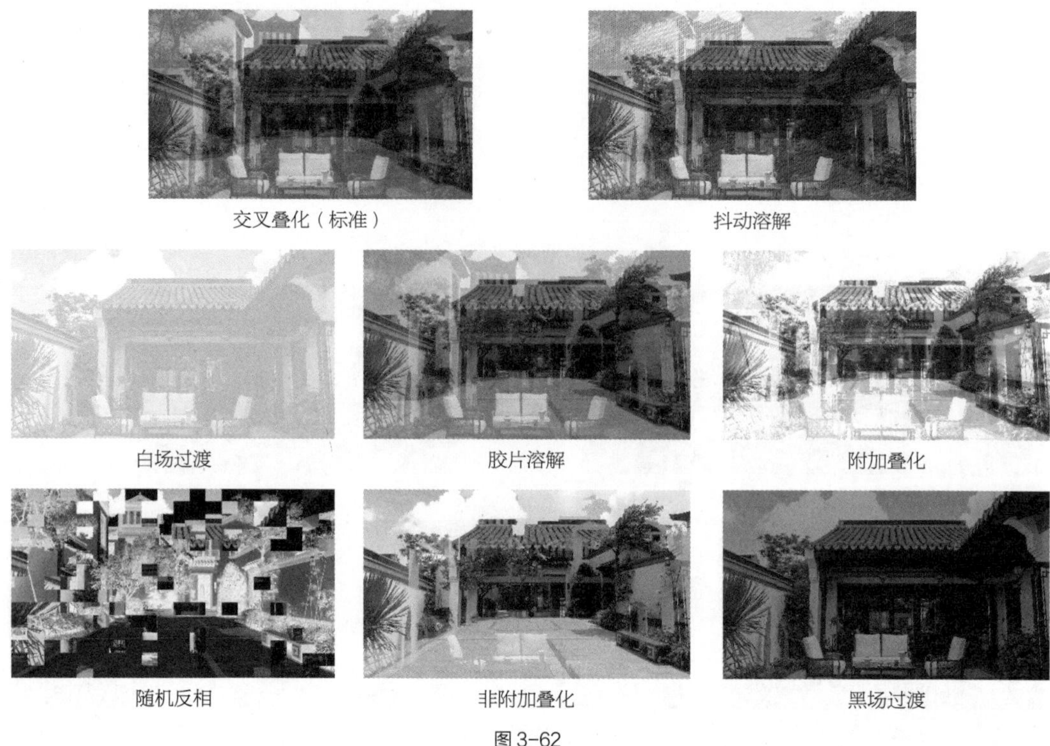


图 3-62

3. 划像

在“划像”文件夹中包含 7 种划像效果的视频转换特效，如图 3-63 所示。使用不同的过渡后，效果如图 3-64 所示。

图 3-63

划像交叉

划像形状

圆划像

星形划像

点划像

图 3-64

盒形划像

菱形划像

图 3-64（续）

### 4. 映射

在“映射”文件夹中提供了两种使用影像通道作为影片进行切换的视频转场，如图 3-65 所示。使用不同的过渡后，效果如图 3-66 所示。

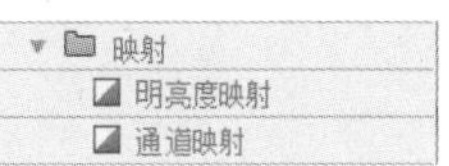


图 3-65

明亮度映射

通道映射

图 3-66

### 5. 卷页

在“卷页”文件夹中共有 5 种视频卷页切换效果，如图 3-67 所示。使用不同的过渡后，效果如图 3-68 所示。

卷页
中心剥落
剥开背面
卷走
翻页
页面剥落

图 3-67

中心剥落

剥开背面

卷走

翻页

页面剥落

图 3-68

6. 滑动

在“滑动”文件夹中共包含 12 种视频切换效果，如图 3-69 所示。使用不同的过渡后，效果如图 3-70 所示。

- 滑动
  - 中心合并
  - 中心拆分
  - 互换
  - 多旋转
  - 带状滑动
  - 拆分
  - 推
  - 斜线滑动
  - 滑动
  - 滑动带
  - 滑动框
  - 旋涡

图 3-69

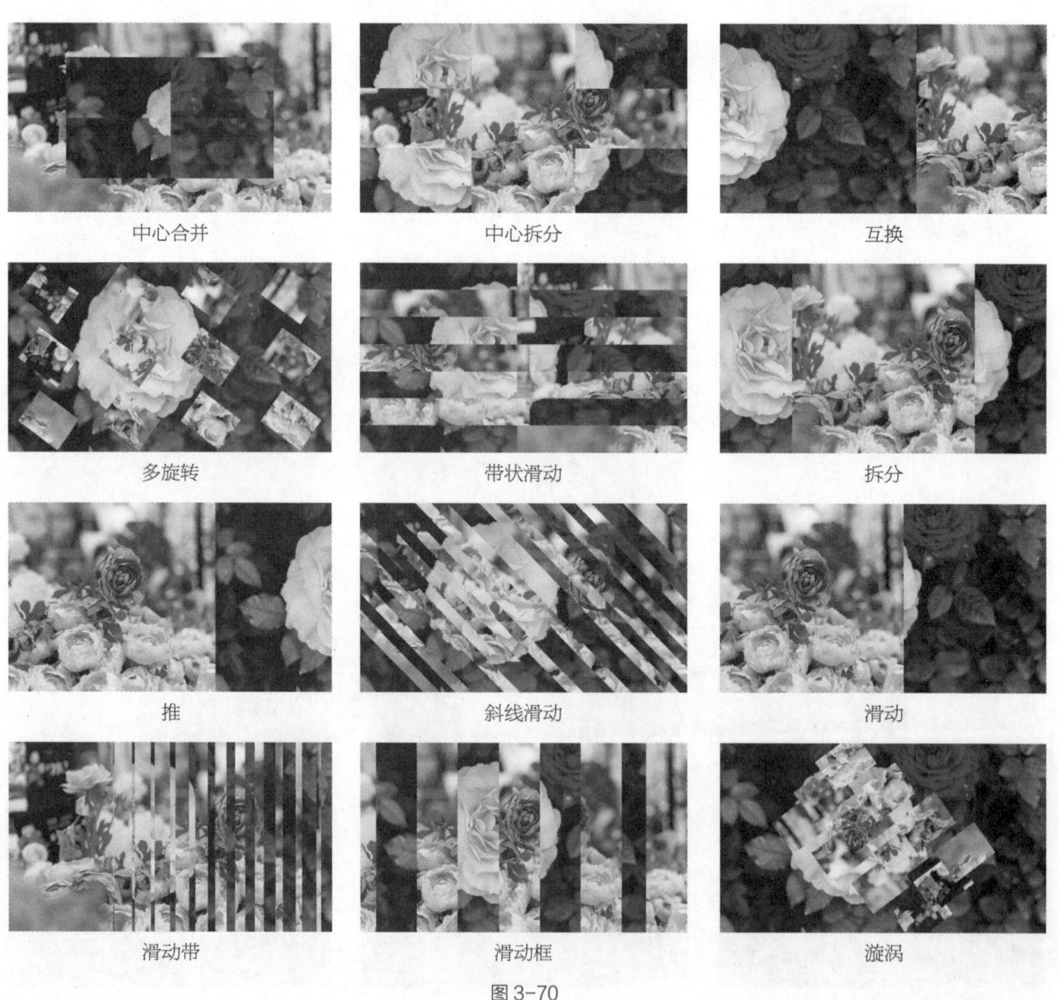

中心合并　中心拆分　互换

多旋转　带状滑动　拆分

推　斜线滑动　滑动

滑动带　滑动框　旋涡

图 3-70

7. **特殊效果**

在“特殊效果”文件夹中共包含 3 种视频转换特效，如图 3–71 所示。使用不同的过渡后，效果如图 3–72 所示。

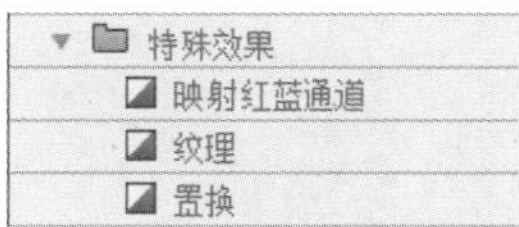


图 3–71

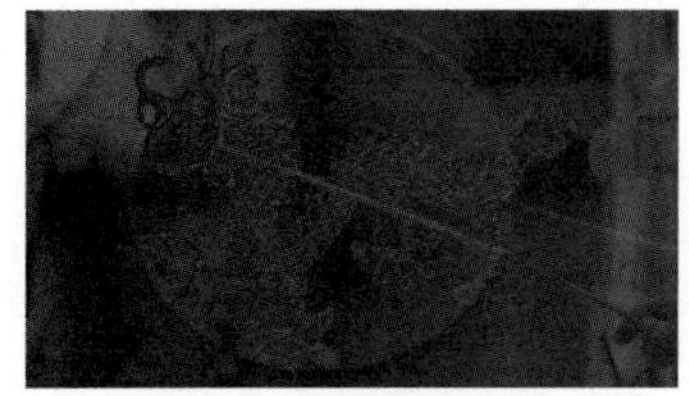
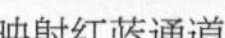
映射红蓝通道

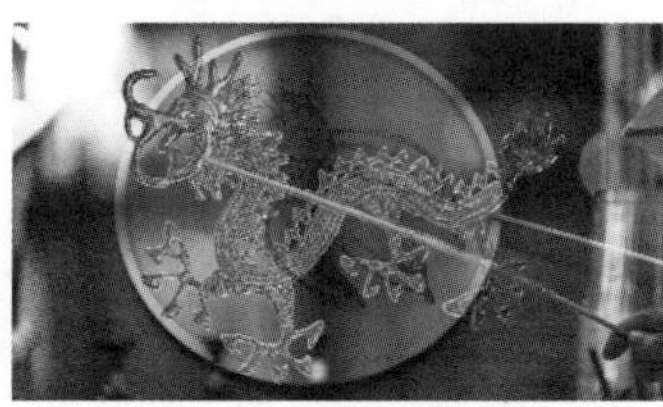
纹理

置换

图 3–72

8. **伸展**

在“伸展”文件夹下共包含 4 种切换视频特效，如图 3–73 所示。使用不同的过渡后，效果如图 3–74 所示。

图 3–73

交叉伸展

伸展

伸展覆盖

伸展进入

图 3–74

9. **擦除**

在“擦除”文件夹中共包含 17 种切换的视频转场特效，如图 3–75 所示。使用不同的过渡后，效果如图 3–76 所示。

擦除
- 双侧平推门
- 带状擦除
- 径向划变
- 插入
- 擦除
- 时钟式划变
- 棋盘
- 棋盘划变
- 楔形划变
- 水波块
- 油漆飞溅
- 渐变擦除
- 百叶窗
- 螺旋框
- 随机块
- 随机擦除
- 风车

图 3-75

双侧平推门

带状擦除

径向划变

插入

擦除

时钟式划变

棋盘

棋盘划变

楔形划变

水波块

油漆飞溅

图 3-76

图3-76（续）

10. **缩放**

在“缩放”文件夹下共包含 4 种以缩放方式过渡的切换视频特效，如图 3-77 所示。使用不同的过渡后，效果如图 3-78 所示。

图3-77

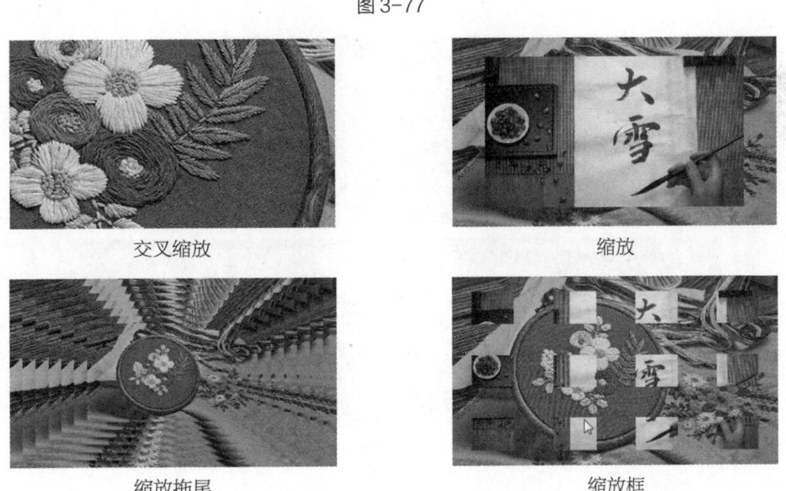


图3-78

### 3.2.4 【实战演练】为家居短视频添加转场

使用“导入”命令导入视频文件，使用“白场过渡”效果、“菱形划像”效果、“交叉缩放”效果、“带状滑动”效果和“黑场过渡”效果制作视频之间的过渡效果，使用“特效控制台”面板编辑图片文件的位置和大小。最终效果参看云盘中的“Ch03\为家居短视频添加转场\为家居短视频添加转场.prproj”，如图 3-79 所示。

图 3-79

## 3.3 综合实训——为中秋纪念电子相册添加转场

使用“导入”命令导入视频文件，使用“滑动”效果、“拆分”效果、“翻页”效果和“交叉缩放”效果制作视频之间的转场效果，使用“特效控制台”面板编辑视频文件。最终效果参看云盘中的“Ch03\为中秋纪念电子相册添加转场\为中秋纪念电子相册添加转场.prproj”，如图 3-80 所示。

微课视频

综合实训——为中秋纪念电子相册添加转场

图 3-80

## 3.4 综合实训——为美食创意宣传片添加转场

使用“导入”命令导入视频文件，使用“擦除”特效、“随机块”特效、“白场过渡”特效、“插入”特效和“随机擦除”特效制作视频之间的过渡效果，使用“特效控制台”面板编辑过渡效果。最终效果参看云盘中的“Ch03\为美食创意宣传片添加转场\为美食创意宣传片添加转场.prproj”，如图 3-81 所示。

图 3-81

04

# 第 4 章 应用视频特效

## 本章介绍

本章主要介绍 Premiere Pro CS6 中的视频特效，这些特效可以应用在视频、图片和文字上。通过本章的学习，读者可以快速了解并掌握视频特效制作的精髓，自由地创造出丰富多彩的视觉效果。

## 学习目标

- 掌握使用关键帧控制效果的方法
- 掌握视频特效的应用技巧

## 能力目标

- 掌握不同类型特效的制作方法
- 掌握不同类型转场特效的制作技巧

## 素质目标

- 培养能够有效解决问题的科学思维能力
- 培养能够履行职责，为团队服务的责任意识
- 培养能够不断改进学习方法的自主学习能力

# 4.1 制作森林美景宣传片的落叶特效

## 4.1.1 【操作目的】

使用“导入”命令导入素材文件，使用“位置”“缩放比例”“旋转”选项编辑图像并制作动画效果，使用“自动色阶”效果和“色彩平衡”效果调整图像颜色。最终效果参看云盘中的“Ch04\制作森林美景宣传片的落叶特效\制作森林美景宣传片的落叶特效.prproj”，如图 4-1 所示。

图 4-1

## 4.1.2 【操作步骤】

（1）启动 Premiere Pro CS6 软件，弹出“欢迎使用 Adobe Premiere Pro”欢迎界面，单击“新建项目”按钮，弹出“新建项目”对话框，如图 4-2 所示。单击“确定”按钮，弹出“新建序列”对话框，单击“设置”选项卡，设置相应参数，如图 4-3 所示，单击“确定”按钮，新建序列。

图 4-2

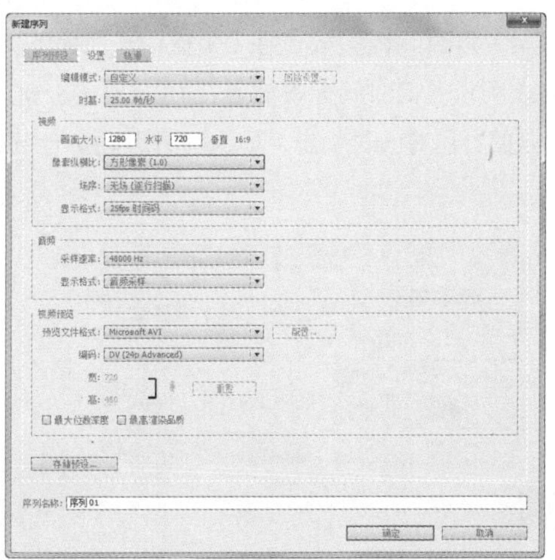


图 4-3

（2）选择“文件>导入”命令，弹出“导入”对话框，选择本书云盘中的“Ch04\制作森林美景宣传片的落叶特效\素材\01 和 02”文件，如图 4-4 所示，单击“打开”按钮，将素材文件导入到“项目”面板中，如图 4-5 所示。

图 4-4

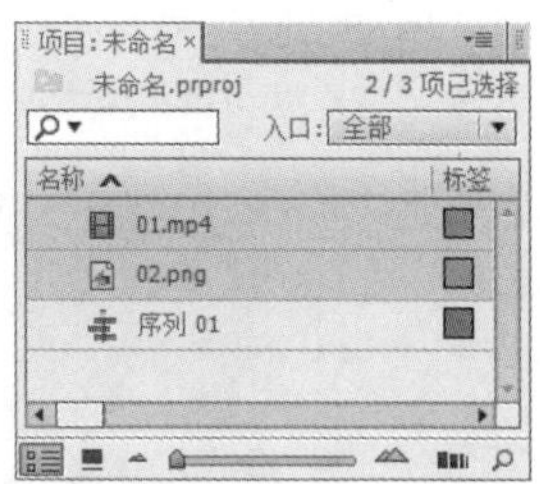

图 4-5

（3）在“项目”面板中，选中“01”文件并将其拖曳到“时间线”面板中的“视频 1”轨道中，弹出“剪辑不匹配警告”对话框，单击“保持现有设置”按钮，在保持现有序列设置的情况下将文件放置在“视频 1”轨道中，如图 4-6 所示。将时间标签放置在 00:00:00:01 的位置。将鼠标指针放置在“01”文件的开始位置，当鼠标指针呈状时单击，显示编辑点。按 E 键，将所选编辑点扩展到时间标签的位置上，如图 4-7 所示。

图 4-6

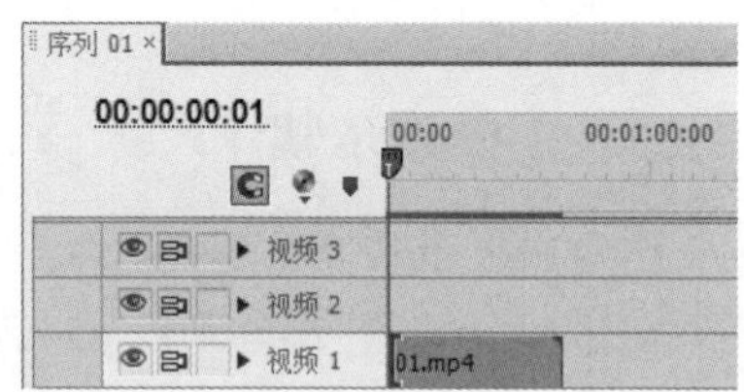

图 4-7

（4）将时间标签放置在 00:00:00:00 的位置。将“01”文件向左拖曳到时间标签的位置，如图 4-8 所示。将时间标签放置在 00:00:05:00 的位置。将鼠标指针放置在“01”文件的结束位置，当鼠标指针呈状时单击，显示编辑点。按 E 键，将所选编辑点扩展到时间标签的位置上，如图 4-9 所示。

图 4-8

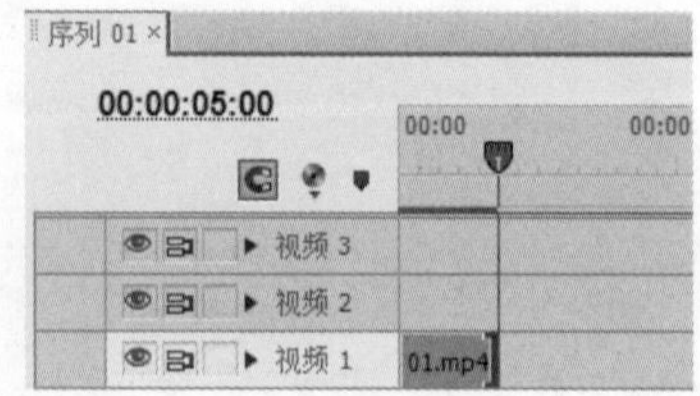

图 4-9

（5）将时间标签放置在 00:00:00:00 的位置。在“时间线”面板中选择“01”文件。选择“特效控制台”面板，展开“运动”选项，将“缩放比例”选项设置为 67.0，如图 4-10 所示。选择“效果”面板，展开“视频特效”分类选项，单击“调整”文件夹前面的三角形按钮将其展开，选中“自动色阶”效果，如图 4–11 所示。将“自动色阶”效果拖曳到“时间线”面板的“视频 1”轨道中“01”文件上。

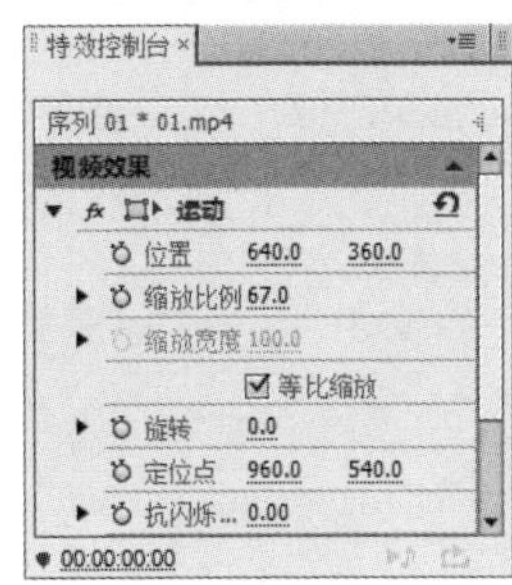

图 4–10

图 4–11

（6）选择“效果”面板，单击“色彩校正”文件夹前面的三角形按钮▶将其展开，选中“色彩平衡”效果，如图 4–12 所示。将“色彩平衡”效果拖曳到“时间线”面板的“视频 1”轨道中“01”文件上。选择“特效控制台”面板，展开“色彩平衡”选项，将“阴影绿色平衡”选项设置为 18.0，如图 4–13 所示。

图 4–12

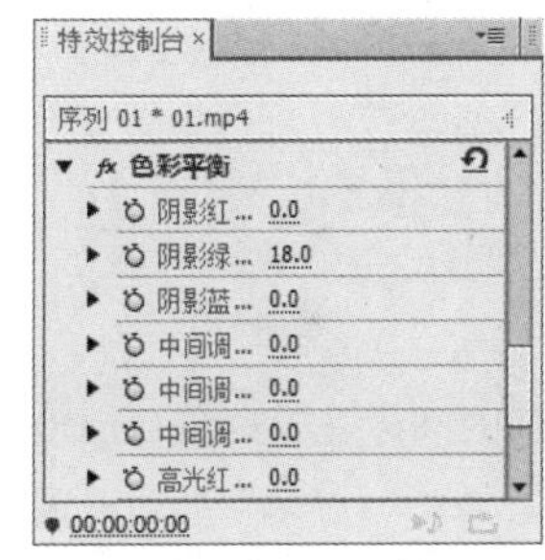

图 4–13

（7）将时间标签放置在 00:00:00:10 的位置。在“项目”面板中，选中“02”文件并将其拖曳到“时间线”面板的“视频 2”轨道中，如图 4–14 所示。将鼠标指针放置在“02”文件的结束位置，当鼠标指针呈◀状时单击，显示编辑点，拖曳到“01”文件的结束位置上，如图 4–15 所示。

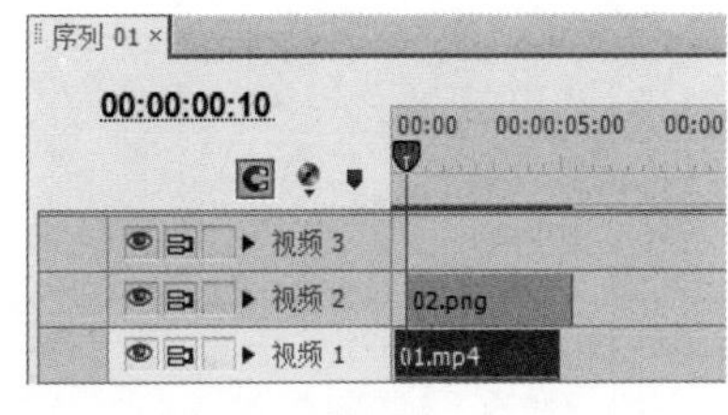

图 4–14

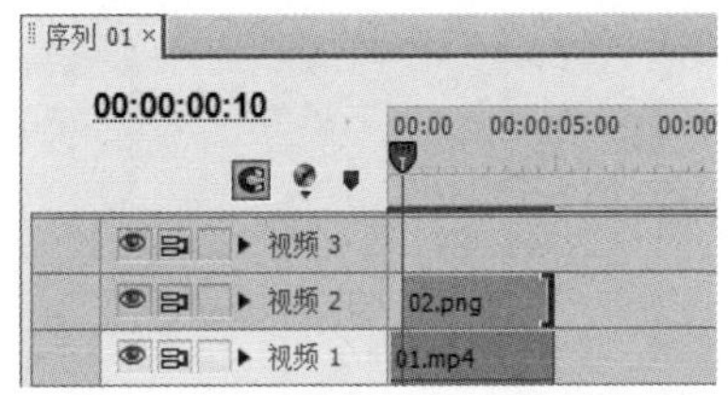

图 4–15

（8）选择“效果”面板，选中“色彩平衡”效果，如图 4–16 所示。将“色彩平衡”效果拖曳到“时间线”面板的“视频 2”轨道中“02”文件上。选择“特效控制台”面板，展开“色彩平衡”选项，将“阴影红色平衡”选项设置为 56.0，“阴影绿色平衡”选项设置为–24.0，如图 4–17 所示。

图 4-16

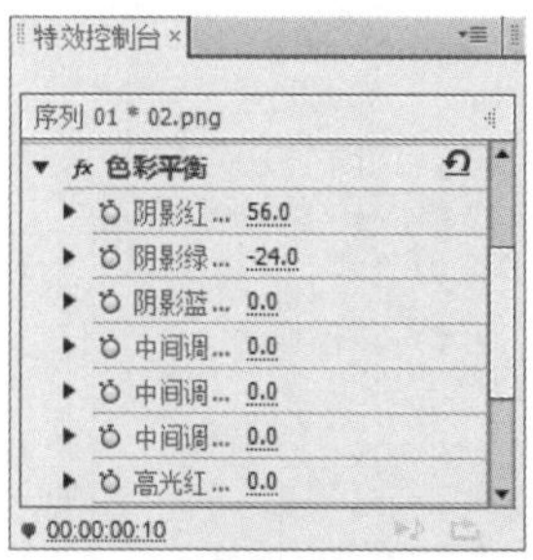


图 4-17

（9）展开“运动”选项，将“位置”选项设置为 770.5 和−39.3，“缩放比例”选项设置为 38.0，“旋转”选项设置为 51.0°，单击“位置”和“旋转”选项左侧的“切换动画”按钮，如图 4-18 所示，记录第 1 个动画关键帧。将时间标签放置在 00:00:01:10 的位置。在“特效控制台”面板中，将“位置”选项设置为 649.6 和 78.7，如图 4-19 所示，记录第 2 个动画关键帧。

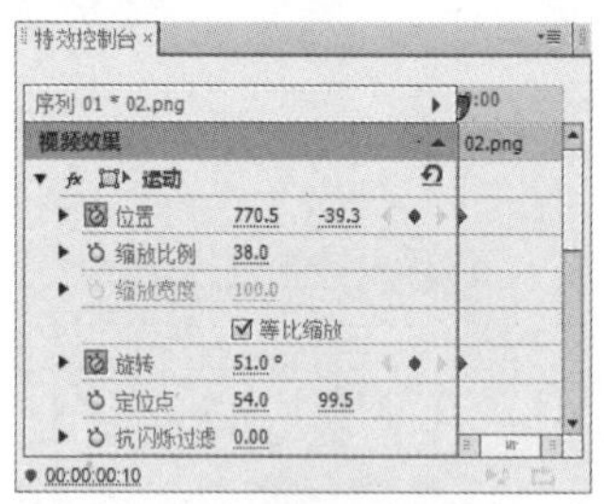


图 4-18

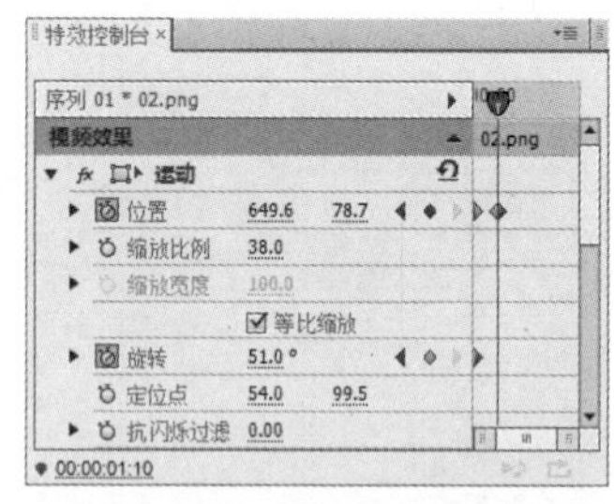


图 4-19

（10）将时间标签放置在 00:00:02:10 的位置。在“特效控制台”面板中，将“位置”选项设置为 791.8 和 220.8，“旋转”选项设置为−51.5°，如图 4-20 所示，记录第 3 个动画关键帧。将时间标签放置在 00:00:03:07 的位置。在“特效控制台”面板中，将“位置”选项设置为 630.0 和 407.0，如图 4-21 所示，记录第 4 个动画关键帧。

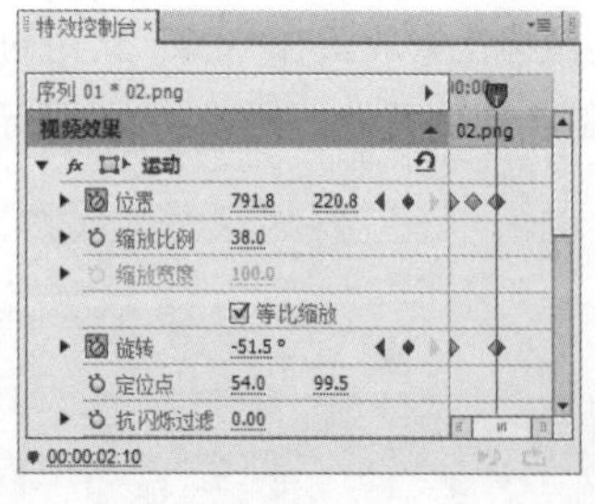


图 4-20

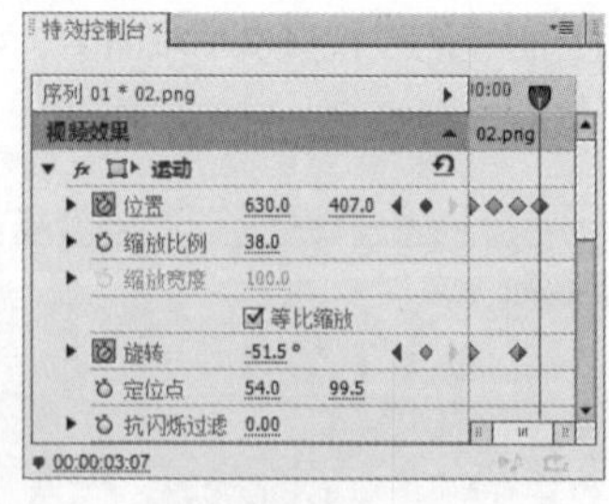


图 4-21

（11）将时间标签放置在 00:00:04:05 的位置。在“特效控制台”面板中，将“位置”选项设置为 818.3 和 595.2，“旋转”选项设置为 90.0°，如图 4-22 所示，记录第 5 个动画关键帧。将时间标签放置在 00:00:04:23 的位置。在“特效控制台”面板中，将“位置”选项设置为 688.5 和 749.7，如图 4-23 所示，记录第 6 个动画关键帧。

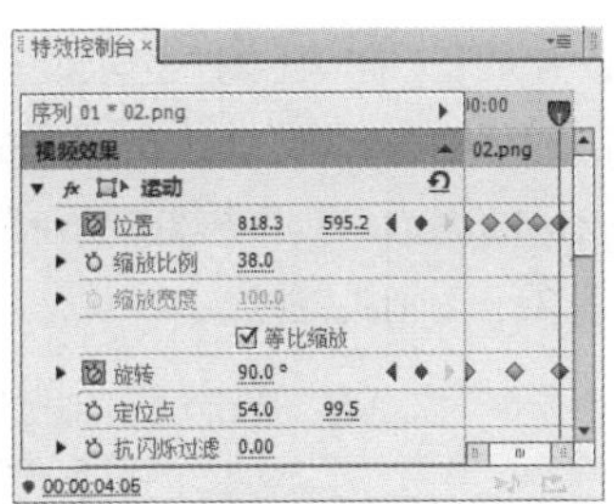


图 4-22

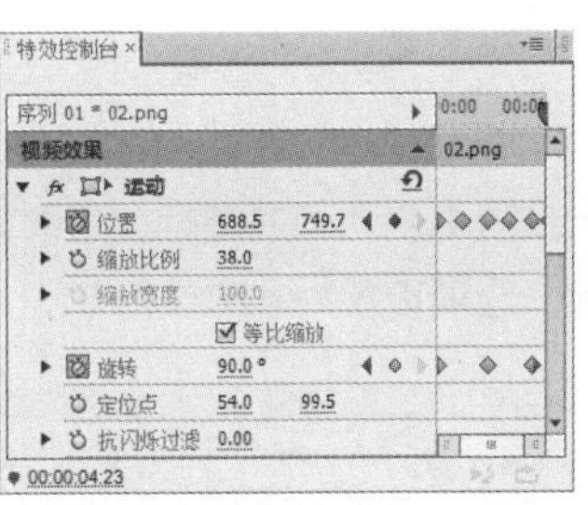


图 4-23

（12）在“特效控制台”面板中，用圈选的方法选取“位置”选项的关键帧，如图 4-24 所示。在关键帧上单击鼠标右键，在弹出的快捷菜单中选择“临时插值>自动曲线”命令，效果如图 4-25 所示。

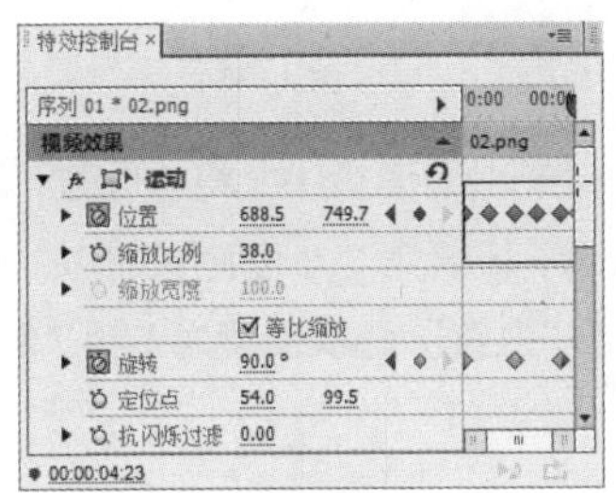


图 4-24

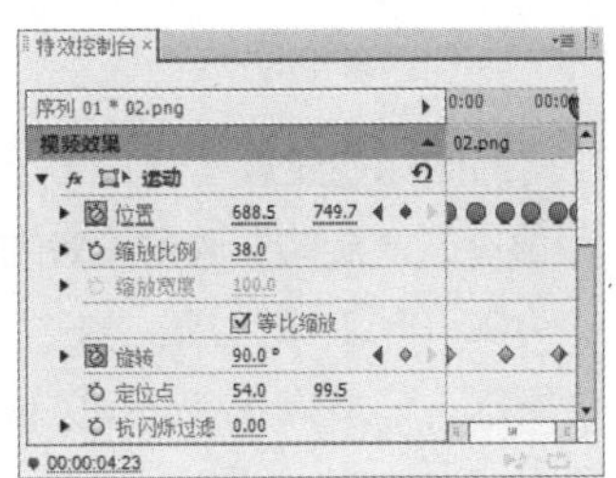


图 4-25

（13）将时间标签放置在 00:00:00:21 的位置。在“项目”面板中，选中“02”文件并将其拖曳到“时间线”面板的“视频 3”轨道中，如图 4-26 所示。将鼠标指针放置在“02”文件的结束位置，当鼠标指针呈◀状时单击，显示编辑点，拖曳到“01”文件的结束位置上，如图 4-27 所示。

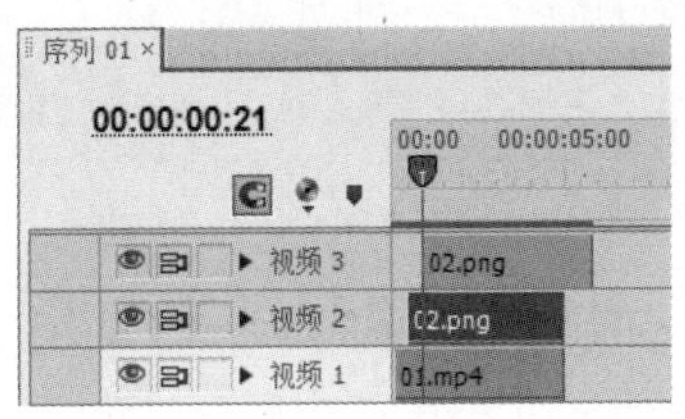


图 4-26

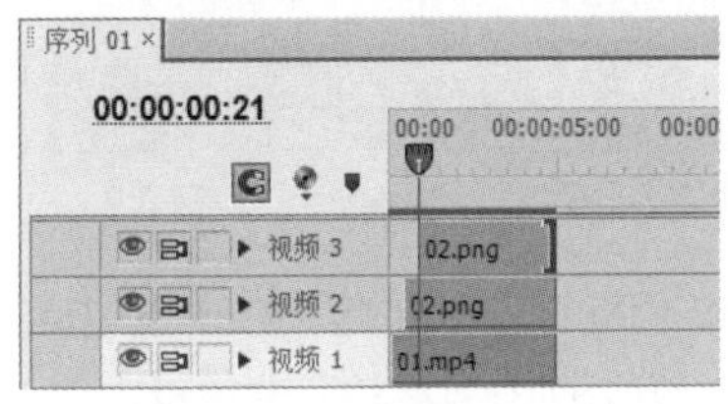


图 4-27

（14）在“时间线”面板中选择“视频 2”轨道中的“02”文件。在“特效控制台”面板中，选择“色彩平衡”效果，如图 4-28 所示，按 Ctrl+C 组合键，复制效果。在“时间线”面板中选择“视频 3”轨道中的“02”文件。在“特效控制台”面板中，按 Ctrl+V 组合键，粘贴效果，如图 4-29 所示。

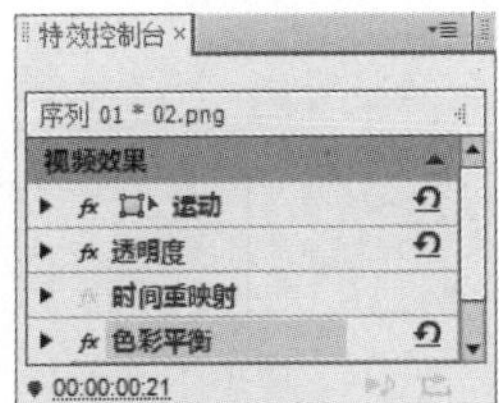


图 4-28

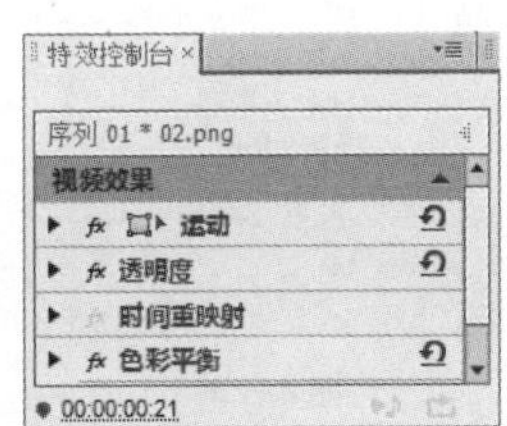


图 4-29

（15）展开“运动”选项，将“位置”选项设置为 392.1 和-49.9，“缩放比例”选项设置为 23.0，“旋转”选项设置为 58.8°，单击“位置”和“旋转”选项左侧的“切换动画”按钮，如图 4-30 所示，记录第 1 个动画关键帧。将时间标签放置在 00:00:01:21 的位置。在“特效控制台”面板中，将“位置”选项设置为 478.6 和 51.8，如图 4-31 所示，记录第 2 个动画关键帧。

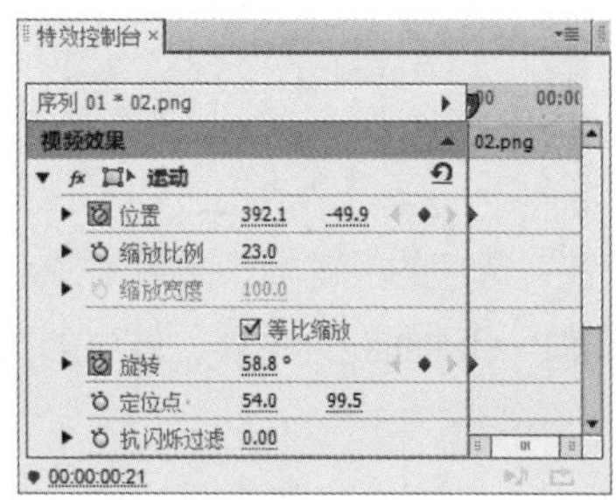

图 4-30

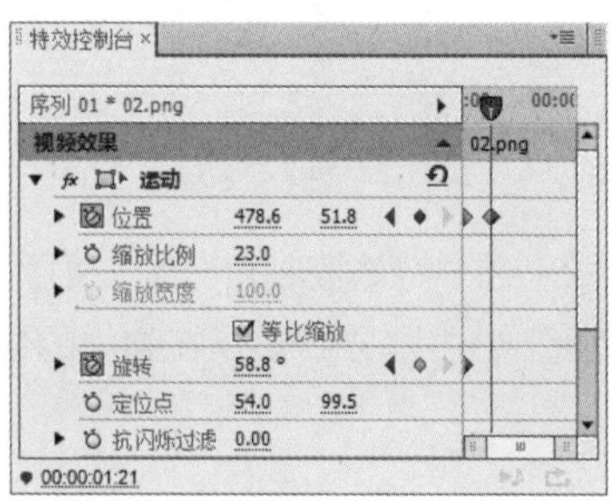

图 4-31

（16）将时间标签放置在 00:00:02:21 的位置。在“特效控制台”面板中，将“位置”选项设置为 367.1 和 199.7，“旋转”选项设置为-58.8°，如图 4-32 所示，记录第 3 个动画关键帧。将时间标签放置在 00:00:03:18 的位置。在“特效控制台”面板中，将“位置”选项设置为 524.7 和 351.4，如图 4-33 所示，记录第 4 个动画关键帧。

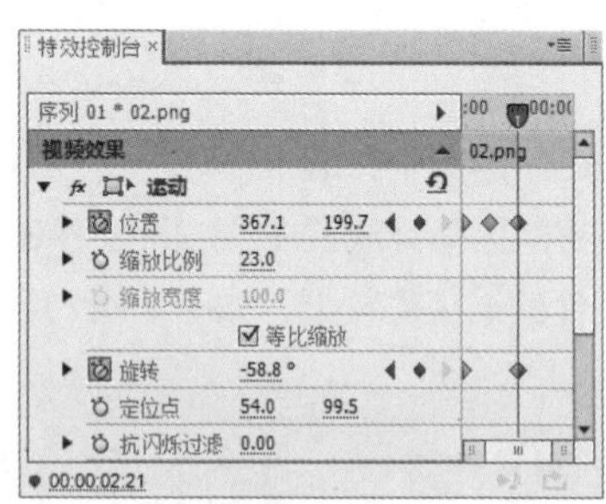

图 4-32

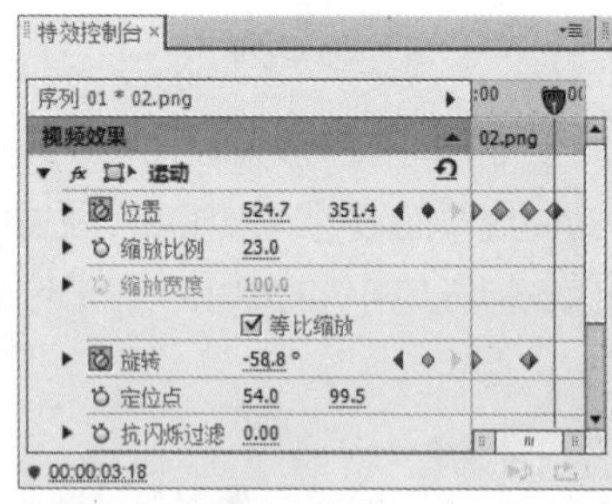

图 4-33

（17）将时间标签放置在 00:00:04:16 的位置。在“特效控制台”面板中，将“位置”选项设置为 401.7 和 737.3，“旋转”选项设置为 180.0°，如图 4-34 所示，记录第 5 个动画关键帧。用圈选的方法选取“位置”选项的关键帧。在关键帧上单击鼠标右键，在弹出的快捷菜单中选择“临时插值>自动曲线”命令，效果如图 4-35 所示。森林美景宣传片的落叶特效制作完成。

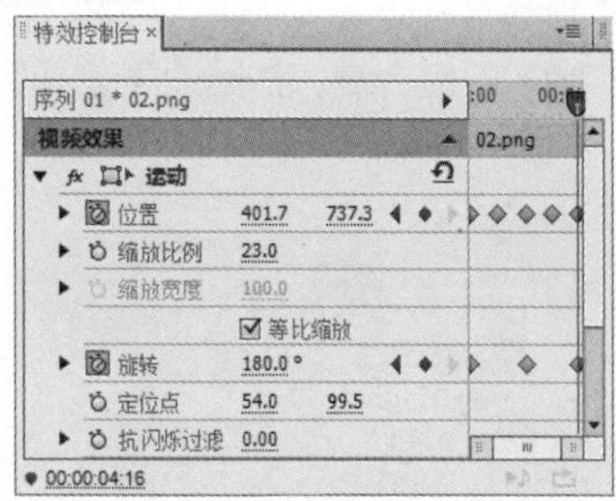

图 4-34

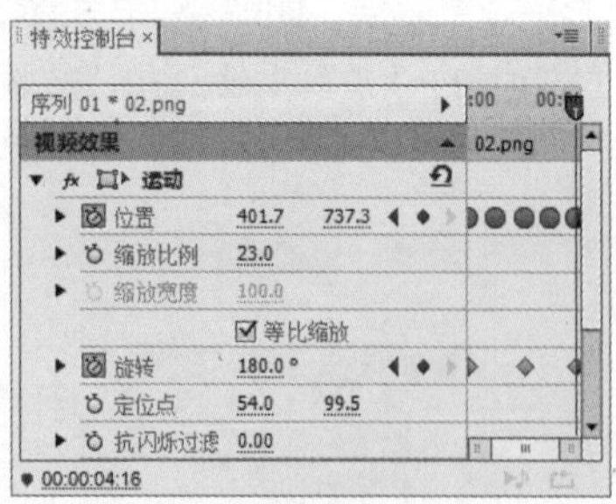

图 4-35

## 4.1.3 【相关工具】

### 1. 应用视频特效

为素材添加一个视频特效很简单，只需从“效果”面板中拖曳一个效果到“时间线”面板中的素材片段上即可。如果素材片段处于被选中状态，也可以双击“效果”面板中的效果或直接将效果拖曳到该片段的“特效控制台”面板中。

### 2. 关于关键帧

若使效果随时间而改变，可以使用关键帧技术。当创建了一个关键帧后，就可以指定一个效果属性在确切的时间点上的值。当为多个关键帧赋予不同的值时，Premiere Pro CS6 会自动计算关键帧之间的值，这个处理过程称为“插补”。大多数标准效果都可以在素材的整个时间长度中设置关键帧。对于固定效果，如位置和缩放比例，可以设置关键帧，使素材产生动画，也可以移动、复制或删除关键帧和改变插补的模式。

### 3. 激活关键帧

为了设置动画效果属性，必须激活属性的关键帧，任何支持关键帧的效果属性都包括“切换动画”按钮，单击该按钮可插入一个关键帧。插入关键帧（即激活关键帧）后，就可以添加和调整素材所需要的属性，效果如图 4-36 所示。

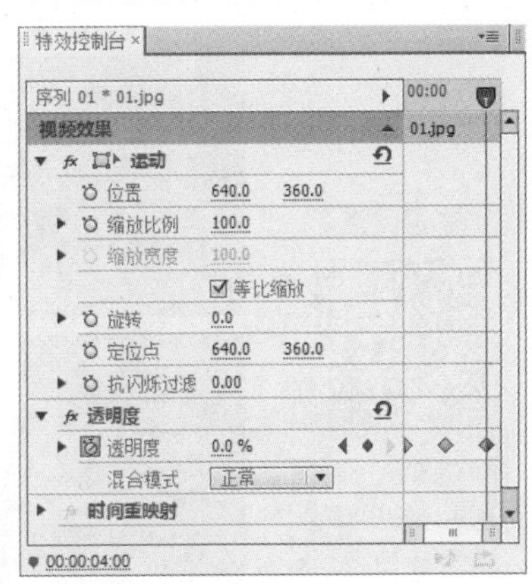


图 4-36

## 4.1.4 【实战演练】制作海滨城市宣传片的镜像特效

使用“导入”命令导入素材文件，使用“特效控制台”面板调整图像大小，使用“速度/持续时间”命令调整视频速度，使用“百叶窗”效果制作视频切换，使用“镜像”命令制作视频的镜像效果，使用“彩色浮雕”效果和“投影”效果制作文字立体效果。最终效果参看云盘中的“Ch04\制作海滨城市宣传片的镜像特效\制作海滨城市宣传片的镜像特效.prproj”，如图 4-37 所示。

微课视频

【实战演练】制作海滨城市宣传片的镜像特效

图 4-37

# 4.2 制作城市形象宣传片的波纹转场

## 4.2.1 【操作目的】

使用“导入”命令导入素材文件，使用入点和出点调整素材文件，使用“湍流置换”效果和“特效控制台”面板制作波纹转场。最终效果参看云盘中的“Ch04\制作城市形象宣传片的波纹转场\制作城市形象宣传片的波纹转场.prproj”，如图 4-38 所示。

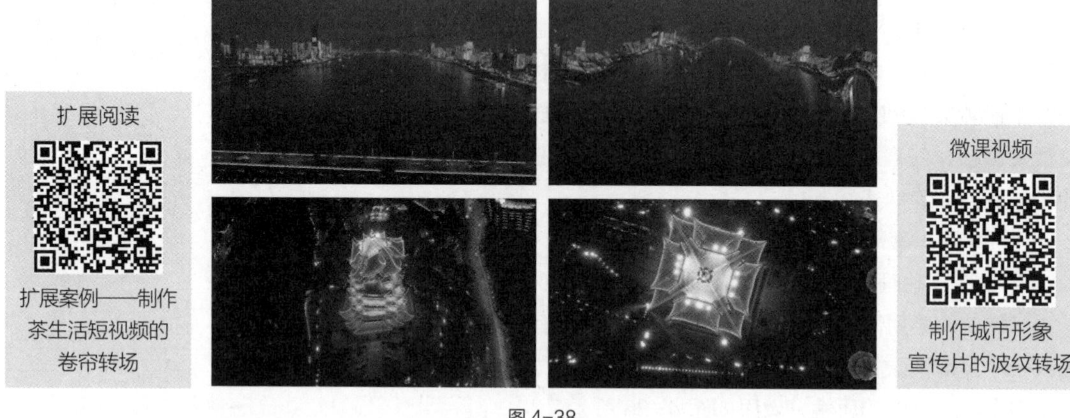


图 4-38

## 4.2.2 【操作步骤】

### 1. 添加并调整素材

（1）启动 Premiere Pro CS6 软件，弹出“欢迎使用 Adobe Premiere Pro”欢迎界面，单击“新建项目”按钮，弹出“新建项目”对话框，如图 4-39 所示。单击“确定”按钮，弹出“新建序列”对话框，单击“设置”选项卡，设置相应参数，如图 4-40 所示，单击“确定”按钮，新建序列。

图 4-39

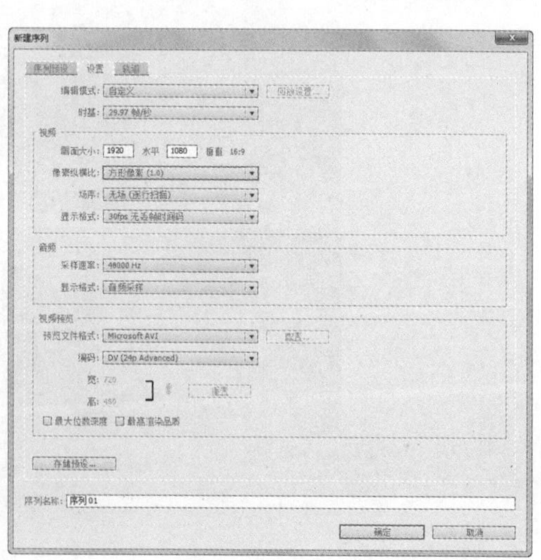


图 4-40

（2）选择“文件>导入”命令，弹出“导入”对话框，选择本书云盘中的“Ch04\制作城市形象宣传片的波纹转场\素材\01~03”文件，如图4-41所示，单击“打开”按钮，将素材文件导入到“项目”面板中，如图4-42所示。

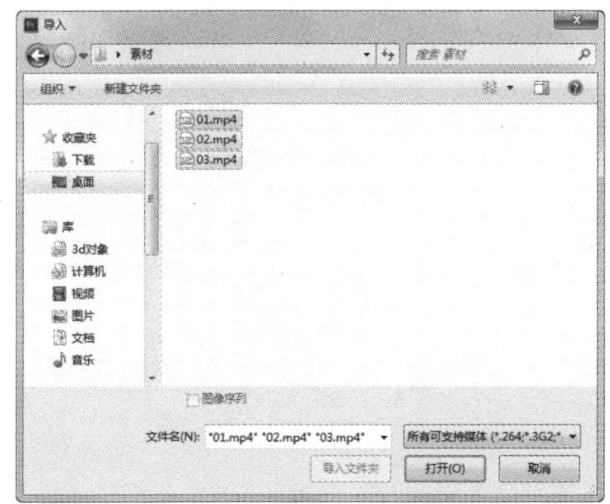


图4-41

图4-42

（3）双击“项目”面板中的“01”文件，在“源”面板中打开“01”文件。将时间标签放置在00:00:18:00的位置。按I键，创建标记入点，如图4-43所示。将时间标签放置在00:00:25:00的位置。按O键，创建标记出点，如图4-44所示。选中“源”面板中的“01”文件并将其拖曳到“时间线”面板的“视频1”轨道中，如图4-45所示。

图4-43

图4-44

图4-45

（4）双击“项目”面板中的“02”文件，在“源”面板中打开“02”文件。将时间标签放置在00:00:10:00的位置。按O键，创建标记出点，如图4-46所示。选中“源”面板中的“02”文件并将其拖曳到“时间线”面板的“视频 1”轨道中，如图 4-47 所示。

图 4-46

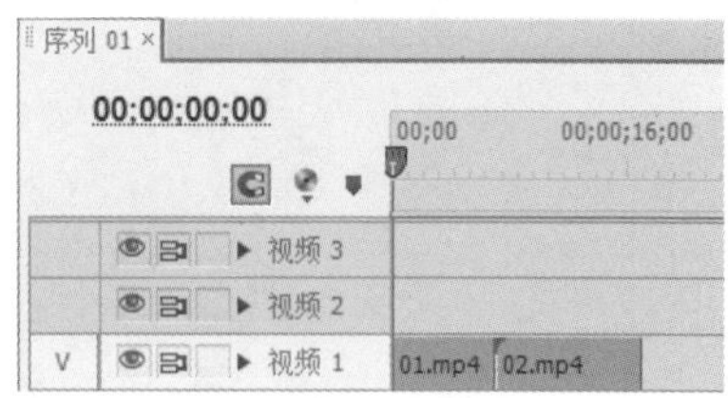

图 4-47

（5）双击“项目”面板中的“03”文件，在“源”面板中打开“03”文件。将时间标签放置在 00:00:17:00 的位置。按 I 键，创建标记入点，如图 4-48 所示。将时间标签放置在 00:00:25:00 的位置。按 O 键，创建标记出点，如图 4-49 所示。

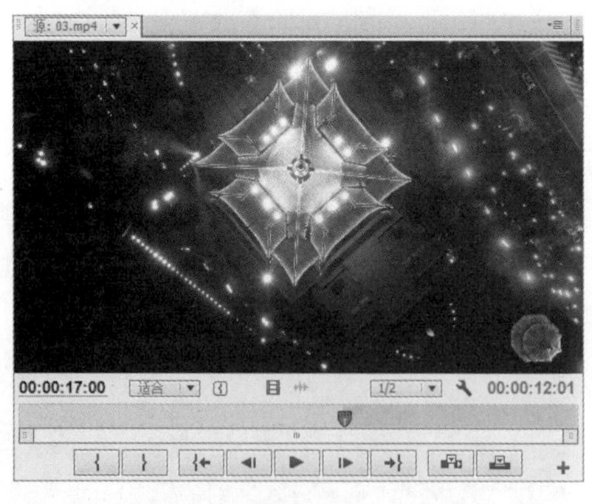

图 4-48

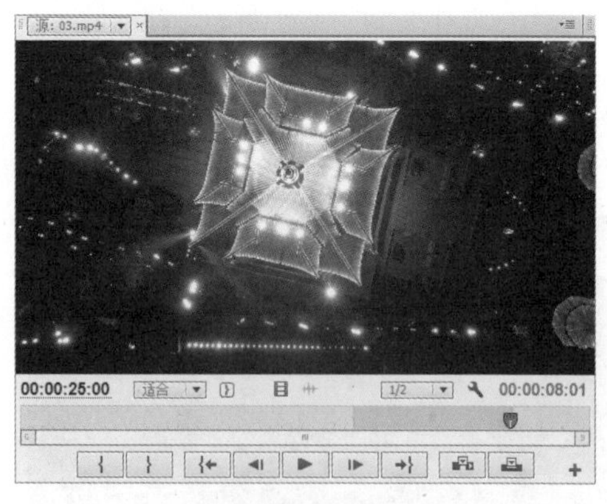

图 4-49

（6）选中“源”面板中的“03”文件，并将其拖曳到“时间线”面板的“视频 1”轨道中，如图 4-50 所示。

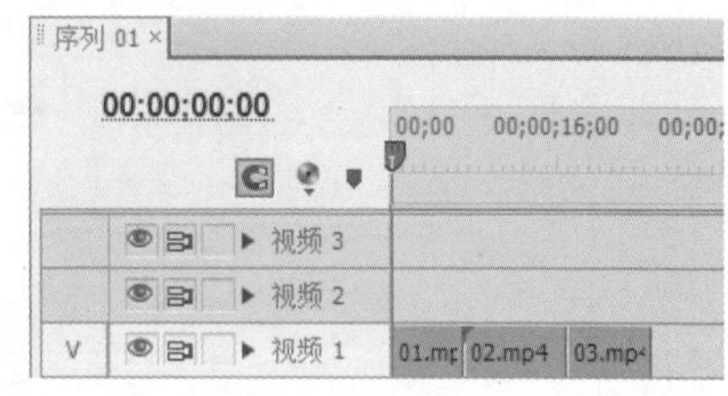

图 4-50

2. 制作波纹转场

（1）选择“项目”面板，选择“文件>新建>调整图层”命令，弹出“调整图层”对话框，如图 4-51 所示，单击“确定”按钮，在“项目”面板中生成新建的调整图层，如图 4-52 所示。

（2）将时间标签放置在 00:00:04:15 的位置。选择“项目”面板中的“调整图层”，将其拖曳到“时间线”面板的“视频 2”轨道中，如图 4-53 所示。

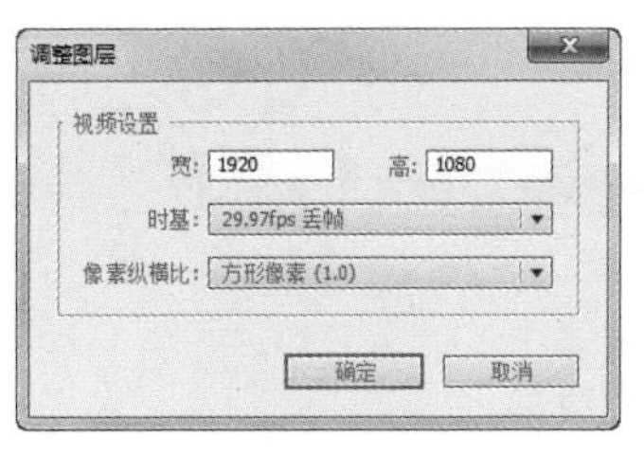


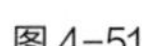
图 4-51

图 4-52

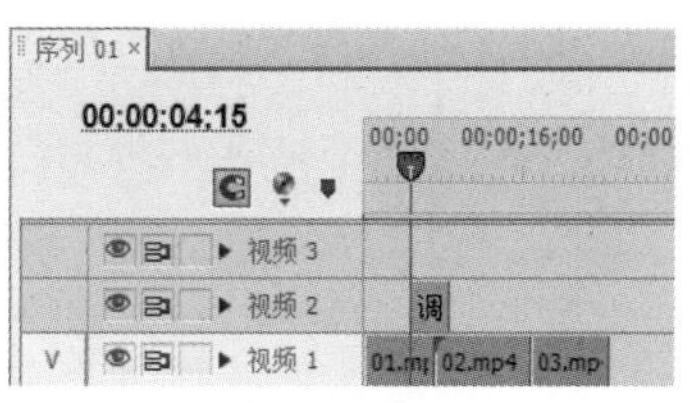


图 4-53

（3）选择“效果”面板，展开“视频特效”分类选项，单击“扭曲”文件夹前面的三角形按钮▶将其展开，选中“紊乱置换”效果，如图 4-54 所示。将“紊乱置换”效果拖曳到“时间线”面板的“视频 2”轨道中“调整图层”文件上，如图 4-55 所示。

图 4-54

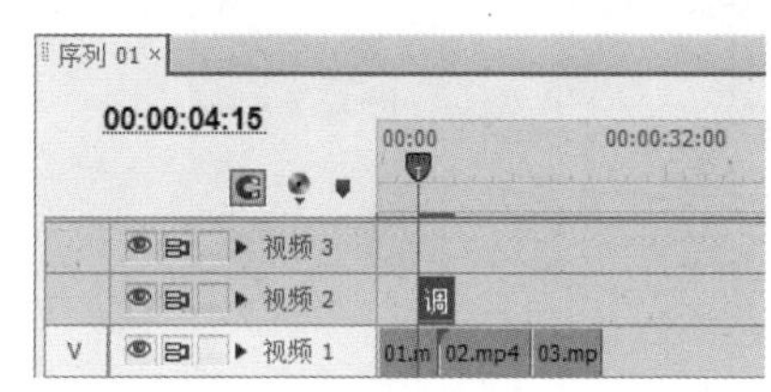


图 4-55

（4）选择“特效控制台”面板，展开“紊乱置换”选项，将“数量”选项设置为 0.0，“演化”选项设置为 0.0，单击“数量”和“演化”选项左侧的“切换动画”按钮，如图 4-56 所示，记录第 1 个动画关键帧。

（5）将时间标签放置在 00:00:06:25 的位置。将“数量”选项设置为 100.0，“演化”选项设置为 50.0° ，如图 4-57 所示，记录第 2 个动画关键帧。

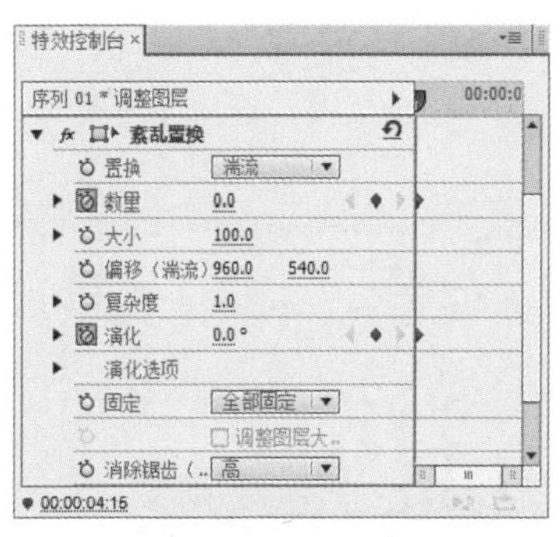


图 4-56

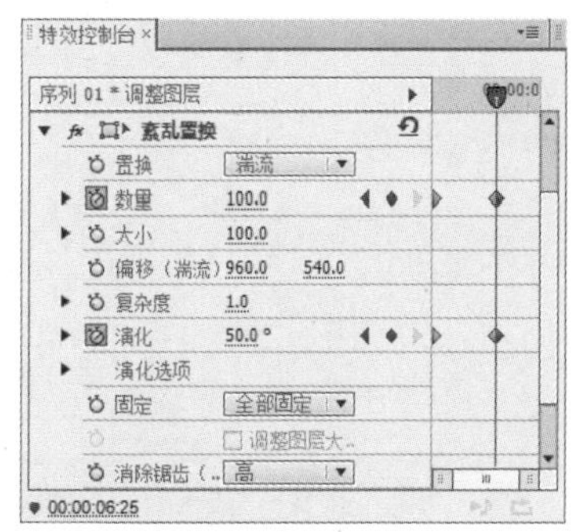


图 4-57

（6）将时间标签放置在 00:00:09:13 的位置。将“数量”选项设置为 0.0，“演化”选项设置为 0.0° ，如图 4-58 所示，记录第 3 个动画关键帧。选择“时间线”面板，将鼠标指针放在“调整图层”文件的结束位置，当鼠标指针呈状时，向右拖曳光标到时间标签的位置上，如图 4-59 所示。选中“时间线”面板中的“调整图层”文件，按 Ctrl+C 组合键，复制“调整图层”。

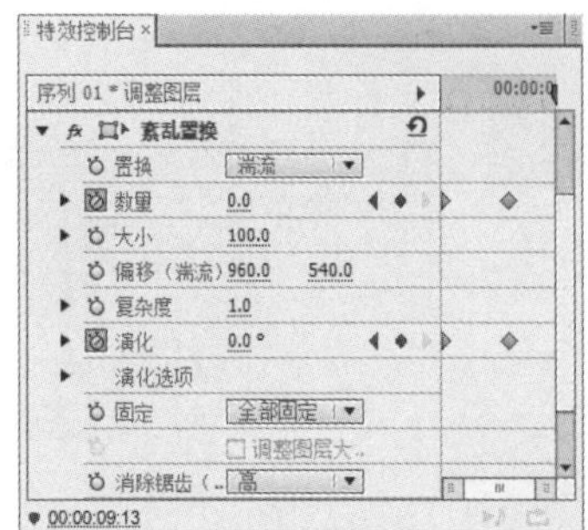


图 4-58

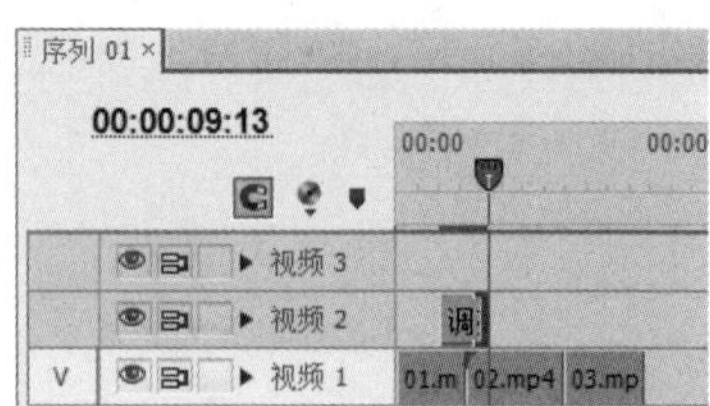


图 4-59

（7）单击“视频 2”轨道左侧图标，将其设置为目标轨道。再次单击“视频 1”轨道左侧图标，取消轨道的选择，如图 4-60 所示。将时间标签放置在 00:00:19:22 的位置。按 Ctrl+V 组合键，粘贴复制的文件，如图 4-61 所示。城市形象宣传片的波纹转场制作完成。

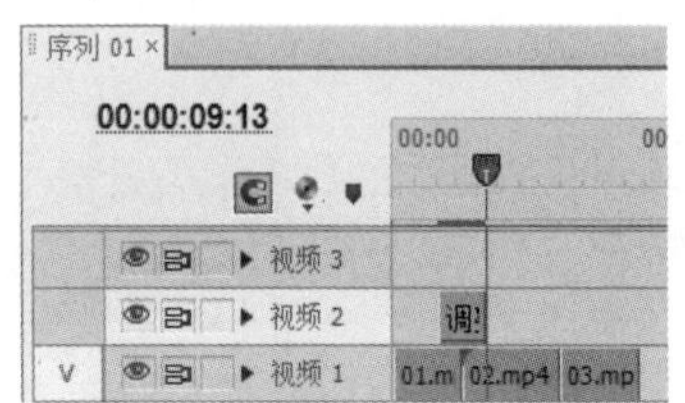


图 4-60

图 4-61

## 4.2.3 【相关工具】

### 1. 模糊与锐化特效

该特效主要针对镜头画面进行锐化或模糊处理，共包含 10 种特效，如图 4-62 所示。使用不同的特效后，效果如图 4-63 所示。

图 4-62

原图

快速模糊

图 4-63

图 4-63（续）

2. **通道特效**

该特效可以对素材的通道进行处理，实现图像颜色、色调、饱和度、亮度等颜色属性的改变，共包含 7 种特效，如图 4-64 所示。使用不同的特效后，效果如图 4-65 所示。

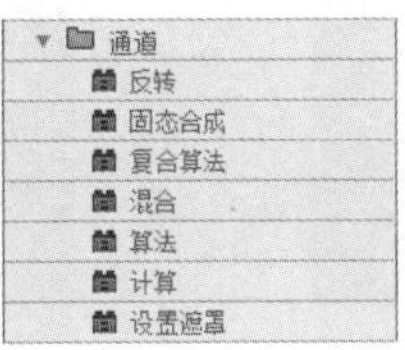


图 4-64

原图

反转

固态合成

复合算法

混合

图 4-65

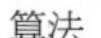
算法

计算

设置遮罩

图 4-65（续）

### 3. 扭曲特效

该特效主要通过对图像进行几何扭曲变形来制作出各种画面变形效果，共包含 13 种特效，如图 4-66 所示。使用不同的特效后，效果如图 4-67 所示。

- 扭曲
  - 偏移
  - 变形稳定器
  - 变换
  - 弯曲
  - 放大
  - 旋转扭曲
  - 波形弯曲
  - 滚动快门修复
  - 球面化
  - 紊乱置换
  - 边角固定
  - 镜像
  - 镜头扭曲

图 4-66

原图

偏移

变形稳定器

变换

弯曲

放大

旋转扭曲

波形弯曲

图 4-67

滚动快门修复　球面化　紊乱置换

边角固定　镜像　镜头扭曲

图 4-67（续）

4. **杂波与颗粒特效**

该特效主要用于去除素材画面中的擦痕及噪点，共包含 6 种特效，如图 4-68 所示。使用不同的特效后，效果如图 4-69 所示。

- 杂波与颗粒
  - 中值
  - 杂波
  - 杂波 Alpha
  - 杂波 HLS
  - 灰尘与划痕
  - 自动杂波 HLS

图 4-68

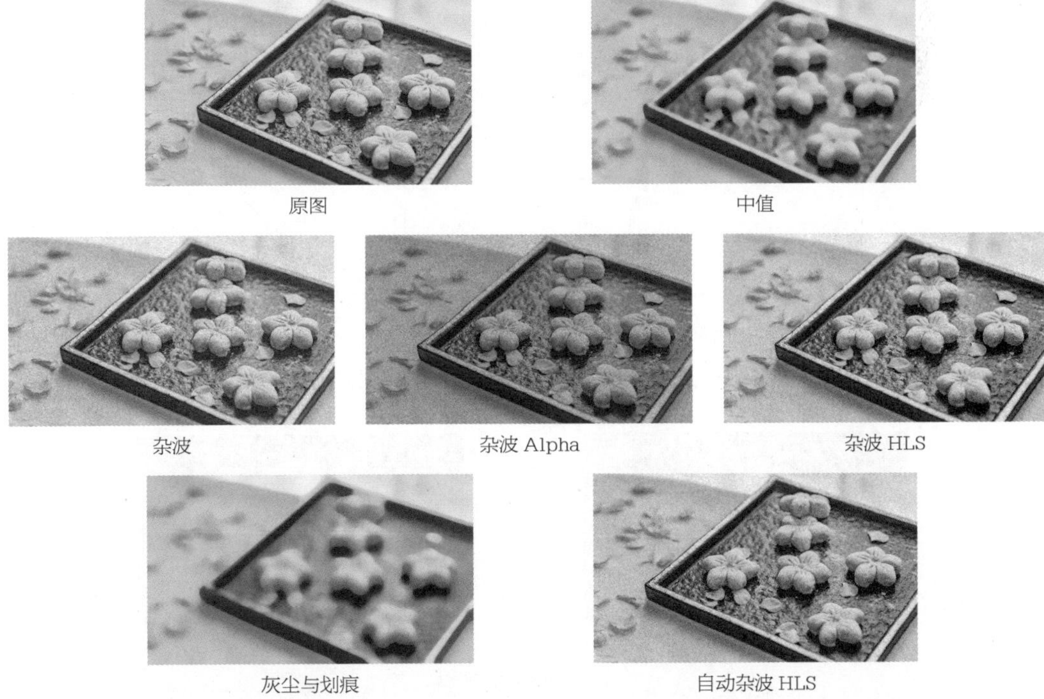

原图　中值

杂波　杂波 Alpha　杂波 HLS

灰尘与划痕　自动杂波 HLS

图 4-69

### 5. 透视特效

该特效主要用于制作三维透视效果，使素材产生立体感或空间感，共包含 5 种特效，如图 4-70 所示。使用不同的特效后，效果如图 4-71 所示。

图 4-70

原图

基本 3D

径向阴影

投影

斜角边

斜面 Alpha

图 4-71

### 6. 风格化特效

该特效主要是模拟一些美术风格，实现丰富的画面效果，共包含 13 种特效，如图 4-72 所示。使用不同的特效后，效果如图 4-73 所示。

- 风格化
  - Alpha 辉光
  - 复制
  - 彩色浮雕
  - 曝光过度
  - 材质
  - 查找边缘
  - 浮雕
  - 笔触
  - 色调分离
  - 边缘粗糙
  - 闪光灯
  - 阈值
  - 马赛克

图 4-72

原图

Alpha 辉光

图 4-73

复制 　　彩色浮雕 　　曝光过度

材质 　　查找边缘 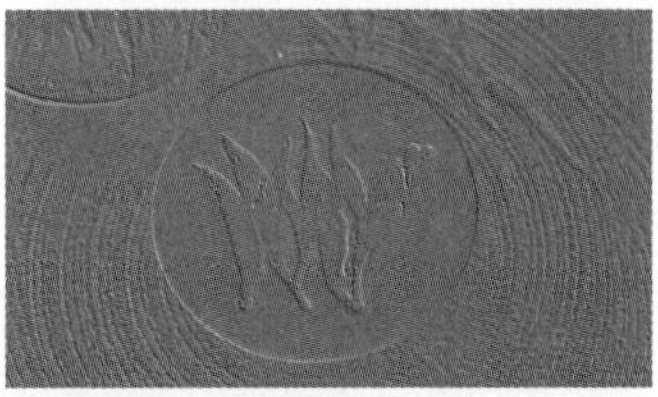　　浮雕

笔触 　　色调分离 　　边缘粗糙

闪光灯 　　阈值 　　马赛克

图4-73（续）

### 7. 时间特效

该特效用于对素材的时间特性进行控制，共包含 2 种特效，如图 4-74 所示。使用不同的特效后，效果如图 4-75 所示。

图4-74

原图

抽帧

重影

图4-75

8. **过渡特效**

该特效主要用于对两个素材之间进行连接的切换，共包含 5 种特效，如图 4-76 所示。使用不同的特效后，效果如图 4-77 所示。

图 4-76

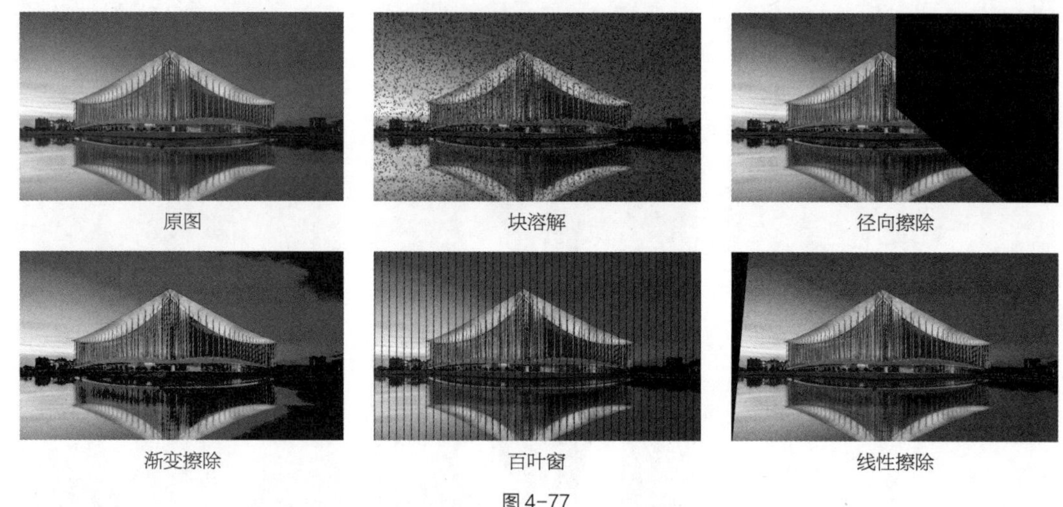


图 4-77

9. **视频特效**

该特效只包含“时间码”一种特效，主要用于对时间码进行显示，如图 4-78 所示。使用特效后，效果如图 4-79 所示。

图 4-78

原图

时间码

图 4-79

### 4.2.4 【实战演练】制作都市生活短视频的卷帘转场

使用“导入”命令导入素材文件，使用入点和出点调整素材文件，使用“偏移”效果、“方向模糊”效果和“特效控制台”面板制作卷帘转场。最终效果参看云盘中的“Ch04\制作都市生活短视频的卷帘转场\制作都市生活短视频的卷帘转场.prproj”，如图 4-80 所示。

图 4-80

## 4.3 综合实训——制作汤圆短视频的模糊特效

使用“导入”命令导入素材文件，使用“透明度”选项制作文字动画，使用“高斯模糊”效果和“方向模糊”效果制作素材文件的模糊效果并制作动画。最终效果参看云盘中的“Ch04\制作汤圆短视频的模糊特效\制作汤圆短视频的模糊特效.prproj”，如图 4-81 所示。

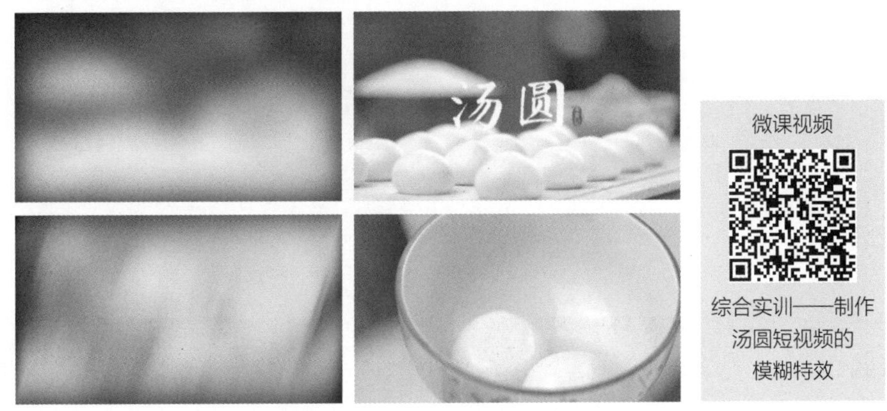


图 4-81

## 4.4 综合实训——制作古城城市形象宣传片的旋转转场

使用“导入”命令导入素材文件，使用入点和出点调整素材文件，使用“变换”效果和“特效控制台”面板制作旋转转场，使用“快速色彩校正”效果调整图像颜色。最终效果参看云盘中的“Ch04\制作古城城市形象宣传片的旋转转场\制作古城城市形象宣传片的旋转转场.prproj”，如图 4-82 所示。

微课视频

综合实训——制作古城城市形象宣传片的旋转转场

图 4-82

05

# 第5章 调色、抠像与叠加

## 本章介绍

本章主要介绍在 Premiere Pro CS6 中调色、抠像与叠加素材的基础设置方法。调色、抠像和叠加技术属于 Premiere Pro CS6 剪辑中较高级的应用，它可以使视频通过剪辑产生完美的画面合成效果。通过本章的学习，读者可以掌握 Premiere Pro CS6 的调色、抠像和叠加技术。

## 学习目标

- 了解视频调色基础
- 掌握视频调色技术要点
- 掌握抠像及叠加技术

## 能力目标

- 掌握对不同类型素材调色的方法
- 掌握抠出素材并合成到栏目片头的方法

## 素质目标

- 培养能够合理制订学习计划的能力
- 培养应用设计方法恰当表现效果的能力
- 培养在学习和工作中勇于质疑和表达观点的思维能力

# 5.1 制作旅游短视频的绘画特效

## 5.1.1 【操作目的】

使用“导入”命令导入视频文件，使用“查找边缘”效果、“色阶”效果、“自动颜色”效果和“色彩”效果制作绘画特效，使用“特效控制台”面板和“高斯模糊”效果制作文字特效。最终效果参看云盘中的“Ch05\制作旅游短视频的绘画特效\制作旅游短视频的绘画特效.prproj”，如图 5-1 所示。

图 5-1

## 5.1.2 【操作步骤】

（1）启动 Premiere Pro CS6 软件，弹出“欢迎使用 Adobe Premiere Pro”欢迎界面，单击“新建项目”按钮，弹出“新建项目”对话框，如图 5-2 所示。单击“确定”按钮，弹出“新建序列”对话框，单击“设置”选项卡，设置相应参数，如图 5-3 所示，单击“确定”按钮，新建序列。

图 5-2

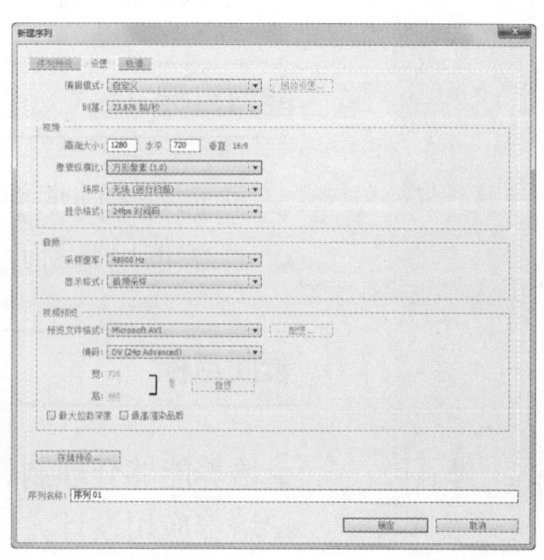


图 5-3

（2）选择“文件>导入”命令，弹出“导入”对话框，选择本书云盘中的“Ch05\制作旅游短视频的绘画特效\素材\01 和 02”文件，如图 5-4 所示，单击“打开”按钮，将素材文件导入到“项目”面板中，如图 5-5 所示。

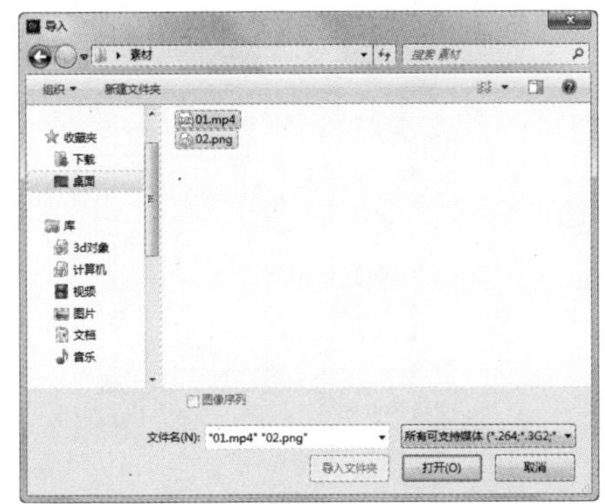


图 5-4

图 5-5

（3）在“项目”面板中，选中“01”文件并将其拖曳到“时间线”面板的“视频 1”轨道中，弹出“剪辑不匹配警告”对话框，单击“保持现有设置”按钮，在保持现有序列设置的情况下将“01”文件放置在“视频 1”轨道中，如图 5-6 所示。

（4）在“视频 1”轨道中的“01”文件上单击鼠标右键，在弹出的快捷菜单中选择“解除视音频链接”命令，取消视音频链接。选中“音频 1”轨道中的文件，按 Delete 键删除音频，如图 5-7 所示。

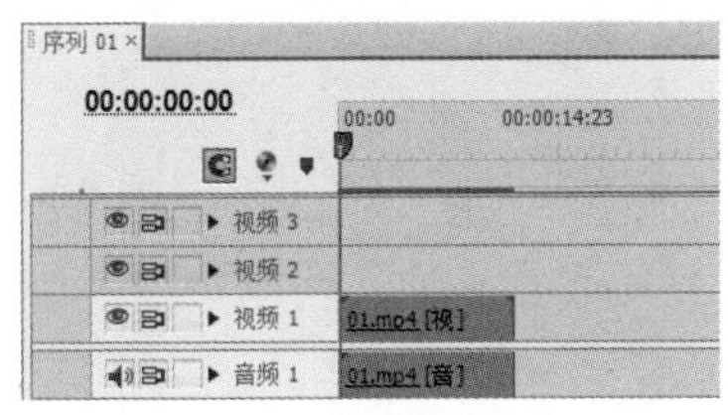


图 5-6

图 5-7

（5）选择“效果”面板，展开“视频特效”分类选项，单击“风格化”文件夹前面的三角形按钮▶将其展开，选中“查找边缘”效果，如图 5-8 所示。将“查找边缘”效果拖曳到“时间线”面板中的“01”文件上。

（6）选择“特效控制台”面板，展开“查找边缘”选项，单击“与原始图像混合”选项左侧的“切换动画”按钮，如图 5-9 所示，记录第 1 个动画关键帧。将时间标签放置在 00:00:01:00 的位置。将“与原始图像混合”选项设置为 100%，如图 5-10 所示，记录第 2 个动画关键帧。

图 5-8

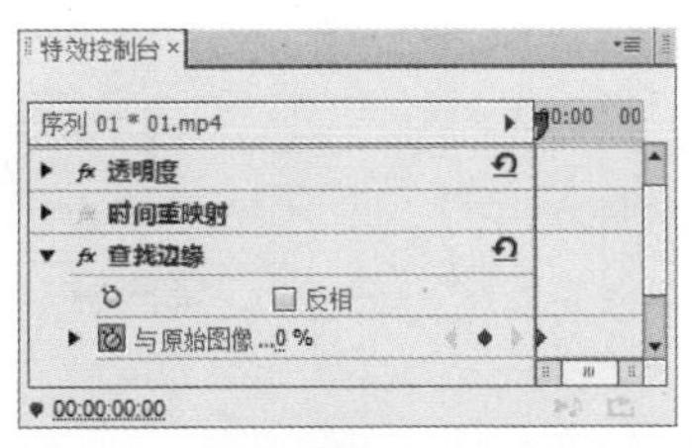


图 5-9

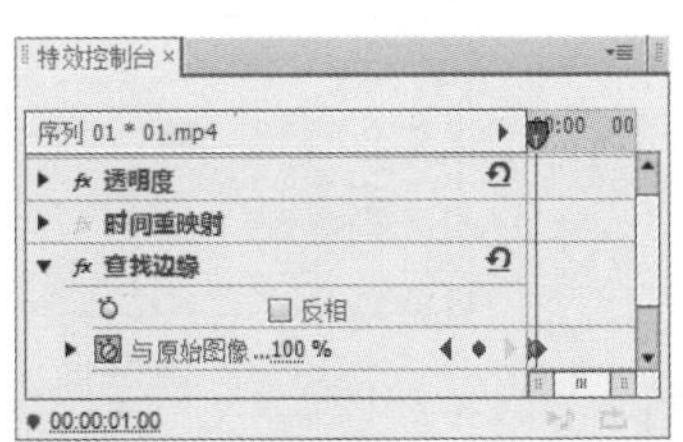


图 5-10

（7）选择“效果”面板，单击“调整”文件夹前面的三角形按钮▶将其展开，选中“色阶”效果，如图 5-11 所示。将“色阶”效果拖曳到“时间线”面板中的“01”文件上。在“特效控制台”面板中，展开“色阶”效果，将“（RGB）输入黑色阶”选项设置为 15，其他选项的设置如图 5-12 所示。

图 5-11

图 5-12

（8）选择“效果”面板，选中“自动颜色”效果，如图 5-13 所示。将“自动颜色”效果拖曳到“时间线”面板中的“01”文件上。

（9）将时间标签放置在 00:00:00:00 的位置。选择“效果”面板，单击“色彩校正”文件夹前面的三角形按钮▶将其展开，选中“染色”效果，如图 5-14 所示。将“染色”效果拖曳到“时间线”面板中的“01”文件上。

图 5-13

图 5-14

（10）选择“特效控制台”面板，展开“染色”选项，单击“着色数量”选项左侧的“切换动画”按钮⏱，如图 5-15 所示，记录第 1 个动画关键帧。将时间标签放置在 00:00:01:00 的位置。将“着色数量”选项设置为 0.0%，如图 5-16 所示，记录第 2 个动画关键帧。

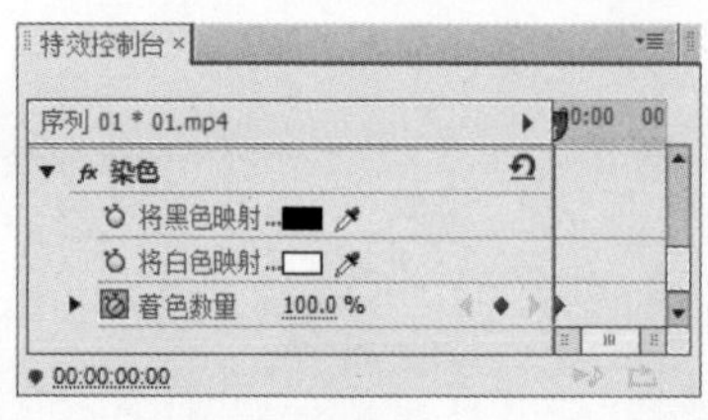

图 5-15

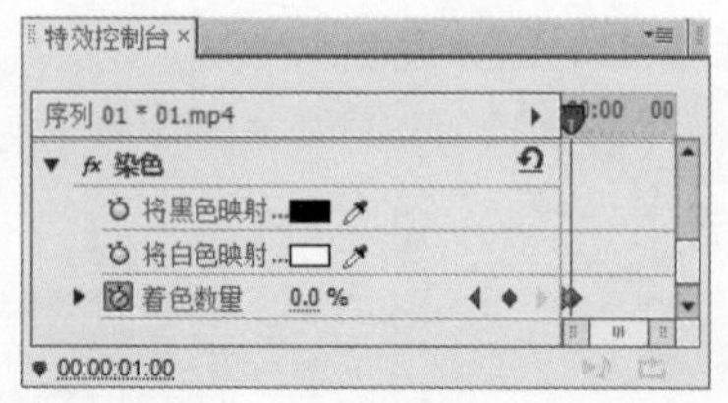

图 5-16

（11）在“项目”面板中，选中“02”文件并将其拖曳到“时间线”面板的“视频 2”轨道中，如图 5-17 所示。选择“时间线”面板中的“02”文件。选择“特效控制台”面板，展开“运动”选项，将“位置”选项设置为 933.0 和 360.0，如图 5-18 所示。

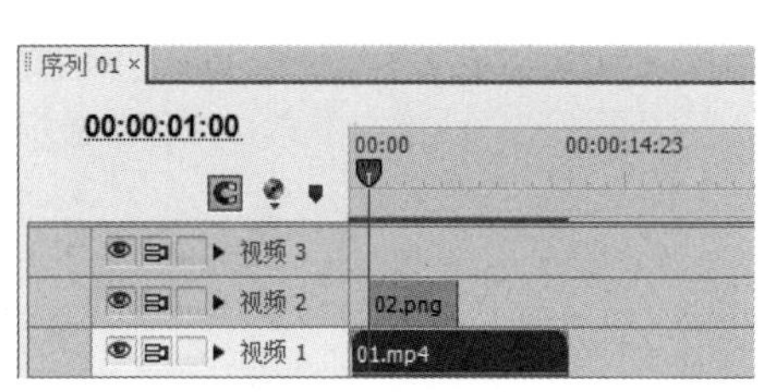

图 5-17

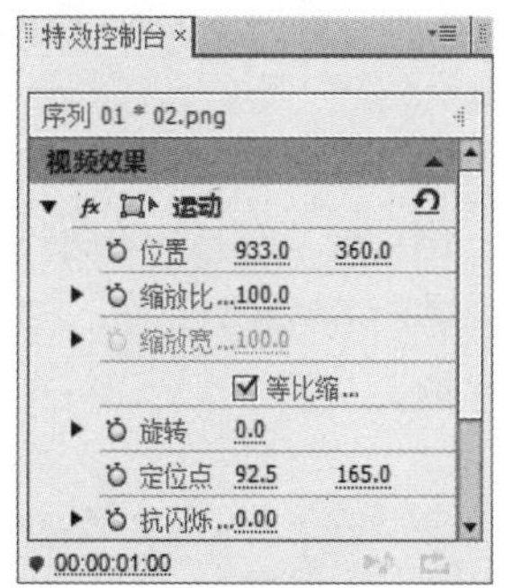

图 5-18

（12）选择“效果”面板，单击“模糊与锐化”文件夹前面的三角形按钮▶将其展开，选中“高斯模糊”效果，如图 5-19 所示。将“高斯模糊”效果拖曳到“时间线”面板中的“02”文件上。

（13）选择“特效控制台”面板，展开“高斯模糊”选项，将“模糊度”选项设置为 300.0，单击“模糊度”选项左侧的“切换动画”按钮，如图 5-20 所示，记录第 1 个动画关键帧。将时间标签放置在 00:00:01:10 的位置。将“模糊度”选项设置为 0.0，如图 5-21 所示，记录第 2 个动画关键帧。旅游短视频的绘画特效制作完成。

图 5-19

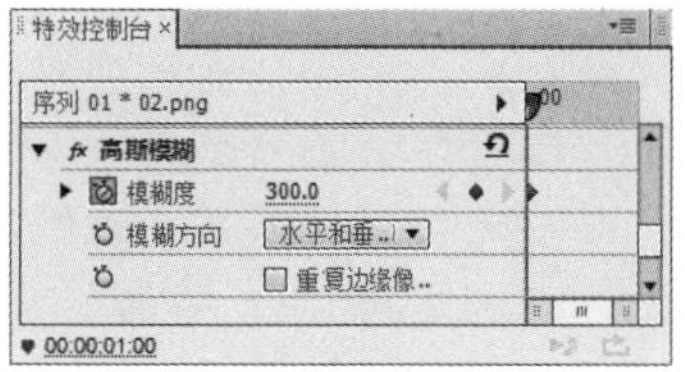

图 5-20

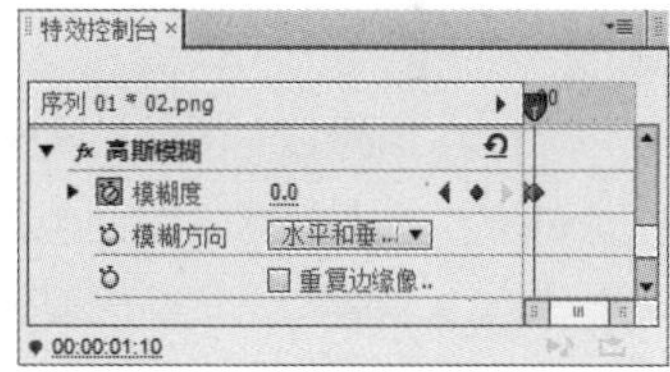

图 5-21

### 5.1.3 【相关工具】

#### 1. 视频调色基础

在视频编辑过程中，调整画面的色彩是至关重要的，因此经常需要将拍摄的素材进行颜色的调整。抠像后也需要校色来使当前对象与背景协调。因此，Premiere Pro CS6 提供了一整套的图像调整工具。

在进行颜色校正前，必须要保正监视器显示颜色准确，否则调整出来的视频颜色就不准确。对监视器颜色的校正，除了使用专门的硬件设备外，也可以凭自己的眼睛来校准监视器色彩。

在 Premiere Pro CS6 中，“节目”监视器面板提供了多种素材的显示方式，不同的显示方式，对分析视频有着不同的作用。

单击“节目”监视器面板右上方的▾≡按钮，在弹出的下拉列表中可选择不同的面板显示模式，如图 5-22 所示。

“合成视频”选项：在该模式下显示编辑合成后的视频效果。

“Alpha”选项：在该模式下显示影片 Alpha 通道。

“全部范围”选项：在该模式下显示所有颜色分析模式，包括波形、矢量、YCbCr 和 RGB。

“矢量示波器”选项：在部分电影制作中，会用到“矢量图”和“YC 波形”两种硬件设备，主要用于检测影片的颜色信号。“矢量图”模式主要用于检测色彩信号。信号的色相饱和度构成一个圆形的图表，饱和度从圆心开始向外扩展，越向外，饱和度越高。图 5-23 所示为图片饱和度对比，可以看到下方素材的饱和度较低，绿色的饱和度信号处于中心位置，而上方的素材饱和度被提高，信号开始向外扩展。

图 5-22

图 5-23

“YC 波形”选项：该模式用于检测亮度信号时非常有用。它使用 IRE 标准单位进行检测。水平方向轴表示视频图像，垂直方向轴则检测亮度。在波形图中，明亮的区域总是处于图的上方，而暗淡区域总在图的下方，如图 5-24 所示。

“YCbCr 检视”选项：该模式主要用于检测 NTSC 颜色区间。在波形图中，左侧的垂直信号表示视频的亮度，右侧水平线为色相区域，水平线上的波形则表示饱和度的高低，如图 5-25 所示。

“RGB 检视”选项：该模式主要检测 RGB 颜色区间。在波形图中，水平坐标从左到右分别为红、绿和蓝颜色区间，垂直坐标则显示颜色数值，如图 5-26 所示。

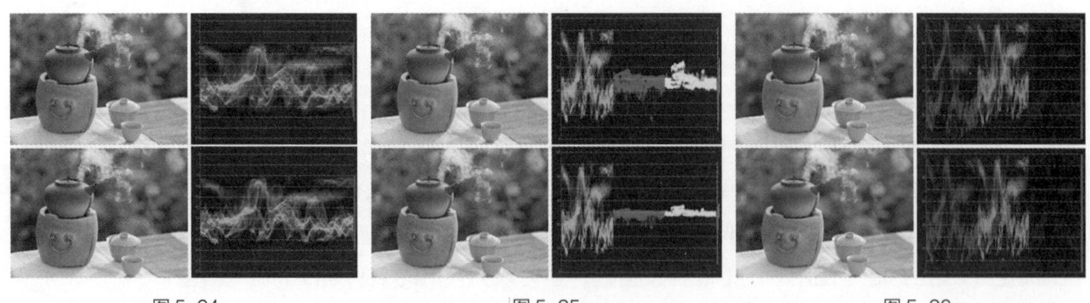

图 5-24　　图 5-25　　图 5-26

## 2. 调整特效

如果需要调整素材的亮度、对比度、色彩及通道，修复素材的偏色或者曝光不足等缺陷，提高素材画面的颜色及亮度，制作特殊的色彩效果，最好的选择就是使用“调整”特效。该类特效使用比较频繁，共包含 9 个视频特效，如图 5-27 所示。使用不同的特效后，效果如图 5-28 所示。

图 5-27

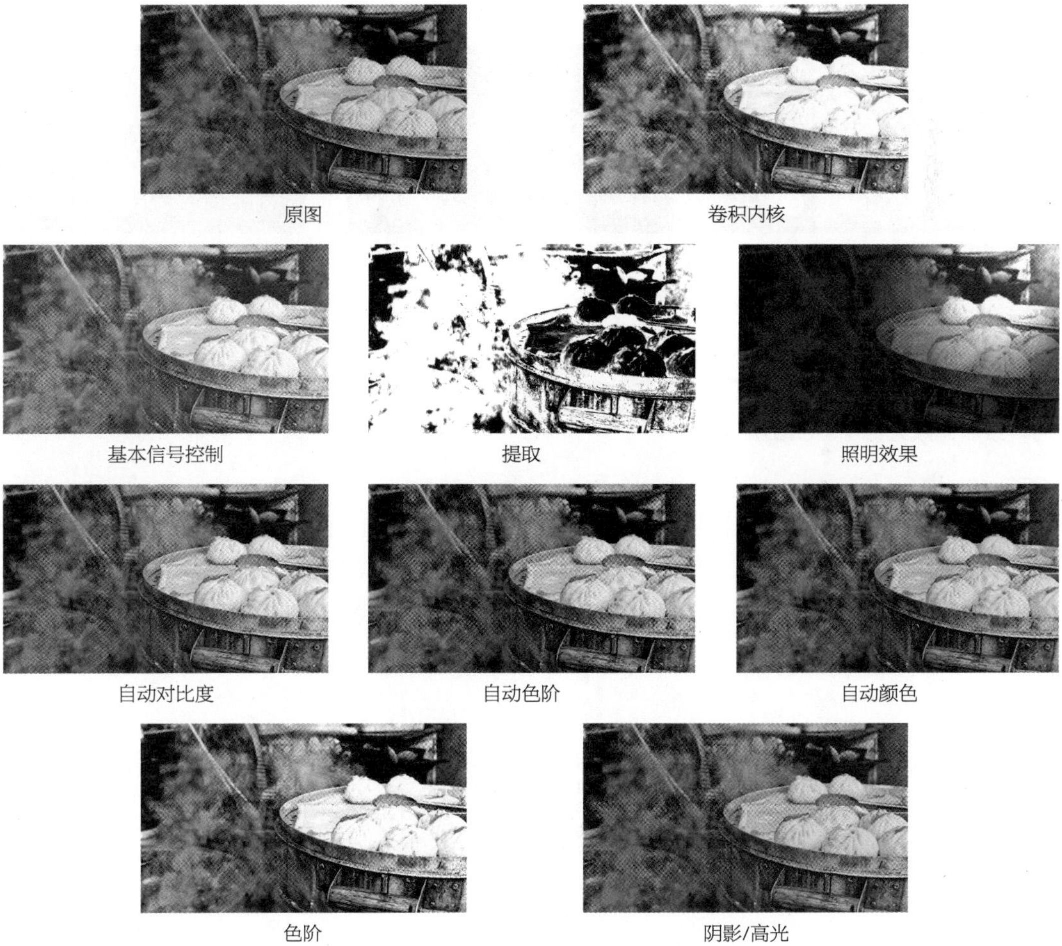

原图　卷积内核

基本信号控制　提取　照明效果

自动对比度　自动色阶　自动颜色

色阶　阴影/高光

图 5-28

3. **图像控制特效**

图像控制特效主要用途是对素材进行色彩的特效处理，广泛运用于视频编辑中，处理一些前期拍摄中所遗留的缺陷，或使素材达到某种预想的效果。这是一组重要的视频特效，它包含了 5 种特效，如图 5-29 所示。使用不同的特效后，效果如图 5-30 所示。

图 5-29

原图

灰度系数（Gamma）校正

色彩传递

颜色平衡（RGB）

颜色替换

黑白

图 5-30

#### 4. 色彩校正视频特效

该视频特效主要用于对视频素材进行颜色校正，共包括 17 种特效，如图 5-31 所示。使用不同的特效后，效果如图 5-32 所示。

色彩校正
RGB 曲线
RGB 色彩校正
三路色彩校正
亮度与对比度
亮度曲线
亮度校正
分色
广播级颜色
快速色彩校正
更改颜色
染色
色彩均化
色彩平衡
色彩平衡 (HLS)
视频限幅器
转换颜色
通道混合

图 5-31

原图

RGB 曲线

RGB 色彩校正

图 5-32

图 5-32（续）

### 5.1.4 【实战演练】制作旅游宣传片的怀旧特效

使用“导入”命令导入视频文件，使用“基本信号控制”效果调整图像的对比度和饱和度，使用“色彩平衡”效果降低图像中的部分颜色，使用“DE_AgedFilm”外部效果制作怀旧效果。最终效果参看云盘中的“Ch05\制作旅游宣传片的怀旧特效\制作旅游宣传片的怀旧特效.prproj”，如图 5-33 所示。

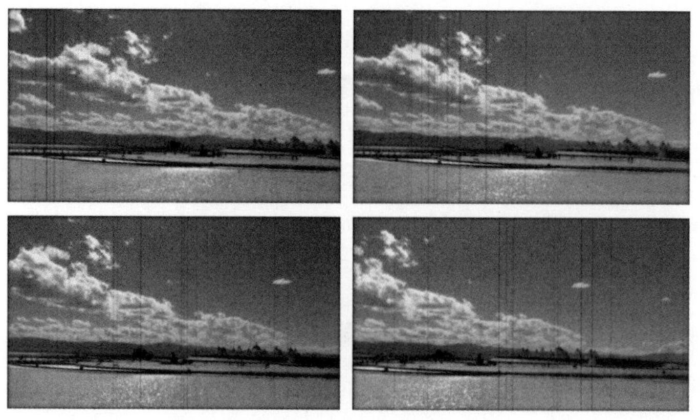

微课视频

【实战演练】制作旅游宣传片的怀旧特效

图 5-33

## 5.2 抠出折纸素材并合成到栏目片头

### 5.2.1 【操作目的】

使用“导入”命令导入视频文件，使用“颜色键”特效抠出折纸视频，使用“特效控制台”面板制作文字动画。最终效果参看云盘中的“Ch05/抠出折纸素材并合成到栏目片头/抠出折纸素材并合成到栏目片头.prproj”，如图 5-34 所示。

微课视频

抠出折纸素材并合成到栏目片头

图 5-34

### 5.2.2 【操作步骤】

（1）启动 Premiere Pro CS6 软件，弹出“欢迎使用 Adobe Premiere Pro”欢迎界面，单击“新建项目”按钮，弹出“新建项目”对话框，如图 5-35 所示。单击“确定”按钮，弹出“新建序列”对话框，单击“设置”选项卡，设置相应参数，如图 5-36 所示，单击“确定”按钮，新建序列。

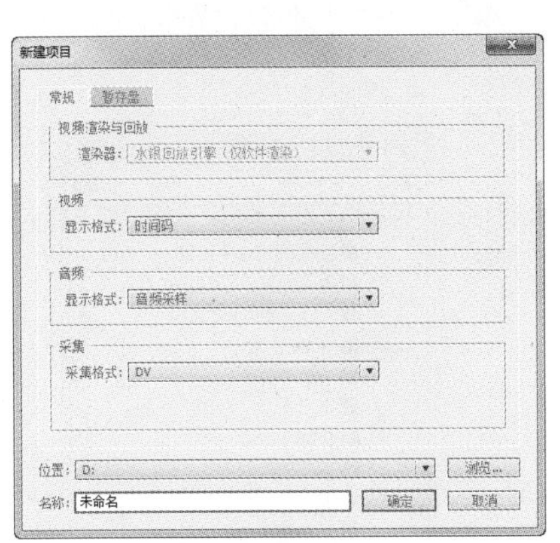

图5-35

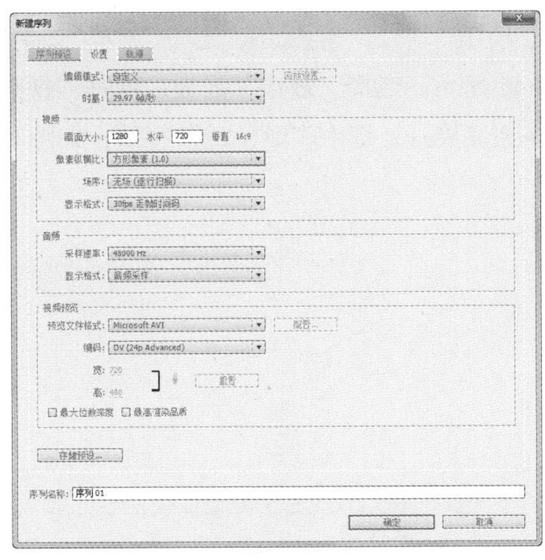

图5-36

（2）选择“文件 > 导入”命令，弹出“导入”对话框，选择本书云盘中的“Ch05/抠出折纸素材并合成到栏目片头/素材/01~03”文件，如图5-37所示，单击“打开”按钮，将素材文件导入到“项目”面板中，如图5-38所示。

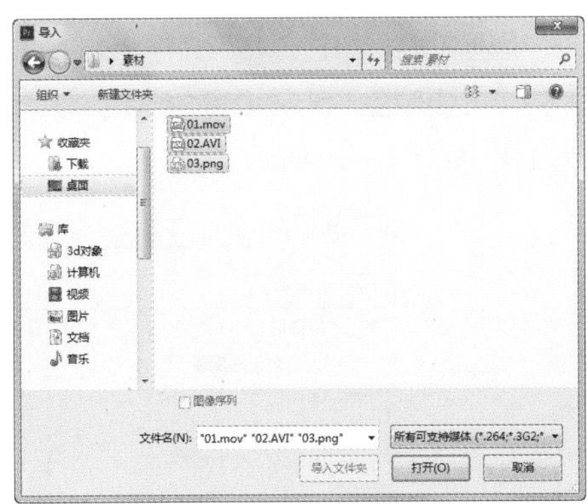

图5-37

图5-38

（3）在“项目”面板中，选中“01”文件并将其拖曳到“时间线”面板的“视频1”轨道中，弹出“剪辑不匹配警告”对话框，单击“保持现有设置”按钮，在保持现有序列设置的情况下将“01”文件放置在“视频1”轨道中，如图5-39所示。选择“时间线”面板中的“01”文件。选择“特效控制台”面板，展开“运动”选项，将“缩放比例”选项设置为67.0，如图5-40所示。

图5-39

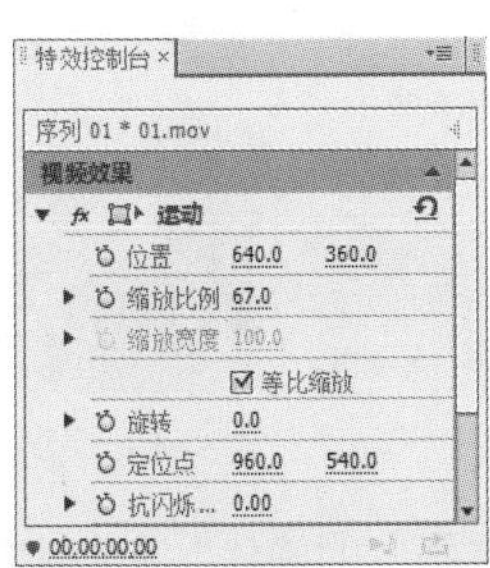

图5-40

（4）在“项目”面板中，选中“02”文件并将其拖曳到“时间线”面板的“视频2”轨道中，如图5-41所示。选择“效果”面板，展开“视频特效”分类选项，单击“键控”文件夹前面的三角形按钮▶将其展开，选中“颜色键”特效，如图5-42所示。

图5-41

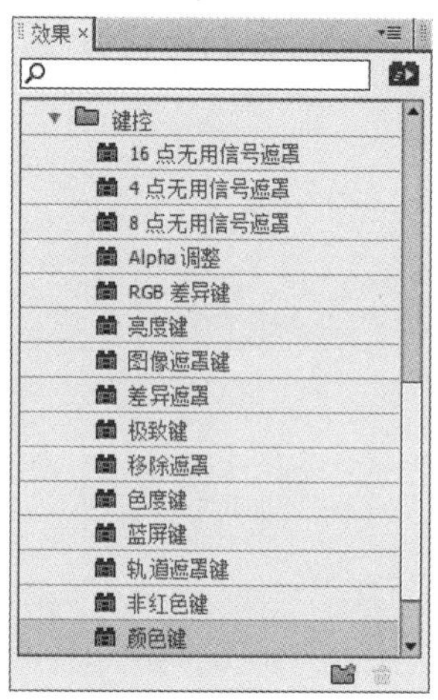


图5-42

（5）将“颜色键”特效拖曳到“时间线”面板的“视频2”轨道中“02”文件上，如图5-43所示。选择“特效控制台”面板，展开“颜色键”选项，将“主要颜色”选项设置为蓝色（4、1、167），“颜色宽容度”选项设置为32，“薄化边缘”选项设置为3，如图5-44所示。

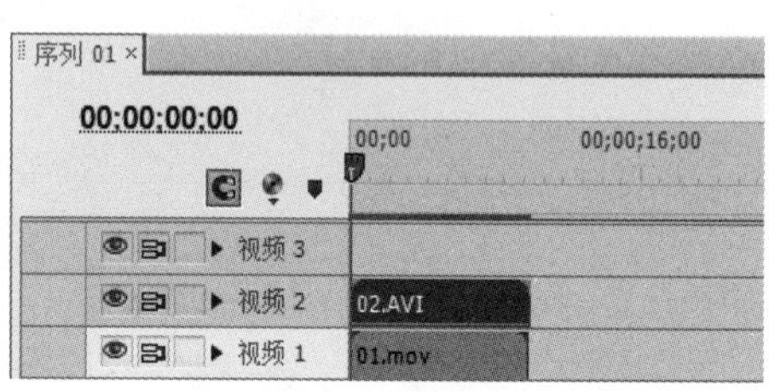


图5-43

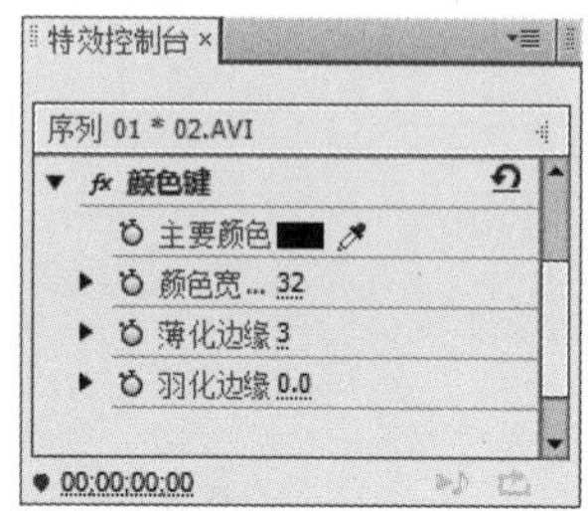


图5-44

（6）在“项目”面板中，选中“03”文件并将其拖曳到“时间线”面板的“视频3”轨道中，如图5-45所示。将鼠标指针放在“03”文件的结束位置单击，显示编辑点。当鼠标指针呈◀]状时，向右拖曳鼠标指针到“02”文件的结束位置，如图5-46所示。

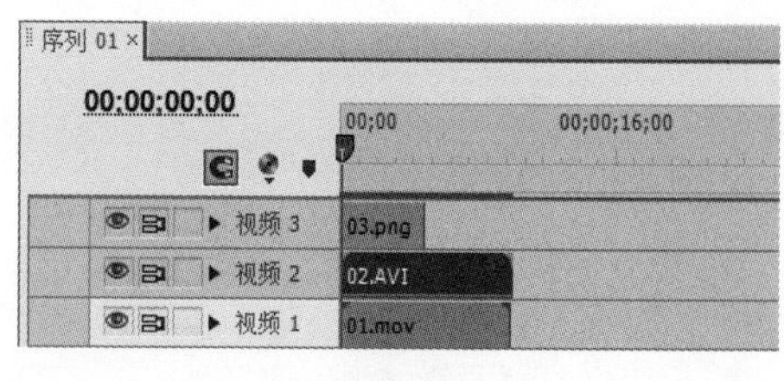


图5-45

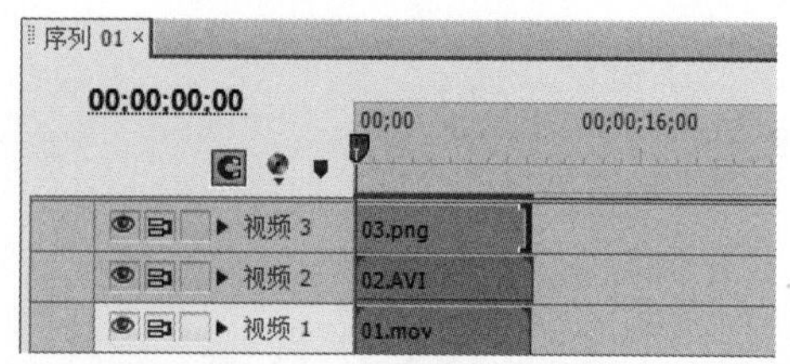


图5-46

（7）选中“时间线”面板中的“03”文件。选择“特效控制台”面板，展开“运动”选项，将“缩放比例”选项设置为0.0，单击“缩放比例”选项左侧的“切换动画”按钮⏱，如图5-47所示，记录第 1 个动画关键帧。将时间标签放置在 00:00:02:07 的位置。将“缩放比例”选项设置为 170.0，如图 5-48 所示，记录第 2 个动画关键帧。抠出折纸素材并合成到栏目片头的项目制作完成。

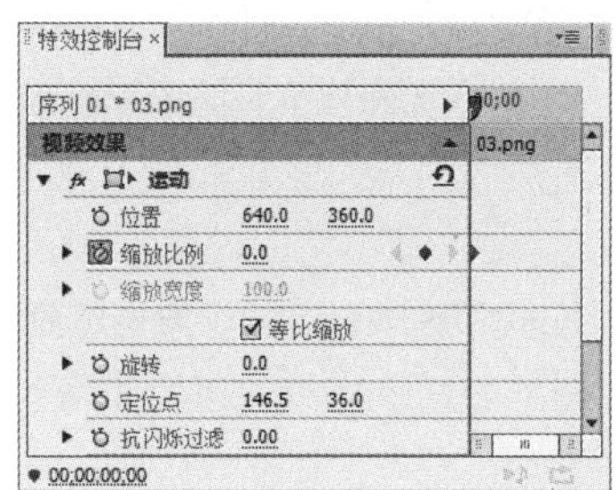


图 5-47

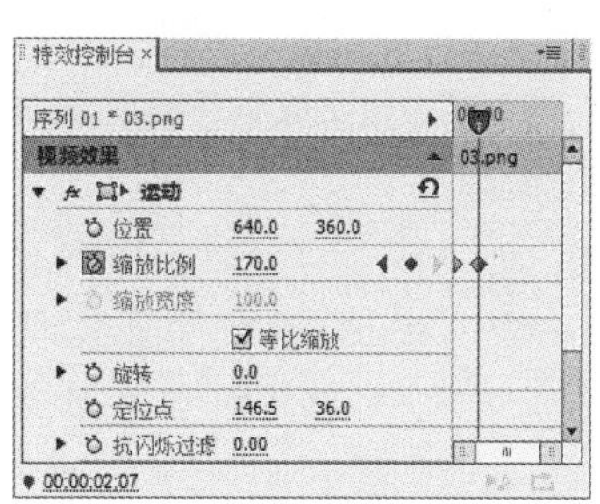


图 5-48

### 5.2.3 【相关工具】

抠像（英文称为“Key”或称“键控”）是一种在影视制作和图像处理中常用的技术。其核心原理是通过选择画面中的某种颜色或亮度，将其设置为透明，从而将前景（如人物或物体）与背景分离。

合成一般用于制作效果比较复杂的影视作品，简称复合影视，它主要通过使用多个视频素材的叠加、透明及应用各种类型的键控来实现。在电视制作上，键控也常被称为“抠像”，而在电影制作中则被称为“遮罩”。Premiere Pro CS6 建立叠加的效果，是较高层轨道的素材叠加在较低层轨道的素材上并在监视器面板优先显示出来，也就意味着在其他素材上面播放。

1. **透明**

使用透明叠加的原理是因为每个素材都有一定的透明度，在透明度为 0%时，图像完全透明；在透明度为 100%时，图像完全不透明；透明度介于两者之间，图像呈半透明。在 Premiere Pro CS6 中，将一个素材叠加在另一个素材上之后，位于轨道上面的素材能够显示其下方素材的部分图像，所利用的就是素材的透明度。因此，通过素材透明度的设置，可以制作透明叠加的效果，原图和叠加后的效果如图 5-49 和图 5-50 所示。

图 5-49

图 5-50

用户可以使用 Alpha 通道、蒙版或键控来定义素材透明度区域和不透明区域，通过设置素材的透明度并结合使用不同的混合模式就可以创建出绚丽多彩的影视视觉效果。

2. **Alpha 通道**

素材的颜色信息都被保存在 3 个通道中，分别是红色通道、绿色通道和蓝色通道。另外，在素材中还包含看不见的第 4 个通道，即 Alpha 通道，它用于存储素材的透明度信息。

当在“After Effects Composition”面板或者 Premiere Pro CS6 的监视器面板中查看 Alpha 通道时，白色区域是完全不透明的，而黑色区域则是完全透明的，两者之间的区域则是半透明的。

3. 蒙版

蒙版是一个层，用于定义层的透明区域，白色区域定义的是完全不透明的区域，黑色区域定义完全透明的区域，两者之间的区域则是半透明的，这点类似于 Alpha 通道。通常，Alpha 通道就被用作蒙版，但是使用蒙版定义素材的透明区域时要比使用 Alpha 通道更好，因为在很多的原始素材中不包含 Alpha 通道。

4. 键控

前面已经介绍，在进行素材合成时，可以使用 Alpha 通道将不同的素材对象合成到一个场景中。但是在实际的工作中，能够使用 Alpha 通道进行合成的原始素材非常少，因为摄像机是无法产生 Alpha 通道的，这时候使用键控（即抠像）技术就非常重要了。

键控（即抠像）使用特定的颜色值（颜色键控或者色度键控）和亮度值（亮度键控）来定义视频素材中的透明区域。当断开颜色值时，颜色值或者亮度值相同的所有像素将变为透明。

使用键控可以很容易地为一幅颜色或者亮度一致的视频素材替换背景，这一技术一般被称为“蓝屏技术”或“绿屏技术”，也就是背景色完全是蓝色或者绿色的，当然也可以是其他颜色的背景，如图 5-51、图 5-52 和图 5-53 所示。

图 5-51

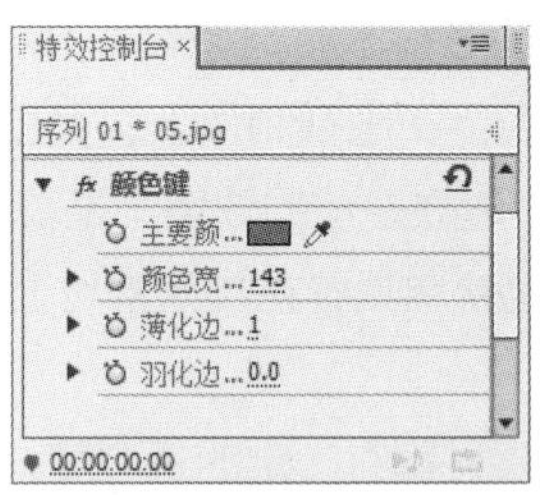


图 5-52

图 5-53

### 5.2.4 【实战演练】抠出蝴蝶素材并合成到栏目片头

使用“导入”命令导入素材文件，使用“非红键”特效抠出蝴蝶素材，使用“特效控制台”面板制作文字动画。最终效果参看云盘中的“Ch05\抠出蝴蝶素材并合成到栏目片头\抠出蝴蝶素材并合成到栏目片头.prproj”，如图 5-54 所示。

微课视频

【实战演练】抠出蝴蝶素材并合成到栏目片头

图 5-54

## 5.3 综合实训——调整花开美景短视频的花朵颜色

使用“导入”命令导入素材文件，使用“特效控制台”面板调整图像的大小并制作动画，使用“更改颜色”特效改变图像的颜色。最终效果参看云盘中的“Ch05\调整花开美景短视频的花朵颜色\调整花开美景短视频的花朵颜色.prproj”，如图 5-55 所示。

图 5-55

## 5.4 综合实训——调整休闲生活宣传片的画面颜色

使用“基本信号控制”特效调整视频的饱和度，使用“亮度与对比度”命令调整图像的亮度和对比度，使用“色彩平衡”特效调整图像颜色。最终效果参看云盘中的“Ch05\调整休闲生活宣传片的画面颜色\调整休闲生活宣传片的画面颜色.prproj”，如图 5-56 所示。

图 5-56

# 06 第6章 字幕与字幕特效

## 本章介绍

本章主要介绍字幕的制作方法，并对字幕的创建、保存、字幕面板中的各项功能及使用方法进行详细介绍。通过本章的学习，读者可以掌握编辑字幕的技巧。

## 学习目标

- 掌握创建与编辑字幕的方法
- 掌握创建运动字幕的技巧

## 能力目标

- 熟练掌握不同类型作品的字幕制作方法
- 掌握不同类型作品的运动字幕制作方法

## 素质目标

- 培养能够针对问题提出合理、有效的解决方案的科学思维能力
- 培养能够正确表达自己意见的沟通能力

# 6.1 编辑旅行节目片头的宣传文字

## 6.1.1 【操作目的】

使用“导入”命令导入素材文件，使用“字幕”命令创建字幕，使用“字幕”编辑面板添加并编辑文字，使用“字幕属性”面板编辑字幕，使用“自动色阶”特效调整素材颜色，使用“快速模糊入”效果、“快速模糊出”效果和“特效控制台”面板制作模糊文字。最终效果参看云盘中的“Ch06\编辑旅行节目片头的宣传文字\编辑旅行节目片头的宣传文字.prproj”，如图 6-1 所示。

图 6-1

## 6.1.2 【操作步骤】

（1）启动 Premiere Pro CS6 软件，弹出“欢迎使用 Adobe Premiere Pro”欢迎界面，单击“新建项目”按钮，弹出“新建项目”对话框，如图 6-2 所示。单击“确定”按钮，弹出“新建序列”对话框，单击“设置”选项卡，设置相应参数，如图 6-3 所示，单击“确定”按钮，新建序列。

图 6-2

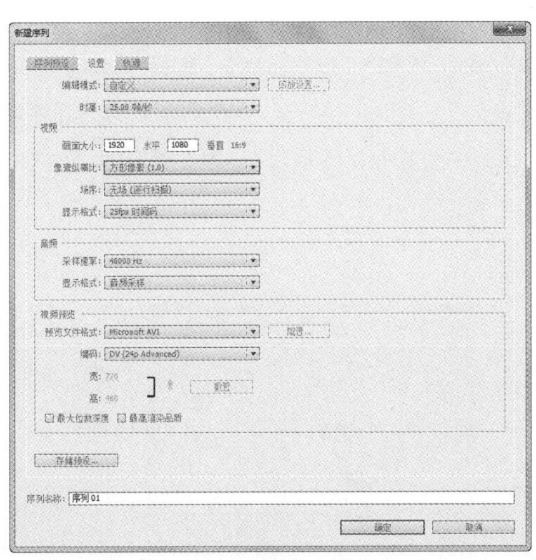


图 6-3

（2）选择“文件>导入”命令，弹出“导入”对话框，选择本书云盘中的“Ch06/编辑旅行节目片头的宣传文字/素材/01”文件，如图 6-4 所示，单击“打开”按钮，将素材文件导入到“项目”面板中，如图 6-5 所示。

图 6-4

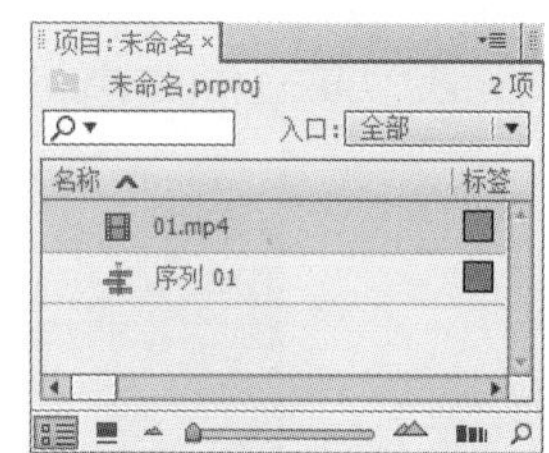


图 6-5

（3）在“项目”面板中，选中“01”文件并将其拖曳到“时间线”面板的“视频 1”轨道中，弹出“剪辑不匹配警告”对话框，单击“保持现有设置”按钮，在保持现有序列设置的情况下将文件放置在“视频 1”轨道中，如图 6-6 所示。将时间标签放置在 00:00:10:00 的位置。将鼠标指针放在“01”文件的结束位置单击，显示编辑点，当鼠标指针呈状时，向左拖曳指针到 00:00:10:00 的位置上，如图 6-7 所示。

图 6-6

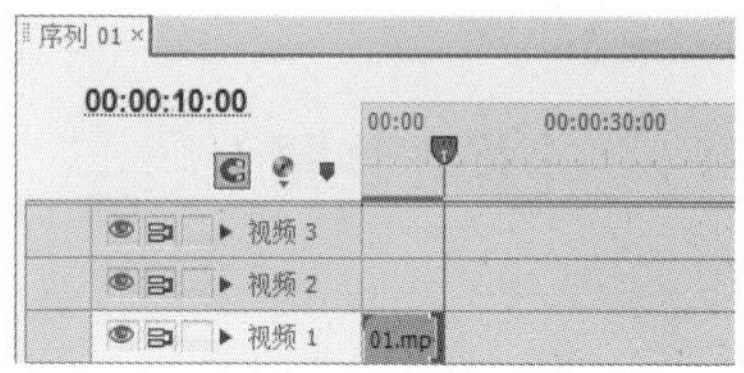


图 6-7

（4）选择“文件>新建>字幕”命令，弹出“新建字幕”对话框，如图 6-8 所示，单击“确定”按钮，弹出“字幕”编辑面板。选择“字幕”编辑面板中的“矩形”工具，在“字幕”编辑面板中绘制矩形，如图 6-9 所示。在“字幕属性”面板中，展开“填充”栏，将“颜色”选项设置为红色（225、0、0），如图 6-10 所示，“字幕”编辑面板中的效果如图 6-11 所示。

图 6-8

图 6-9

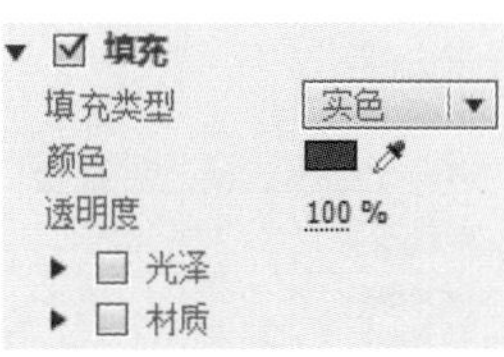


图 6–10

图 6–11

（5）选择“字幕”编辑面板中的“输入”工具T，在“字幕”编辑面板中分别单击并输入需要的文字，如图 6–12 所示。分别选择文字，在“字幕”编辑面板上方设置适当的字体和文字大小。在“字幕属性”面板中，展开“填充”栏，将“颜色”选项设置为白色，“字幕”编辑面板中的效果如图 6–13 所示。在“项目”面板中生成“字幕 01”文件。

图 6–12

图 6–13

（6）将时间标签放置在 00:00:01:00 的位置。将“项目”面板中的“字幕 01”文件拖曳到“时间线”面板的“视频 2”轨道中，如图 6–14 所示。将时间标签放置在 00:00:08:00 的位置。将鼠标指针放在“01”文件的结束位置单击，显示编辑点。当鼠标指针呈状时，向右拖曳指针到 00:00:08:00 的位置上，如图 6–15 所示。

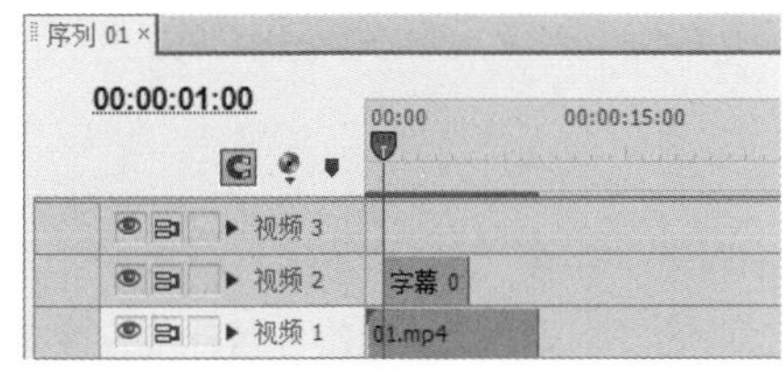


图 6–14

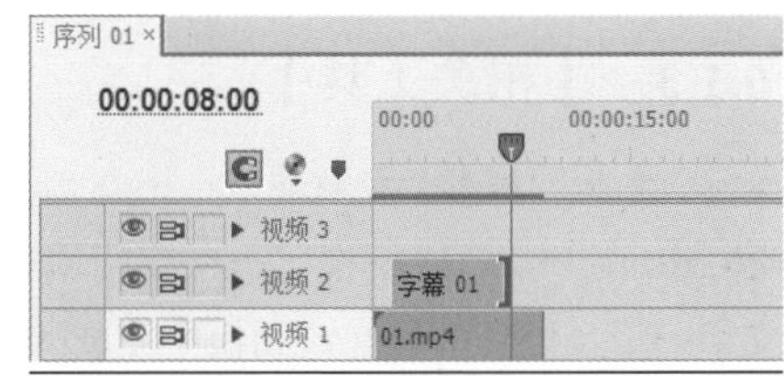


图 6–15

（7）选择“效果”面板，展开“视频特效”分类选项，单击“调整”文件夹前面的三角形按钮将其展开，选中“自动色阶”特效，如图 6–16 所示。将“自动色阶”特效拖曳到“时间线”面板中的“01”文件上。

（8）选择“效果”面板，展开“预设”分类选项，单击“模糊”文件夹前面的三角形按钮▶将其展开，选中“快速模糊入”特效，如图 6-17 所示。将“快速模糊入”特效拖曳到“时间线”面板中的“字幕 01”文件上。

（9）将时间标签放置在 00:00:03:00 的位置。在“特效控制台”面板中，展开“快速模糊”特效，选择第 2 个的关键帧，将其拖曳到时间标签的位置，如图 6-18 所示。

图 6-16

图 6-17

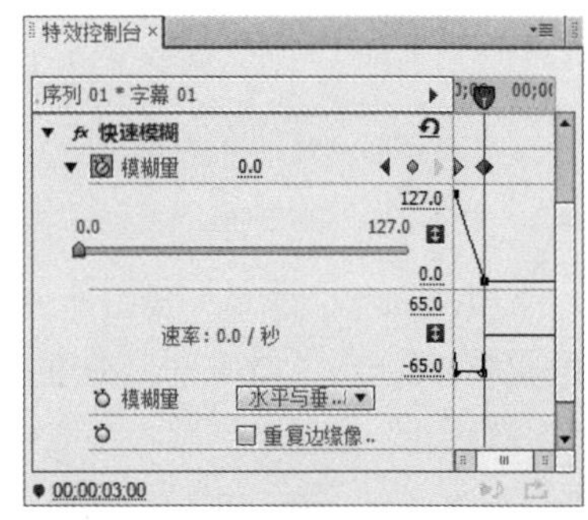


图 6-18

（10）选择“效果”面板，选中“快速模糊出”特效，如图 6-19 所示。将“快速模糊出”特效拖曳到“时间线”面板中的“字幕 01”文件上。

（11）将时间标签放置在 00:00:06:00 的位置。在“特效控制台”面板中，展开“快速模糊”特效，选择第 1 个的关键帧，将其拖曳到时间标签的位置，如图 6-20 所示。旅行节目片头的宣传文字编辑完成。

图 6-19

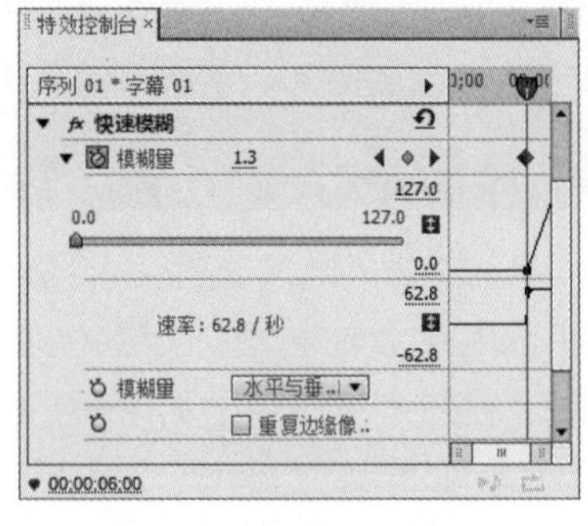


图 6-20

### 6.1.3 【相关工具】

#### 1. “字幕”编辑面板概述

Premiere Pro CS6 提供了一个专门用来创建及编辑字幕的“字幕”编辑面板，如图 6-21 所示，所有文字编辑及处理都是在该面板中完成的。其功能非常强大，不仅可以创建各种各样的文字效果，而且能够绘制各种图形，为用户的文字编辑工作提供很大的方便。

Premiere Pro CS6 的“字幕”面板主要由字幕属性栏、字幕工具箱、字幕动作栏、“字幕属性”设置子面板、字幕工作区和“字幕样式”子面板 6 个部分组成。

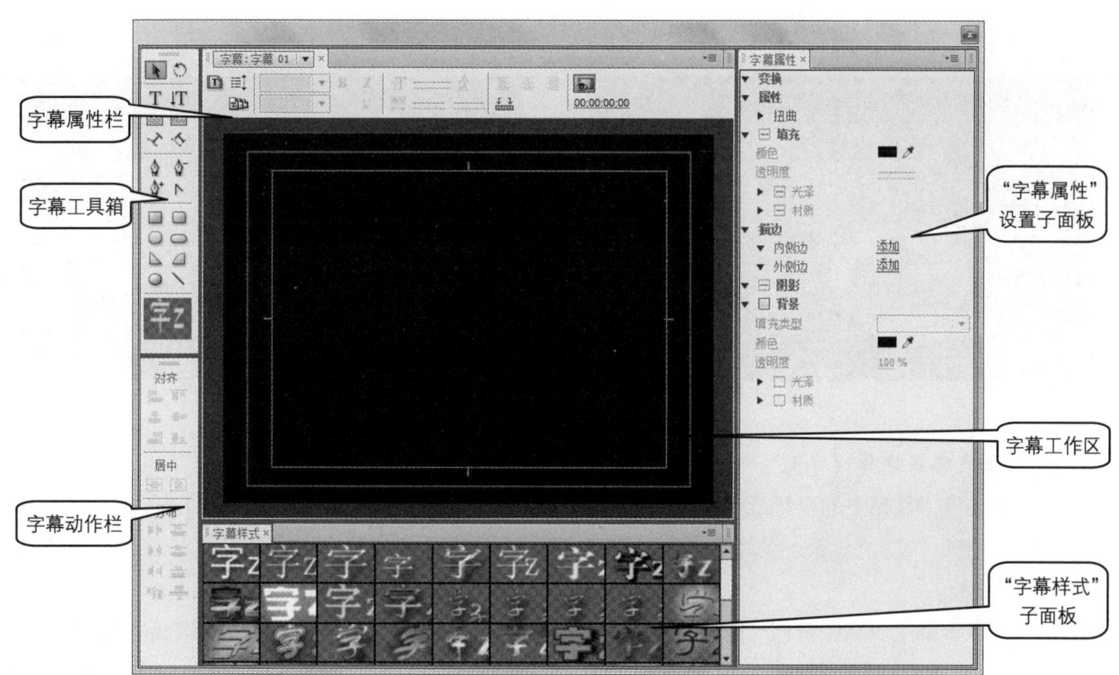


图6-21

字幕属性栏：主要用于设置字幕的运动类型、字体、加粗、斜体、下划线等。

字幕工具箱：提供了一些制作文字与图形的常用工具。利用这些工具，可以为影片添加标题及文本、绘制几何图形等。

字幕动作栏：其中的各个按钮主要用于快速地排列或者分布文字。

字幕工作区：是制作字幕和绘制图形的工作区，它位于“字幕”编辑面板的中心，在工作区中有两个白色的矩形线框，其中内线框是字幕安全框，外线框是字幕动作安全框。如果文字或者图像放置在动作安全框之外，那么一些 NTSC 制式的电视中这部分内容将不会被显示出来，即使能够显示，很可能会出现模糊或者变形现象，因此，在创建字幕时最好将文字和图像放置在安全框之内。

“字幕样式”面板：位于面板的中下部，其中包含了各种已经设置好的文字效果和多种字体效果，可以制作出令人满意的字幕效果。

“字幕属性”面板：可以设置文字的具体属性参数。“字幕属性”设置子面板分为 6 个部分，分别为“变换”“属性”“填充”“描边”“阴影”和“背景”。

2. 创建水平或垂直字幕

打开“字幕”编辑面板后，可以根据需要，利用字幕工具箱中的“输入”工具和“垂直文字”工具创建水平排列或者垂直排列的字幕文字。其具体操作步骤如下。

（1）选择“文件>新建>字幕”命令，弹出“新建字幕”对话框，单击“确定”按钮，弹出字幕编辑面板。

（2）在字幕工具箱中选择“输入”工具T或“垂直文字”工具IT，在“字幕”编辑面板的字幕工作区中单击并输入文字即可，如图 6-22 和图 6-23 所示。

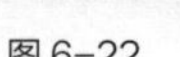

图 6-22

图 6-23

3. 创建路径字幕

利用字幕工具箱中的平行或者垂直路径工具可以创建路径字幕，具体操作步骤如下。

（1）选择“文件>新建>字幕”命令，弹出“新建字幕”对话框，单击“确定”按钮，弹出“字幕”编辑面板。

（2）在字幕工具箱中选择“路径文字”工具或“垂直路径文字”工具。移动鼠标到字幕工作区中，此时，鼠标指针变为钢笔状，在需要输入的位置单击。

（3）将鼠标移动到另一个位置再次单击，此时会出现一条曲线，即文本路径。

（4）选择文字输入工具（任何一种都可以），在路径上单击并输入文字即可，如图 6-24 和图 6-25 所示。

图 6-24

图 6-25

4. 创建段落字幕

利用字幕工具箱中的文本框工具或垂直文本框工具可以创建段落字幕，其具体操作步骤如下。

（1）选择“文件>新建>字幕”命令，弹出“新建字幕”对话框，单击“确定”按钮，弹出“字幕”编辑面板。

（2）在字幕工具箱中选择“区域文字”工具或“垂直区域文字”工具，移动鼠标指针到字幕工作区中，单击鼠标并按住左键不放，从左上角向右下角拖动出一个矩形框，然后输入文字，效果如图 6-26 和图 6-27 所示。

图 6-26

图 6-27

5. 创建图形字幕

使用绘图工具绘制图形的具体操作步骤如下。

（1）创建一个字幕文件。选择“矩形”工具，在字幕工作区中单击并按住鼠标左键拖动，即可绘制一个矩形，如图 6-28 所示。

（2）将鼠标指针移至矩形的右下角处，当指针呈双向箭头时，单击并按住鼠标左键拖动，可以随意改变矩形的长度和宽度，如图 6-29 所示。

图 6-28

图 6-29

6. 插入标志字幕

在影视制作过程中，有时需要在影视作品中插入一些特定的标志，Premiere Pro CS6 也提供了这种功能。在 Premiere Pro CS6 中插入标志有两种方法，下面简要地介绍插入标志的操作方法。

**◎将标志导入到“字幕”编辑面板**

将标志导入到“字幕”编辑面板的具体操作步骤如下。

（1）按 Ctrl+T 组合键，新建一个字幕文件。

（2）选择“字幕>标记>插入标记”命令，在弹出的对话框中选择需要的图标。

（3）单击“打开”按钮，即可将所选的图标导入字幕工作区，如图 6-30 所示。

图 6-30

◎**将标志插入到字幕文本中**

将标志插入到字幕文本中的具体操作步骤如下。

（1）按 Ctrl+T 组合键，新建一个字幕文件。

（2）选择“输入”工具T，在字幕工作区中单击并输入需要的文本，同时设置文字的字体、颜色等属性，效果如图 6-31 所示。

（3）将鼠标指针置于要插入标志处并单击鼠标右键，在弹出的快捷菜单中选择“标记>插入标记到文字”命令，在弹出的对话框中选择要插入的标志文件，单击“打开”按钮，即可将所选的标志插入文本中，效果如图 6-32 所示。

图 6-31

图 6-32

7. 编辑字幕对象

◎**字幕的选择与移动**

（1）选择“选择”工具，将鼠标指针移动至字幕工作区，单击要选择的字幕即可将其选中，此时在字幕的四周将出现带有 8 个控制点的矩形框，如图 6-33 所示。

（2）在字幕处于选中的状态下，将鼠标指针移动至矩形框内，单击鼠标并按住左键不放拖动即可实现字幕的移动，如图 6-34 所示。

◎**字幕的缩放和旋转**

（1）选择“选择”工具，单击文字对象将其选中。

图6-33

图6-34

（2）将鼠标指针移至矩形框的任意一个点，当鼠标指针呈↗、↔或↖状时，单击并按住鼠标左键拖动即可实现缩放。如果按住 Shift 键的同时拖动鼠标，可以等比例缩放，如图 6-35 所示。

（3）在字幕处于选中的情况下选择“旋转”工具，将鼠标指针移动至工作区，单击鼠标并按住左键拖动即可实现旋转操作，如图 6-36 所示。

图6-35

图6-36

◎改变字幕方向

（1）选择“选择”工具，单击字幕将其选中。

（2）选择“字幕>方向>垂直”命令，即可改变文字对象的排列方向，如图 6-37 和图 6-38 所示。

图6-37

图6-38

8. **设置字幕属性**

通过“字幕属性”子面板，用户可以非常方便地对字幕文字进行修饰，包括调整其位置、透明度、文字的字体、字号、颜色和为文字添加阴影等。

“变换”选项组：可以对字幕或图形的透明度、位置、高度、宽度及旋转等属性进行操作，如图 6-39 所示。

“属性”选项组：可以对字幕的字体、字体样式、字体大小、行距及字距、扭曲等一些基本属性进行设置，如图 6-40 所示。

“填充”选项组：可以设置字幕或者图形的填充类型、颜色和透明度等属性，如图 6-41 所示。

“描边”选项组：可以设置字幕或者图形的描边效果，包括内侧描边和外侧描边，如图 6-42 所示。

“阴影”选项组：可以为字幕添加阴影效果，如图 6-43 所示。

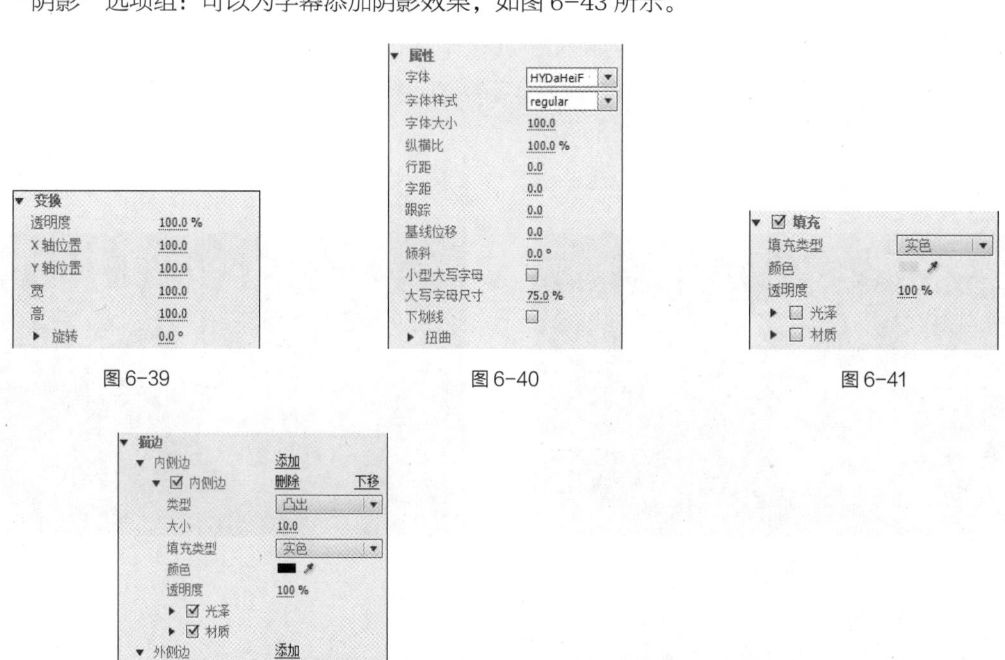


图 6-39　　图 6-40　　图 6-41

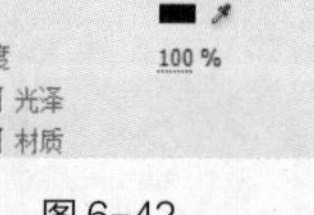


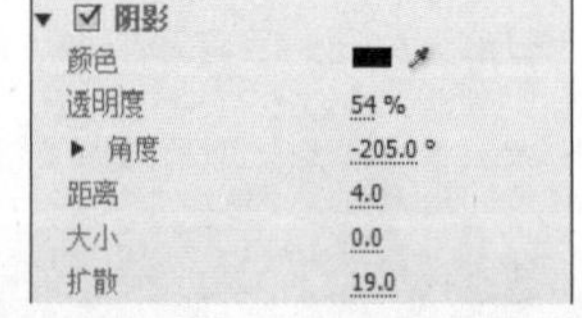


图 6-42　　图 6-43

### 6.1.4 【实战演练】制作化妆品广告的宣传文字

使用“导入”命令导入素材文件，使用“字幕”命令创建字幕，使用“字幕”编辑面板添加文字，使用“字幕属性”面板编辑字幕，使用“球面化”特效制作文字动画效果。最终效果参看云盘中的“Ch06\制作化妆品广告的宣传文字\制作化妆品广告的宣传文字.prproj”，如图 6-44 所示。

图 6-44

微课视频

【实战演练】制作化妆品广告的宣传文字

## 6.2 制作动物世界纪录片的滚动字幕

### 6.2.1 【操作目的】

使用“导入”命令导入素材文件，使用“字幕”命令创建文字，使用“滚动/游动选项”按钮制作滚动文字。最终效果参看云盘中的“Ch06\制作动物世界纪录片的滚动字幕\制作动物世界纪录片的滚动字幕.prproj”，如图 6-45 所示。

扩展阅读

扩展案例——制作花卉栏目中的游动字幕

图 6-45

微课视频

制作动物世界纪录片的滚动字幕

### 6.2.2 【操作步骤】

（1）启动 Premiere Pro CS6 软件，弹出“欢迎使用 Adobe Premiere Pro”欢迎界面，单击“新建项目”按钮，弹出“新建项目”对话框，如图 6-46 所示。单击“确定”按钮，弹出“新建序列”对话框，单击“设置”选项卡，设置相应参数，如图 6-47 所示，单击“确定”按钮，新建序列。

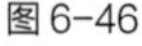

图6-46

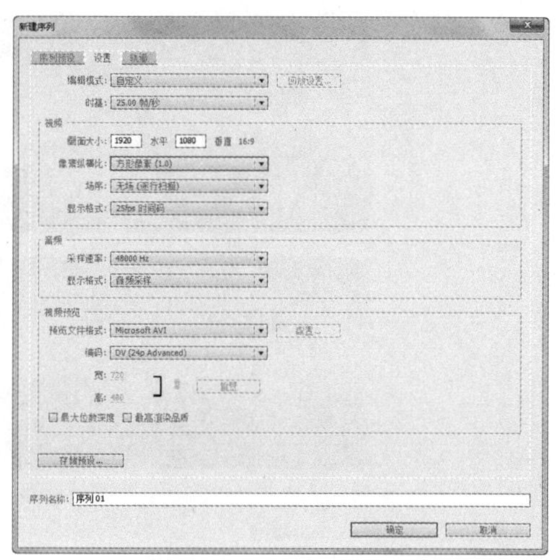


图6-47

（2）选择“文件>导入”命令，弹出“导入”对话框，选择本书云盘中的“Ch06/制作动物世界纪录片的滚动字幕/素材/01”文件，如图6-48所示，单击“打开”按钮，将素材文件导入到“项目”面板中，如图6-49所示。

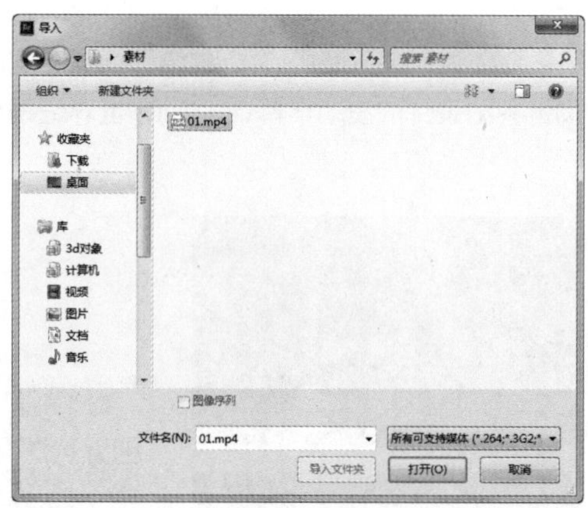


图6-48

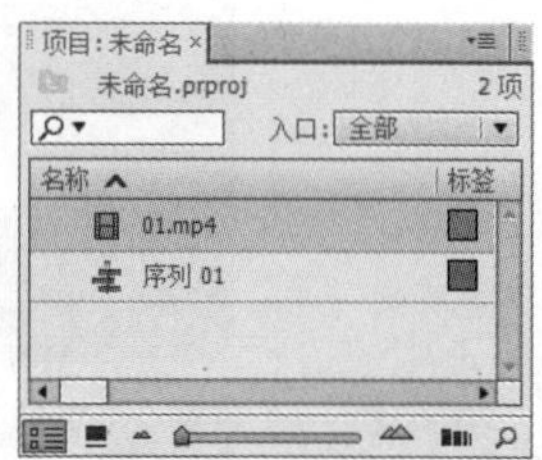


图6-49

（3）在“项目”面板中，选中“01”文件并将其拖曳到“时间线”面板的“视频1”轨道中，如图6-50所示。选择“时间线”面板中的“01”文件。在“01”文件上单击鼠标右键，在弹出的菜单中选择“速度/持续时间”命令，在弹出的对话框中进行设置，如图6-51所示，单击“确定”按钮。

图6-50

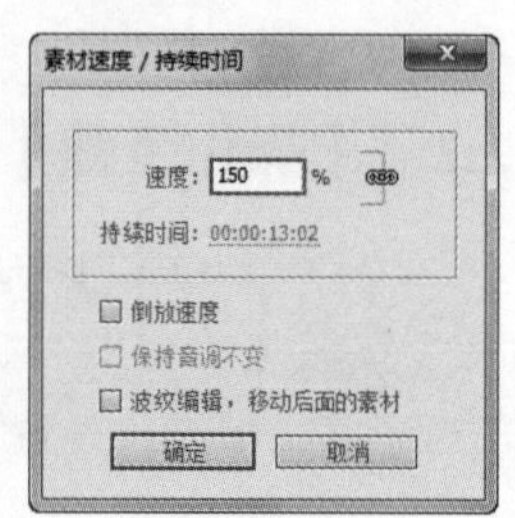


图6-51

（4）选择“文件>新建>字幕”命令，弹出“新建字幕”对话框，如图6-52所示，单击“确定”按钮，弹出“字幕”编辑面板。选择“字幕”编辑面板中的“矩形”工具▢，在“字幕”编辑面板中绘制矩形，如图6-53所示。在“字幕属性”面板中，展开“填充”栏，将“颜色”选项设置为黑色，将“透明度”选项设置为75%；“变换”栏中的设置如图6-54所示，“字幕”编辑面板中的效果如图6-55所示。

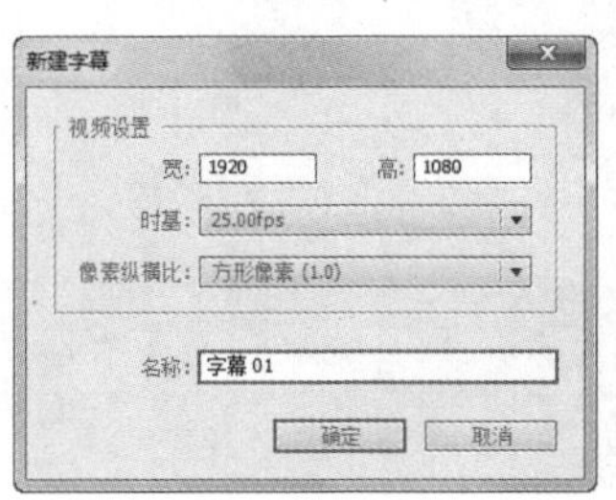


图6-52

图6-53

| ▼ 变换 | |
|---|---|
| 透明度 | 100.0 % |
| X轴位置 | 75.4 |
| Y轴位置 | 947.1 |
| 宽 | 203.0 |
| 高 | 117.3 |
| ▸ 旋转 | 0.0 ° |

图6-54

图6-55

（5）在“字幕”编辑面板中调整矩形的长宽比，“字幕”编辑面板中的效果如图6-56所示。在“项目”面板中生成“字幕01”文件。将“项目”面板中的“字幕01”文件拖曳到“时间线”面板的“视频2”轨道中，如图6-57所示。将鼠标指针放在“字幕01”文件的结束位置，当鼠标指针呈⇤状时，向右拖曳光标到“01”文件的结束位置上，如图6-58所示。

图6-56

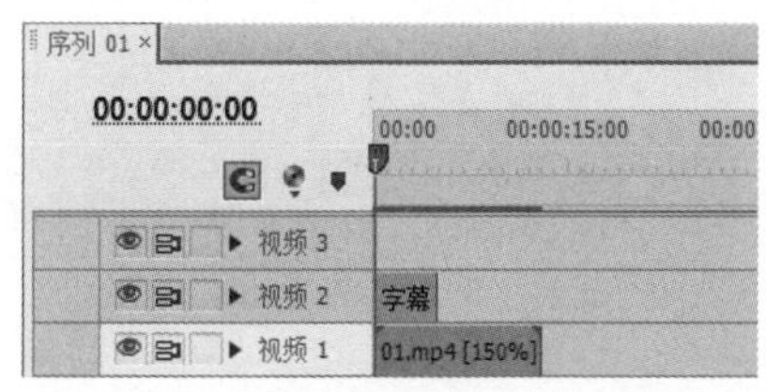


图6-57

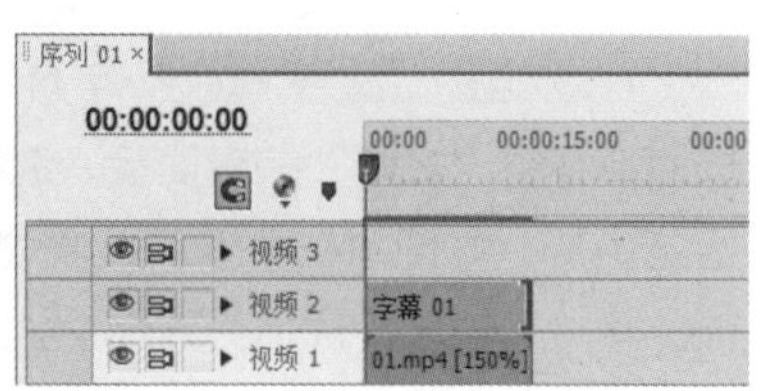

图 6-58

（6）选择“文件>新建>字幕”命令，弹出对话框，如图 6-59 所示，单击“确定”按钮，弹出“字幕”编辑面板。选择“字幕”面板中的“输入”工具T，在“字幕”编辑面板中单击并输入需要的文字，设置适当的字体和文字大小，如图 6-60 所示。在“项目”面板中生成“字幕 02”文件。

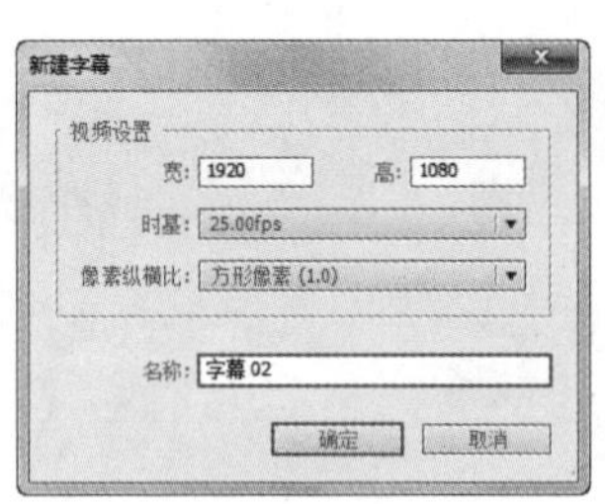

图 6-59

图 6-60

（7）在“字幕”面板中单击“滚动/游动选项”按钮，在弹出的对话框中选中“左游动”单选项，在“时间（帧）”栏中勾选“开始于屏幕外”和“结束于屏幕外”复选框，如图 6-61 所示，单击“确定”按钮，“字幕”编辑面板如图 6-62 所示。

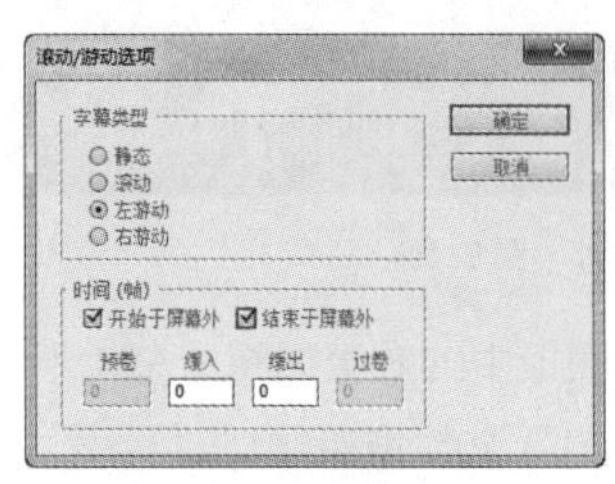

图 6-61

图 6-62

（8）在“项目”面板中，选中“字幕 02”文件并将其拖曳到“时间线”面板的“视频 3”轨道中，如图 6-63 所示。将鼠标指针放在“字幕 02”文件的结束位置，当鼠标指针呈状时，向右拖曳指针到“字幕 01”文件的结束位置上，如图 6-64 所示。动物世界纪录片的滚动字幕制作完成。

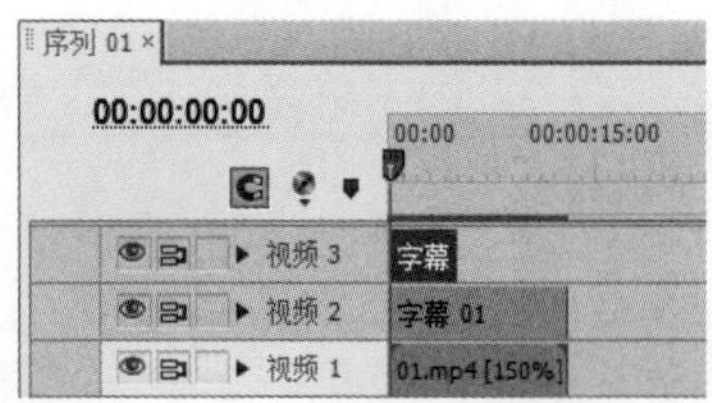

图 6-63

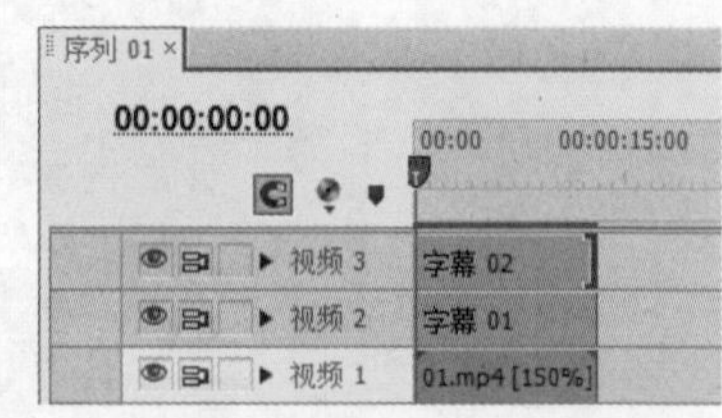

图 6-64

## 6.2.3 【相关工具】

### 1. 制作垂直滚动字幕

制作垂直滚动字幕的具体操作步骤如下。

（1）启动 Premiere Pro 软件，在“项目”面板中导入素材并将其添加到“时间线”面板中的视频轨道上。

（2）选择“文件>新建>字幕”命令，弹出“新建字幕”对话框，单击“确定”按钮。

（3）选择“字幕”编辑面板中的“输入”工具T，在“字幕”面板中拖曳文本框，输入需要的文字并对属性进行相应的设置，如图 6-65 所示。

（4）在“字幕”面板中单击“滚动/游动选项”按钮，在弹出的对话框中选中“滚动”单选项，在“时间（帧）”栏中勾选“开始于屏幕外”和“结束于屏幕外”复选框，其他参数的设置如图 6-66 所示，单击“确定”按钮。

图 6-65

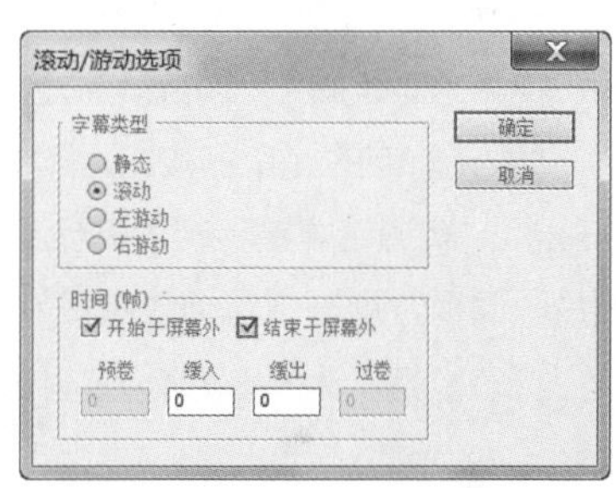


图 6-66

（5）制作的字幕会自动保存在“项目”面板中。从“项目”面板中将新建的字幕添加到“时间线”面板的“视频 2”轨道上，并将其调整为与轨道 1 中的素材等长，如图 6-67 所示。

（6）单击“节目”面板下方的“播放-停止切换”按钮▶/■，即可预览字幕的垂直滚动效果，如图 6-68 和图 6-69 所示。

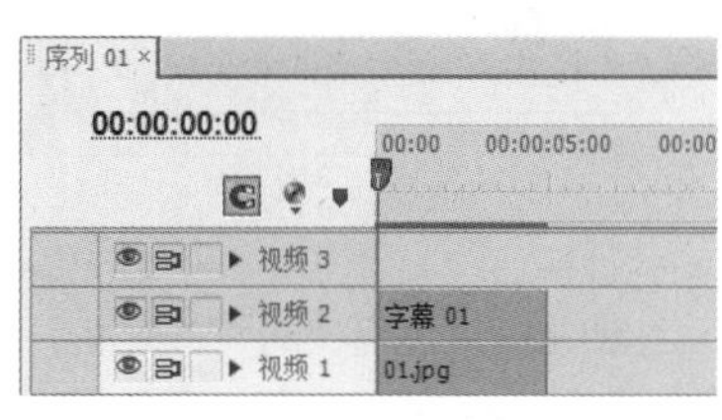


图 6-67

图 6-68

图 6-69

### 2. 制作横向游动字幕

制作横向游动字幕与制作垂直字幕的操作基本相同，其具体操作步骤如下。

（1）启动 Premiere Pro 软件，在“项目”面板中导入素材并将其添加到“时间线”面板中的视频轨道上。

（2）选择“文件>新建>字幕”命令，弹出“新建字幕”对话框，单击“确定”按钮。

（3）选择“字幕”编辑面板中的“输入”工具T，在“字幕”编辑面板中单击并输入需要的文字，并设置字幕样式和属性，如图 6-70 所示。

（4）单击“字幕”编辑面板左上方的“滚动/游动选项”按钮，在弹出的对话框中选中“左游动”单选项，设置如图 6-71 所示，单击“确定”按钮。

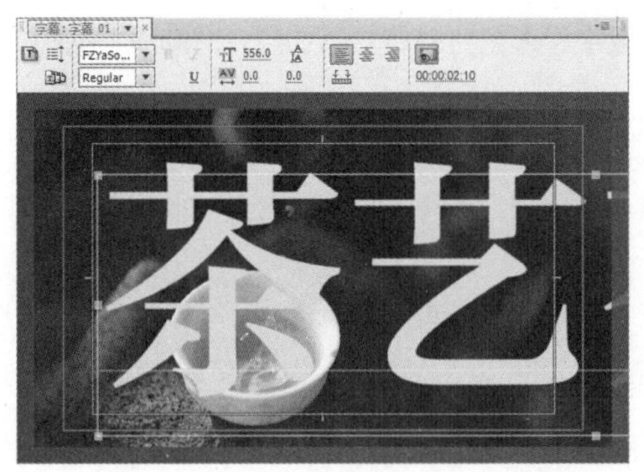

图 6-70

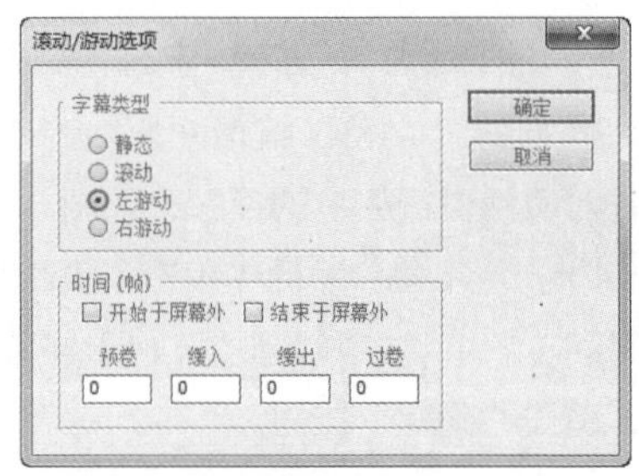


图 6-71

（5）制作的字幕会自动保存在“项目”面板中。从“项目”面板中将新建的字幕添加到“时间线”面板的“视频 3”轨道上，如图 6-72 所示。选择“效果”面板，展开“视频特效”分类选项，单击“键控”文件夹前面的三角形按钮将其展开，选中“轨道遮罩键”特效，如图 6-73 所示。

（6）将“轨道遮罩键”特效拖曳到“时间线”面板的“视频 2”轨道中“02”文件上。选择“特效控制台”面板，展开“轨道遮罩键”选项，设置如图 6-74 所示。

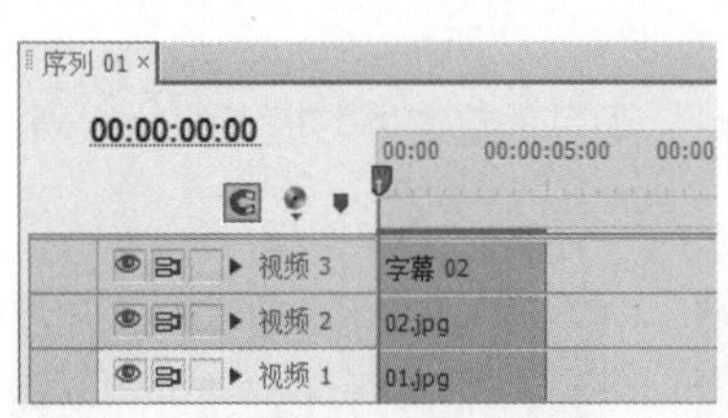


图 6-72

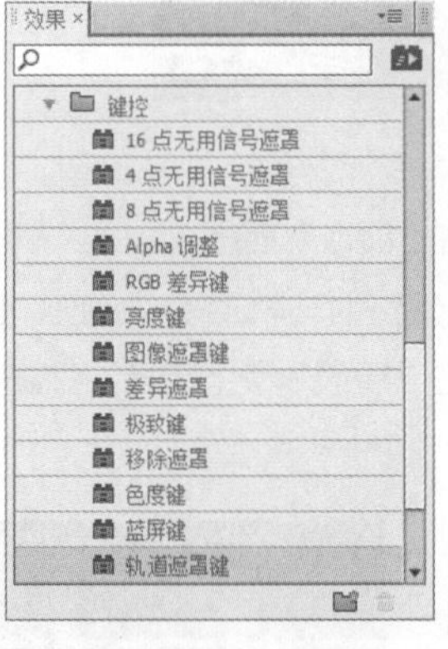


图 6-73

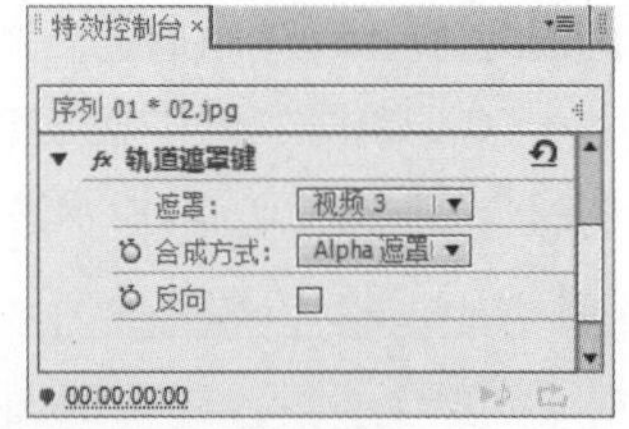


图 6-74

（7）单击“节目”面板下方的“播放-停止切换”按钮 / ，即可预览字幕的横向游动效果，如图 6-75 和图 6-76 所示。

图 6-75

图 6-76

### 6.2.4 【实战演练】制作助农产品宣传片的滚动字幕

使用“导入”命令导入素材文件，使用“基本信号控制”和“照明效果”特效调整素材，使用“字幕”命令创建字幕，使用“字幕”编辑面板添加文字并制作滚动字幕，使用“字幕属性”面板编辑字幕。最终效果参看云盘中的“Ch06\制作助农产品宣传片的滚动字幕\制作助农产品宣传片的滚动字幕.prproj”，如图 6-77 所示。

图 6-77

微课视频

【实战演练】制作助农产品宣传片的滚动字幕

## 6.3 综合实训——制作霞浦旅游宣传片片头的消散文字

使用“导入”命令导入素材文件，使用“字幕”命令和“字幕”编辑面板添加文字，使用“字幕属性”面板编辑字幕，使用“自动颜色”效果和“快速色彩校正”效果调整素材颜色，使用“边缘粗糙”效果和“特效控制台”面板制作消散文字。最终效果参看云盘中的“Ch06\制作霞浦旅游宣传片片头的消散文字\制作霞浦旅游宣传片片头的消散文字.prproj”，如图 6-78 所示。

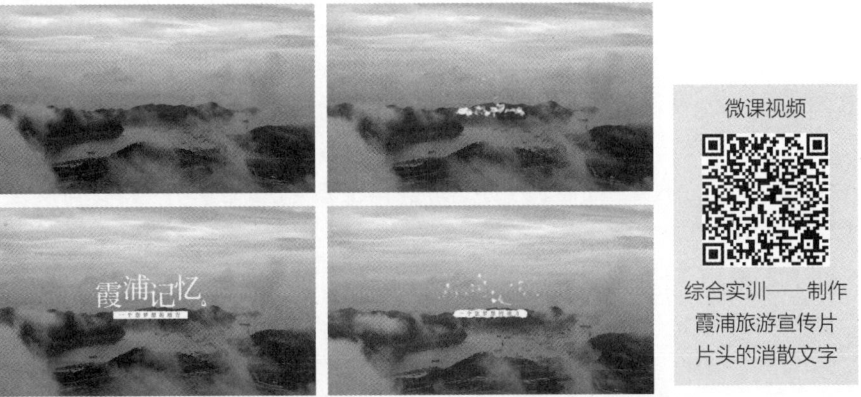


图 6-78

微课视频

综合实训——制作霞浦旅游宣传片片头的消散文字

## 6.4 综合实训——制作京城故事宣传片片头的模糊文字

使用“导入”命令导入素材文件，使用“字幕”命令添加文字，使用“字幕”编辑面板编辑文本，使用“快速色彩校正”效果调整素材颜色，使用“高斯模糊”效果和“特效控制台”面板制作模糊文字。最终效果参看云盘中的“Ch06\制作京城故事宣传片片头的模糊文字\制作京城故事宣传片片头的模糊文字.prproj”，如图 6-79 所示。

图 6-79

微课视频

综合实训——制作京城故事宣传片片头的模糊文字

07

# 第 7 章 音频与音频特效

## 本章介绍

本章将对音频与音频特效的应用和编辑进行介绍，重点讲解调音台、制作录音效果、添加音频特效等操作。通过本章的学习，读者可以掌握 Premiere Pro CS6 的声音特效制作。

## 学习目标

- 熟练掌握调节音频的方法
- 掌握添加音频特效的技巧

## 能力目标

- 掌握为作品添加不同类型音频的方法
- 掌握为作品添加音频特效的方法

## 素质目标

- 培养团队成员相互配合的协作能力
- 培养运用逻辑思维研究问题的能力
- 培养项目实施能力

## 7.1 调整动物世界纪录片的音频

### 7.1.1 【操作目的】

使用“导入”命令导入素材文件，使用“特效控制台”面板调整音频的淡入淡出效果。最终效果参看云盘中的“Ch07\调整动物世界纪录片的音频\调整动物世界纪录片的音频.prproj”，如图 7-1 所示。

扩展阅读

扩展案例——调整四季短视频的音频

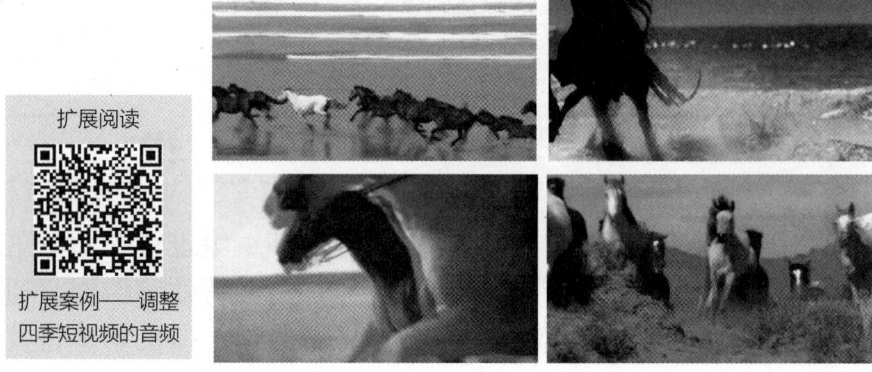

微课视频

调整动物世界纪录片的音频

图 7-1

### 7.1.2 【操作步骤】

（1）启动 Premiere Pro CS6 软件，弹出“欢迎使用 Adobe Premiere Pro”欢迎界面，单击“新建项目”按钮 ，弹出“新建项目”对话框，如图 7-2 所示。单击“确定”按钮，弹出“新建序列”对话框，单击“设置”选项卡，设置相应参数，如图 7-3 所示，单击“确定”按钮，新建序列。

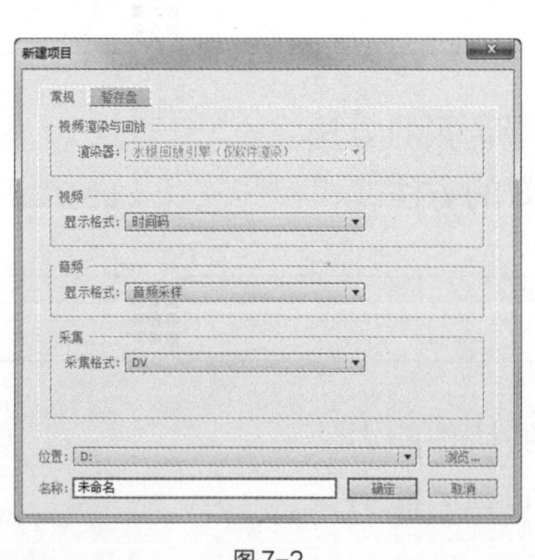


图 7-2

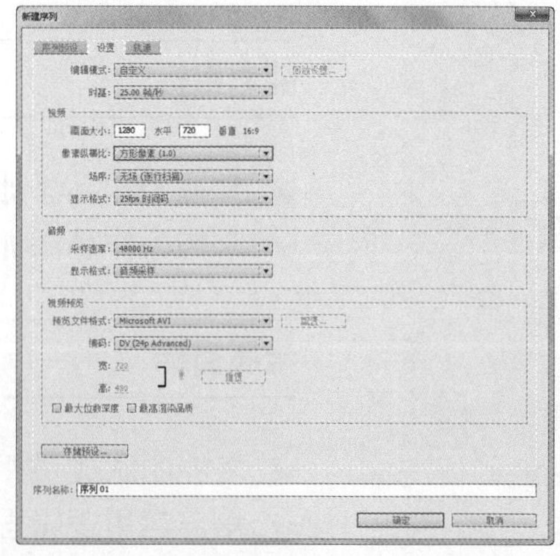


图 7-3

（2）选择“文件>导入”命令，弹出“导入”对话框，选择本书云盘中的“Ch07\调整动物世界纪录片的音频\素材\01 和 02”文件，如图 7-4 所示，单击“打开”按钮，将素材文件导入到“项目”面板中，如图 7-5 所示。在“项目”面板中，选中“01”文件并将其拖曳到“时间线”面板的“视频 1”轨道中，如图 7-6 所示。

图 7-4

图 7-5

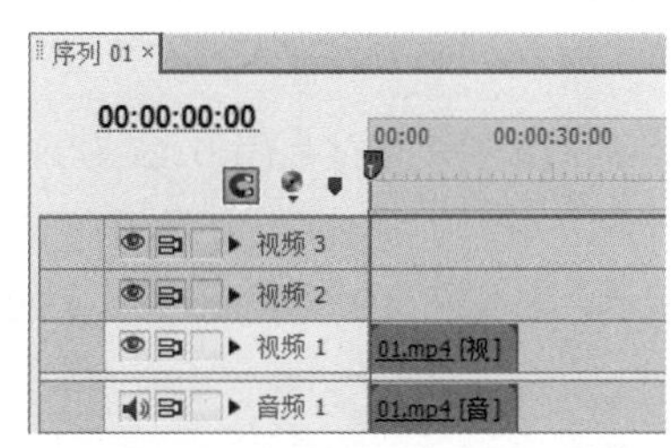


图 7-6

（3）在“项目”面板中，选中“02”文件并将其拖曳到“时间线”面板的“音频 1”轨道中，覆盖原文件的音频，如图 7-7 所示。将鼠标指针放在“02”文件的结束位置单击，显示编辑点。当鼠标指针呈状时，向左拖曳指针到“01”文件的结束位置上，如图 7-8 所示。

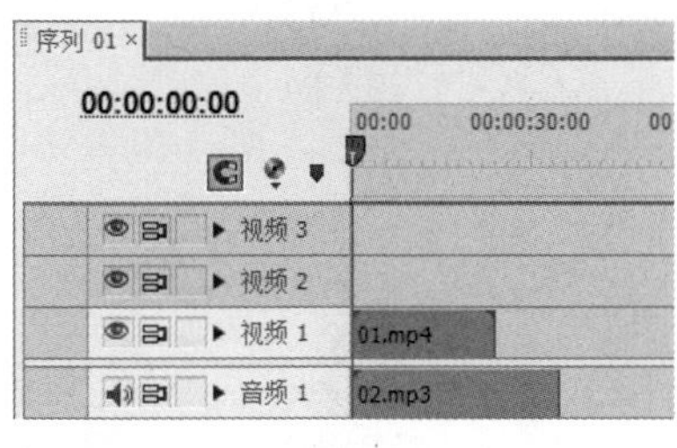


图 7-7

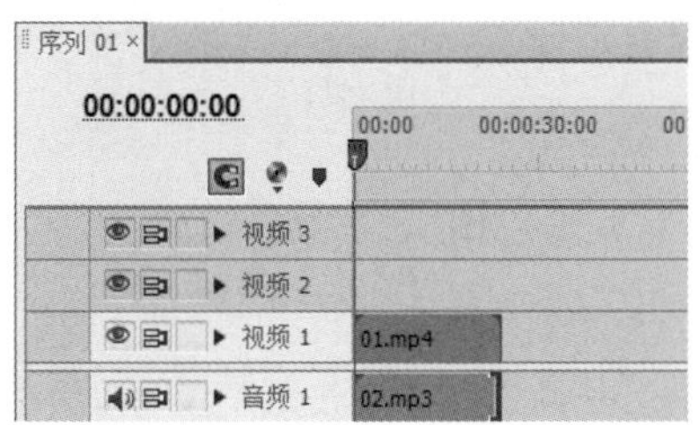


图 7-8

（4）选择“时间线”面板中的“02”文件。选择“特效控制台”面板，展开“音量”选项，将“级别”选项设置为-999.0，如图 7-9 所示，记录第 1 个动画关键帧。将时间标签放置在 00:00:00:21 的位置。将“级别”选项设置为 0.0，如图 7-10 所示，记录第 2 个动画关键帧。

（5）将时间标签放置在 00:00:06:22 的位置。将“级别”选项设置为 6.0，如图 7-11 所示，记录第 3 个动画关键帧。将时间标签放置在 00:00:15:23 的位置，将“级别”选项设置为 0.0，如图 7-12

所示，记录第 4 个动画关键帧。

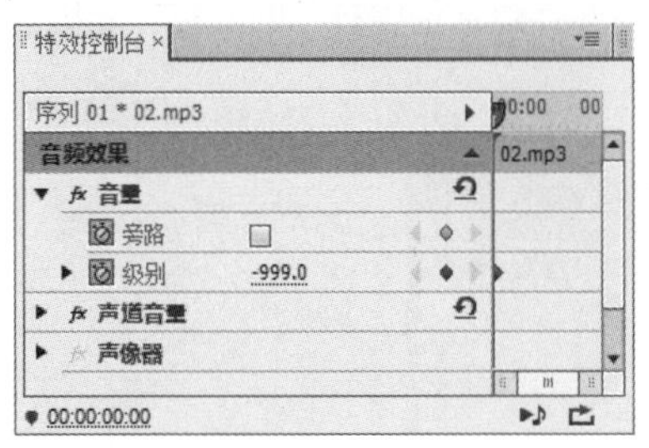


图 7-9

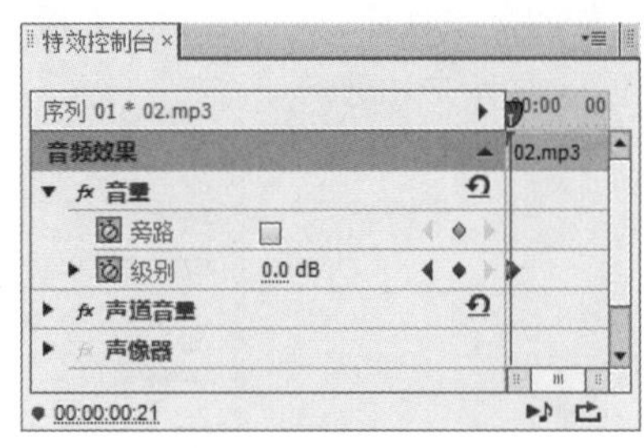


图 7-10

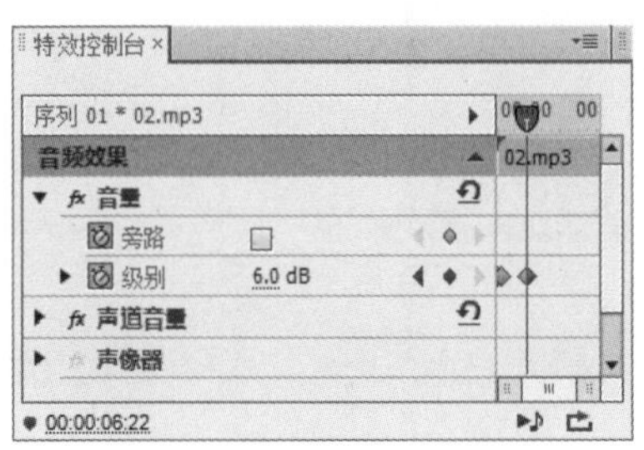


图 7-11

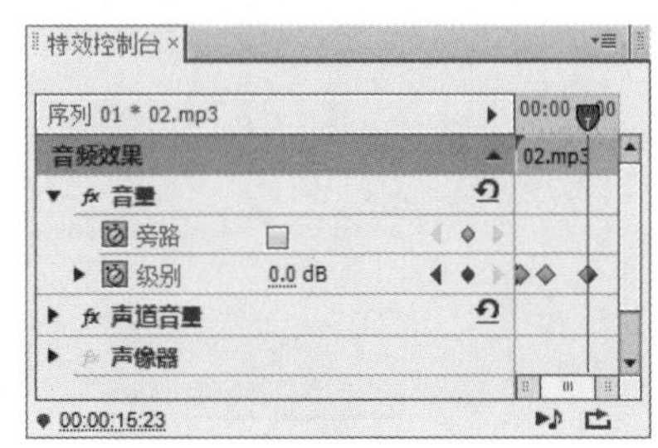


图 7-12

（6）将时间标签放置在 00:00:22:00 的位置。将“级别”选项设置为 5.7，如图 7-13 所示，记录第 5 个动画关键帧。将时间标签放置在 00:00:24:09 的位置。将“级别”选项设置为-999.0，如图 7-14 所示，记录第 6 个动画关键帧。动物世界纪录片的音频调整完成。

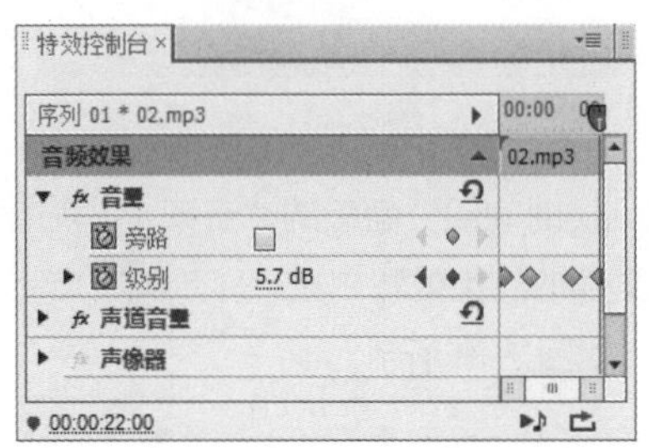


图 7-13

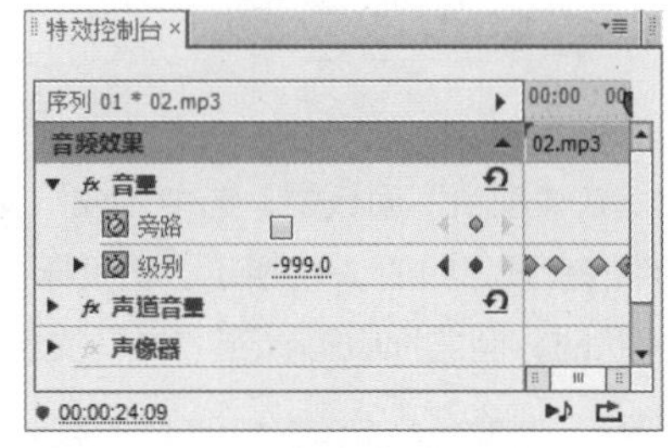


图 7-14

### 7.1.3 【相关工具】

#### 1. 关于音频效果

Premiere Pro CS6 音频不仅可以编辑音频素材、添加音效、单声道混音、制作立体声和 5.1 环绕声，还可以使用“时间线”面板进行音频的合成工作。同时软件中还提供了一些处理方法，如声音的摇摆和声音的渐变等。

Premiere Pro CS6 对音频素材的处理主要有以下 3 种方式。

（1）在“时间线”面板的音频轨道上，通过修改关键帧的方式对音频素材进行操作，如图 7-15 所示。

（2）使用菜单命令中相应的命令来编辑所选的音频素材，如图 7-16 所示。

图 7-15

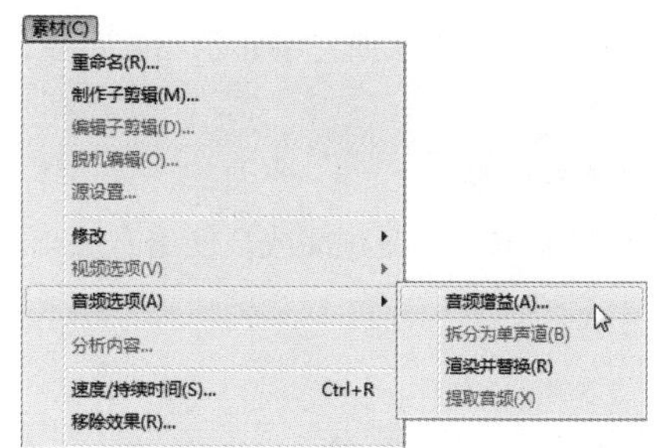

图 7-16

（3）在“效果”面板，展开“音频特效”选项，可以为音频素材添加音频效果，如图 7-17 所示。

选择“编辑>首选项>音频”命令，弹出“首选项”对话框，可以对音频素材属性的使用进行初始设置，如图 7-18 所示。

图 7-17

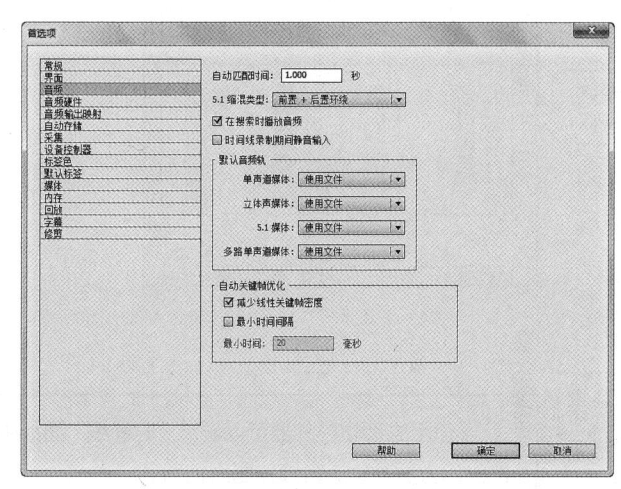

图 7-18

### 2. 认识“调音台”面板

“调音台”面板由若干个轨道音频控制器、主音频控制器和播放控制器组成，每个控制器使用控制按钮和调节滑杆调节音频。

#### ◎轨道音频控制器

轨道音频控制器用于调节其相对轨道上的音频对象，控制器 1 对应“音频 1”、控制器 2 对应“音频 2”，以此类推。轨道音频控制器的数目由“时间线”面板中的音频轨道数目决定，当在“时间线”面板中添加音频时，“调音台”面板中将自动添加一个轨道音频控制器与其对应。轨道音频控制器由控制按钮、调节滑轮及调节滑杆组成。

控制按钮可以设置音频调节时的调节状态，如图 7-19 所示，包含“静音轨道”按钮M、“独奏轨”按钮S和“激活录制轨”按钮R。

如果对象为双声道音频，可以使用声道调节滑轮调节播放声道。向左拖曳滑轮，输出到左声道（L）；向右拖曳滑轮，输出到右声道（R），如图 7-20 所示。

音量调节滑杆可以控制当前轨道音频对象的音量，向上拖曳滑杆，可以增加音量；向下拖曳滑杆，可以减小音量，下方数值栏中显示当前音量，用户也可直接在数值栏中输入声音分贝数，如图 7-21 所示。

◎**播放控制器**

播放控制器用于音频播放，使用方法与监视器面板中的播放控制栏相同，如图 7-22 所示。

图 7-19

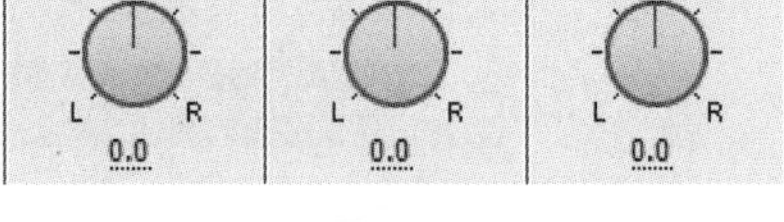


图 7-20

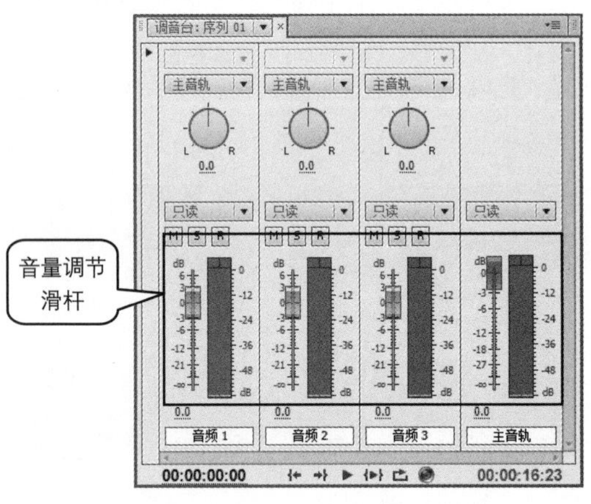


图 7-21

图 7-22

**使用主音频控制器可以调节“时间线”面板中所有轨道上的音频对象。主音频控制器的使用方法与轨道音频控制器相同。**

### 3. 设置“调音台”面板

单击“调音台”面板右上方的按钮，在弹出的快捷菜单中对面板进行相关设置，如图 7-23 所示。

“显示/隐藏轨道”命令：可以对“调音台”面板中的轨道进行隐藏或显示设置。选择该命令后，在弹出的如图 7-24 所示对话框中会显示左侧带图标的轨道，勾选或取消勾选，可以显示或隐藏轨道。

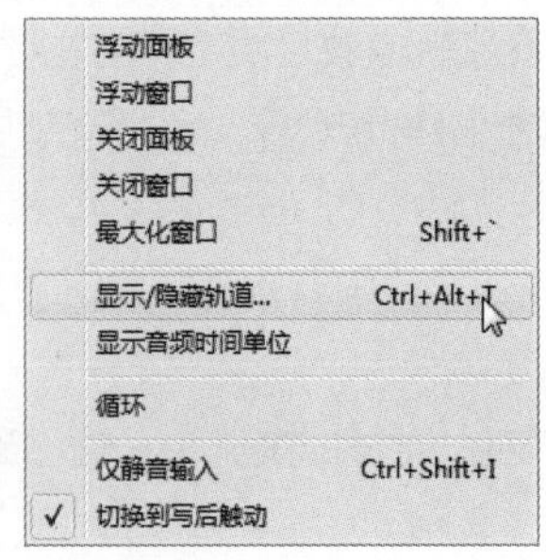


图 7-23

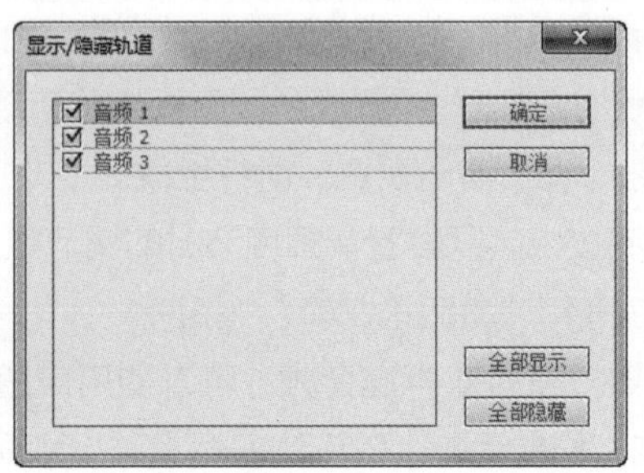


图 7-24

“显示音频时间单位”命令：可以在时间标尺上以音频时间单位进行显示。

“循环”命令：被选定的情况下，系统会循环播放音乐。

#### 4. 使用“时间线”面板调节音频

在“时间线”面板中选择“显示素材卷”/“显示轨道卷”，可以分别调节素材/轨道的音量。其操作步骤如下。

（1）在默认情况下，音频轨道面板卷展栏关闭。单击卷展控制按钮▶，使其变为▼状态，展开轨道。

（2）选择“选择”工具，拖曳音频素材（或轨道）上的黄线即可调整音量，如图7-25所示。

图7-25

（3）按住Ctrl键的同时，将鼠标指针移动到音频淡化器上，指针将变为带有加号的箭头，如图7-26所示。

（4）单击添加一个关键帧，可以根据需要添加多个关键帧。单击并按住鼠标上下拖曳关键帧，关键帧之间的直线指示音频素材是淡入或者淡出：一条递增的直线表示音频淡入，另一条递减的直线表示音频淡出，如图7-27所示。

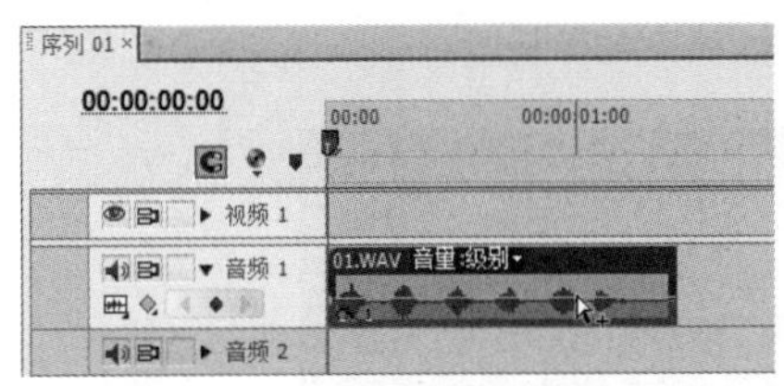

图7-26

图7-27

#### 5. 使用“调音台”面板调节音频

使用“调音台”面板调节音量非常方便，可以在播放音频时实时进行音量调节。使用“调音台”调节音频的方法如下。

（1）在“时间线”面板的轨道左侧单击按钮，在弹出的列表中选择“显示轨道音量”选项。

（2）在“调音台”面板上方需要进行调节的轨道上单击“自动模式”选项，在弹出的下拉列表中选择“写入”选项，如图7-28所示。

“关”：选择该命令，系统会忽略当前音频轨道上的调节，仅按照默认设置播放。

“只读”：选择该命令，系统会读取当前音频轨上的调节效果，但是不能记录音频调节过程。

“锁存”：当使用自动书写功能实时播放记录调节数据时，每调节一次，下一次调节时调节滑块在上一次调节点之后的位置，当单击播放-停止按钮播放音频后，当前调节滑块位置会自动转为音频对象在进行当前编辑前的参数值。

“触动”：当使用自动书写功能实时播放记录调节数据时，每调节一次，下一次调节时调节滑块初始位置会自动转为音频对象在进行当前编辑前的参数值。

“写入”：当使用自动书写功能实时播放记录调节数据时，每调节一次，下一次调节时调节滑块在上一次调节后的位置。在“调音台”面板中激活需要调节轨道的自动记录状态，选择“写入”即可。

（3）单击“播放-停止切换”按钮▶，“时间线”面板中的音频素材开始播放。拖曳音量控制滑杆进行调节，调节完成后，系统自动记录结果，如图7-29所示。

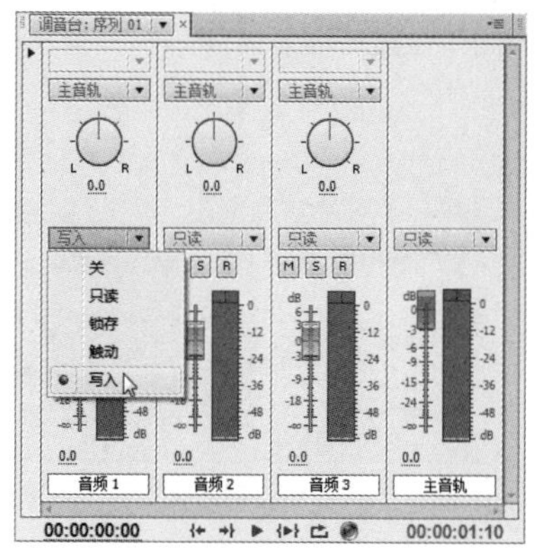


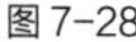
图 7-28

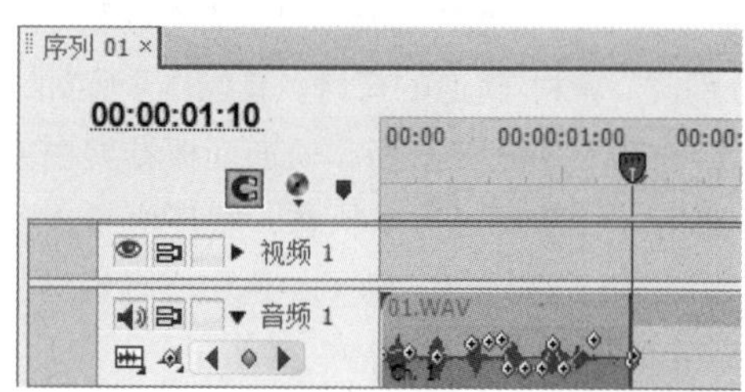


图 7-29

### 7.1.4 【实战演练】调整旅游纪录片的音频

使用“导入”命令导入素材文件，使用“色阶”效果调整视频颜色，使用“透明度”选项调整文字的渐显效果，使用“特效控制台”面板调整音频的淡入淡出效果。最终效果参看云盘中的“Ch07\调整旅游纪录片的音频\调整旅游纪录片的音频.prproj”，如图 7-30 所示。

图 7-30

## 7.2 合成都市生活短视频片头的音频

### 7.2.1 【操作目的】

使用“导入”命令导入素材文件，使用“球面化”效果、“线性擦除”效果和“特效控制台”面板制作文字动画，使用“速度/持续时间”命令调整音频，使用“平衡”效果调整音频的左右声道。最终效果参看云盘中的“Ch07\合成都市生活短视频片头的音频\合成都市生活短视频片头的音频.prproj”，如图 7-31 所示。

图 7-31

## 7.2.2 【操作步骤】

### 1. 调整素材并制作字幕

（1）启动 Premiere Pro CS6 软件，弹出“欢迎使用 Adobe Premiere Pro”欢迎界面，单击“新建项目”按钮 ，弹出“新建项目”对话框，如图 7-32 所示。单击“确定”按钮，弹出“新建序列”对话框，单击“设置”选项卡，设置相应参数，如图 7-33 所示，单击“确定”按钮，新建序列。

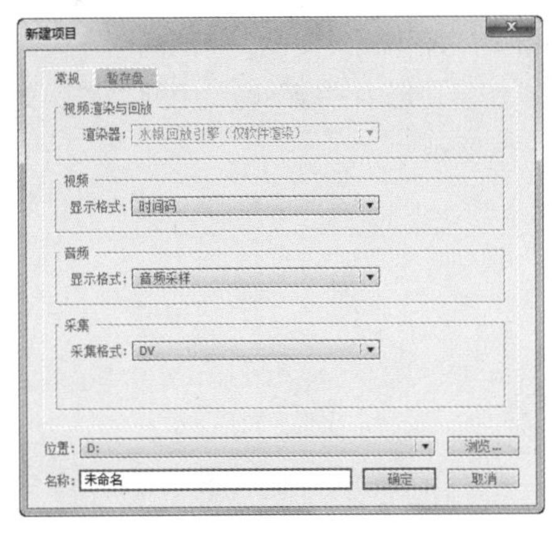


图 7-32

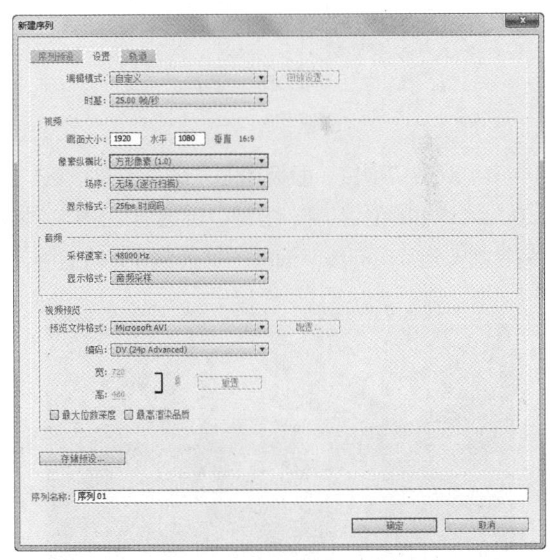


图 7-33

（2）选择“文件>导入”命令，弹出“导入”对话框，选择本书云盘中的“Ch07\合成都市生活短视频片头的音频\素材\01~04”文件，如图 7-34 所示，单击“打开”按钮，将素材文件导入“项目”面板中，如图 7-35 所示。

（3）在“项目”面板中，选中“01”文件并将其拖曳到“时间线”面板的“视频 1”轨道中，弹出“剪辑不匹配警告”对话框，单击“保持现有设置”按钮，在保持现有序列设置的情况下将文件放置在“视频 1”轨道中，如图 7-36 所示。将时间标签放置在 00:00:03:00 的位置。将鼠标指针放在“01”文件的结束位置，当鼠标指针呈状时，单击并向左拖曳指针到 00:00:03:00 的位置上，如图 7-37 所示。

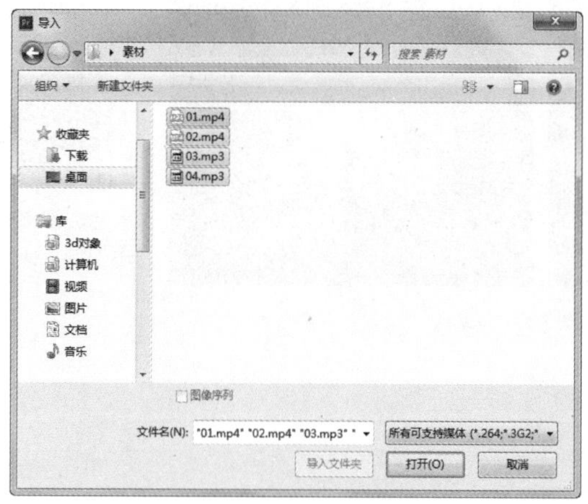


图 7-34

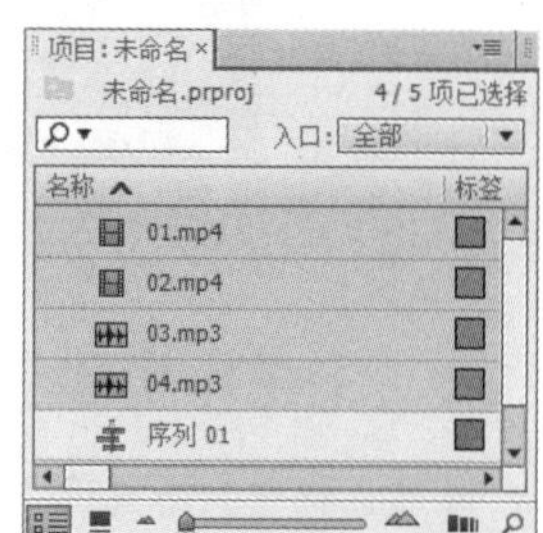


图 7-35

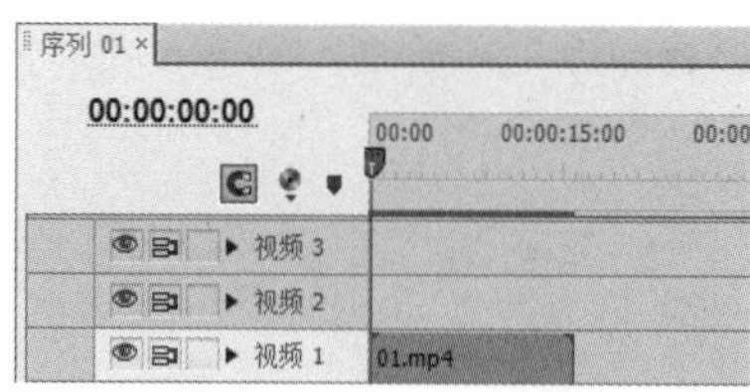


图 7-36

图 7-37

（4）双击“项目”面板中的“02”文件，在“源”窗口中打开“02”文件。将时间标签放置在 00:00:01:24 的位置。按 O 键，创建标记出点，如图 7-38 所示。选中“源”窗口中的“02”文件并将其拖曳到“时间线”面板的“视频 1”轨道中，如图 7-39 所示。

图 7-38

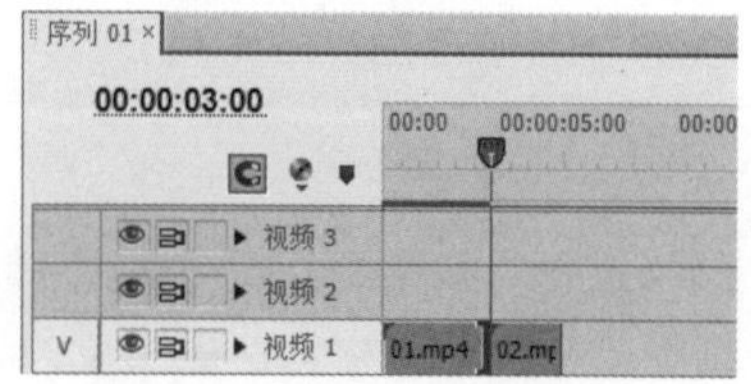


图 7-39

（5）选中“源”窗口，选择“标记>清除入点和出点”命令，消除入点和出点，如图 7-40 所示。将时间标签放置在 00:00:04:12 的位置。按 I 键，创建标记入点，如图 7-41 所示。

图 7-40

图 7-41

（6）将时间标签放置在 00:00:06:11 的位置。按 O 键，创建标记出点，如图 7-42 所示。选中“源”窗口中的“02”文件并将其拖曳到“时间线”面板的“视频 1”轨道中，如图 7-43 所示。

图 7-42

图 7-43

（7）选择“文件 > 新建 > 字幕”命令，弹出“新建字幕”对话框，如图 7-44 所示，单击“确定”按钮，弹出“字幕”编辑面板。选择“字幕”编辑面板的“输入”工具T，在“字幕”编辑面板中单击并输入需要的文字，如图 7-45 所示。

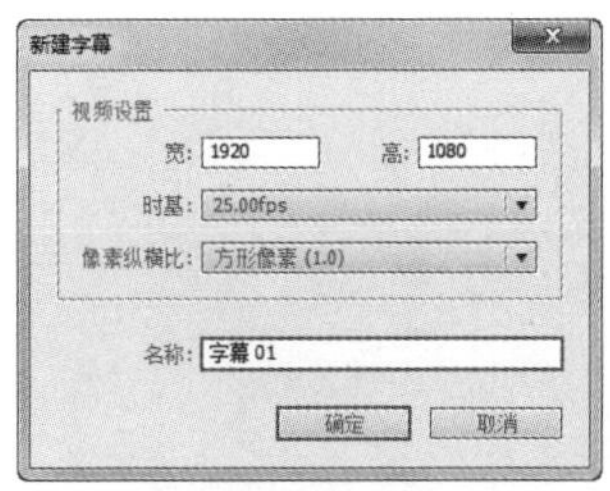

图 7-44

图 7-45

（8）在“字幕属性”面板中，展开“属性”栏，设置如图7-46所示。展开“描边”栏，单击“内侧边”右侧的“添加”按钮，将“颜色”选项设置为白色，其他选项的设置如图7-47所示，“字幕”编辑面板中的效果如图7-48所示。在“项目”面板中生成“字幕01”文件。

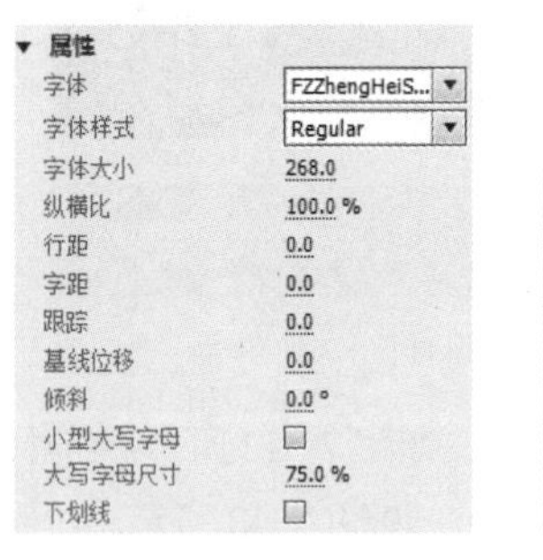


图7-46

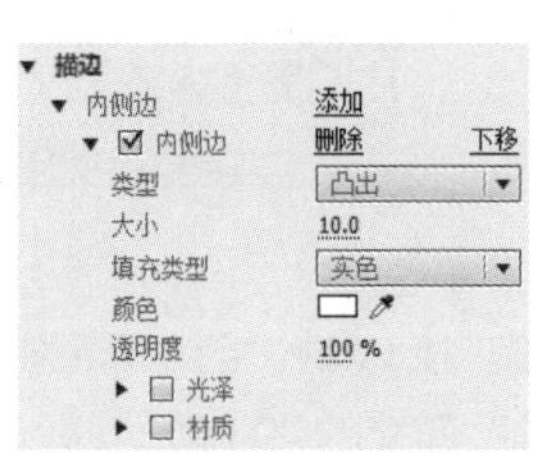


图7-47

图7-48

（9）选择“项目”面板中生成的“字幕01”文件，按Ctrl+C组合键，复制文件。按Ctrl+V组合键，粘贴文件，并重命名为“字幕02”，如图7-49所示。双击“字幕02”文件，弹出“字幕”编辑面板。取消“描边”栏的选取状态。展开“填充”选项，将“颜色”选项设置为白色，如图7-50所示，“字幕”编辑面板中的效果如图7-51所示。

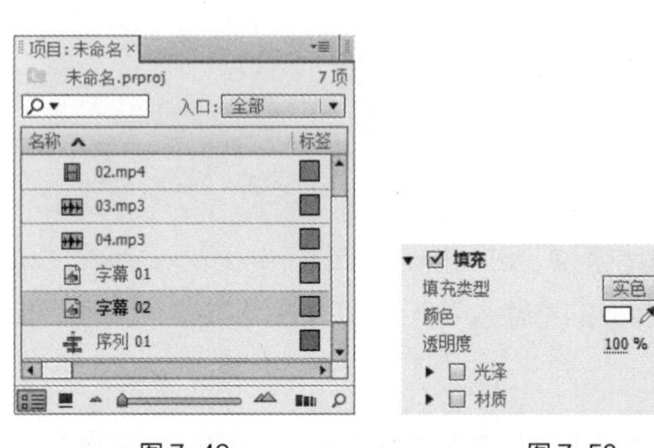


图7-49

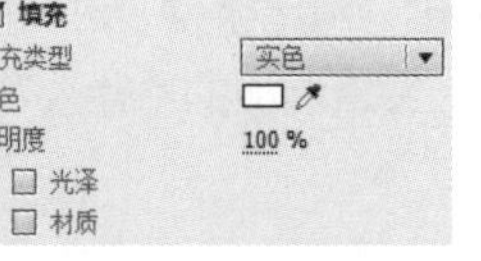


图7-50

图7-51

（10）将时间标签放置在00:00:00:17的位置。选择“项目”面板中生成“字幕01”文件，将其拖曳到“时间线”面板的“视频2”轨道中，如图7-52所示。选择“项目”面板中生成的“字幕02”文件，将其拖曳到“时间线”面板中“视频3”轨道中，如图7-53所示。

图7-52

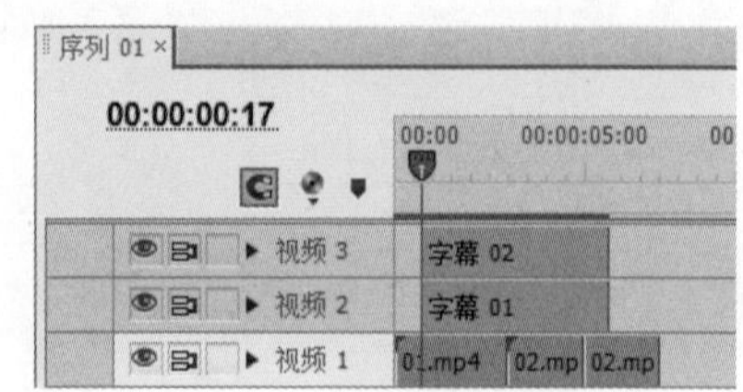


图7-53

### 2. 添加视频特效和过渡

（1）选择“效果”面板，展开“视频特效”分类选项，单击“扭曲”文件夹前面的三角形按钮▶将其展开，选中“球面化”效果，如图 7–54 所示。将“球面化”效果拖曳到“时间线”面板中的“字幕 02”文件上。

（2）在“特效控制台”面板中，展开“球面化”效果，将“半径”选项设置为 250.0，“球面中心”选项设置为 258.0 和 540.0，单击“球面中心”选项左侧的“切换动画”按钮，如图 7–55 所示，记录第 1 个动画关键帧。

图 7–54

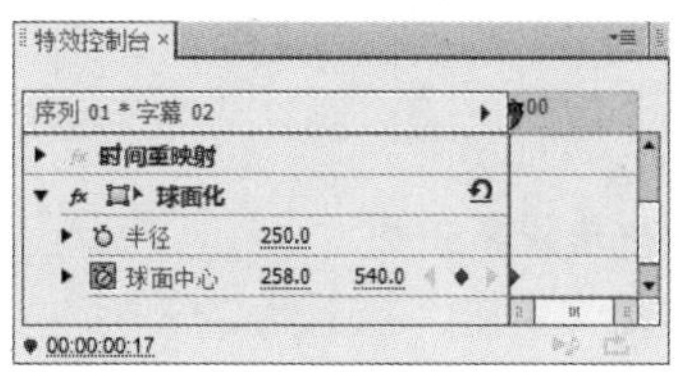


图 7–55

（3）将时间标签放置在 00:00:04:17 的位置。在“特效控制台”面板中，将“球面中心”选项设置为 1683.0 和 540.0，记录第 2 个动画关键帧，如图 7–56 所示。

（4）选择“效果”面板，单击“过渡”文件夹前面的三角形按钮▶将其展开，选中“线性擦除”效果，如图 7–57 所示。将“线性擦除”效果拖曳到“时间线”面板中的“字幕 02”文件上。

图 7–56

图 7–57

（5）将时间标签放置在 00:00:00:17 的位置。在“特效控制台”面板中，展开“线性擦除”效果，将“擦除角度”选项设置为–90.0° ，“过渡完成”选项设置为 100%，单击“过渡完成”选项左侧的“切换动画”按钮，如图 7–58 所示，记录第 1 个动画关键帧。将时间标签放置在 00:00:04:17 的位置。在“特效控制台”面板中，将“过渡完成”选项设置为 0%，记录第 2 个动画关键帧，如图 7–59 所示。

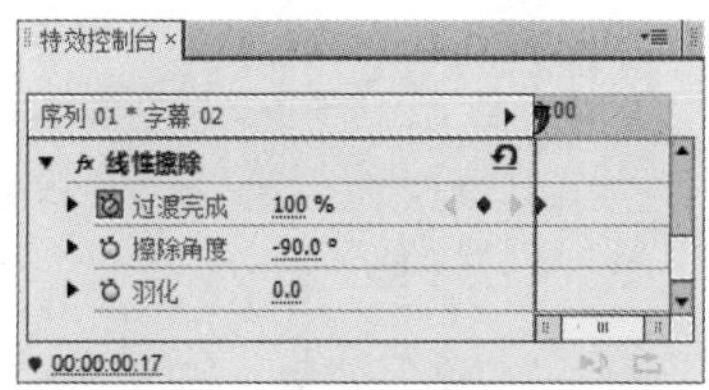


图 7–58

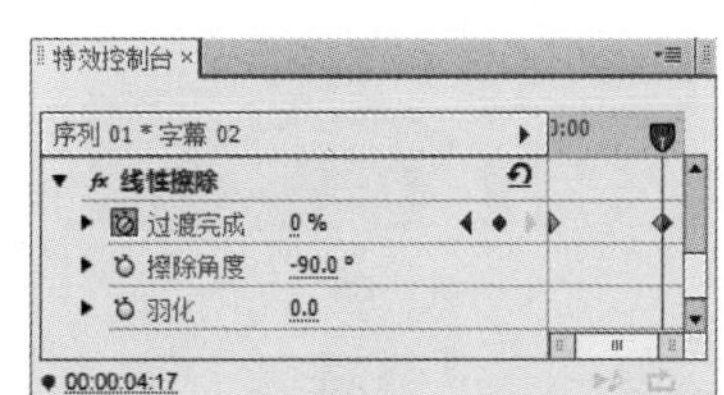


图 7–59

（6）选择“效果”面板，展开“视频切换”分类选项，单击“叠化”文件夹前面的三角形按钮▶将其展开，选中“交叉叠化（标准）”效果，如图 7-60 所示。将“交叉叠化（标准）”效果拖曳到“时间线”面板中“01”文件的结束位置和“02”文件的开始位置上。再将其拖曳到“时间线”面板中第 1 个“02”文件的结束位置和第 2 个“02”文件的开始位置上，如图 7-61 所示。

图 7-60

图 7-61

### 3. 添加并调整音频

（1）选择“项目”面板中的“03”文件，将其拖曳到“时间线”面板的“音频 1”轨道中，如图 7-62 所示。选择“时间线”面板中的“03”文件。选择“素材 > 速度/持续时间”命令，弹出对话框，选项的设置如图 7-63 所示，单击“确定”按钮。

（2）将鼠标指针放在“03”文件的结束位置，当鼠标指针呈◀状时，单击并向左拖曳指针到“02”文件的结束位置上，如图 7-64 所示。

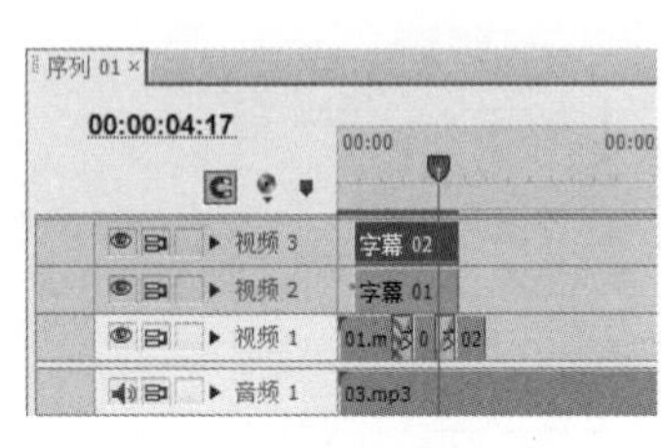


图 7-62

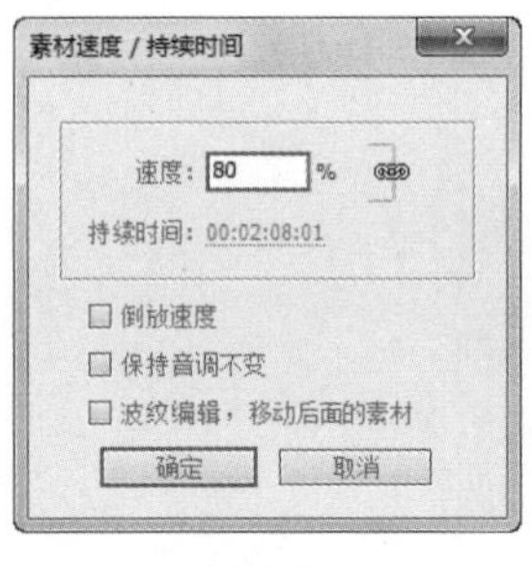


图 7-63

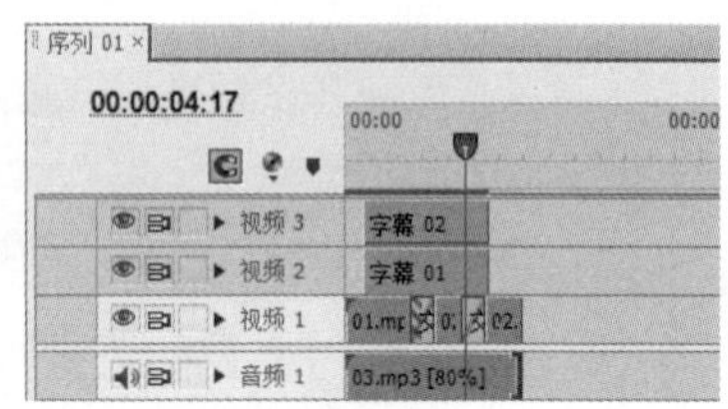


图 7-64

（3）选择“项目”面板中的“04”文件，将其拖曳到“时间线”面板的“音频 2”轨道中，如图 7-65 所示。将鼠标指针放在“04”文件的结束位置，当鼠标指针呈◀状时，单击并向左拖曳指针到“03”文件的结束位置上，如图 7-66 所示。

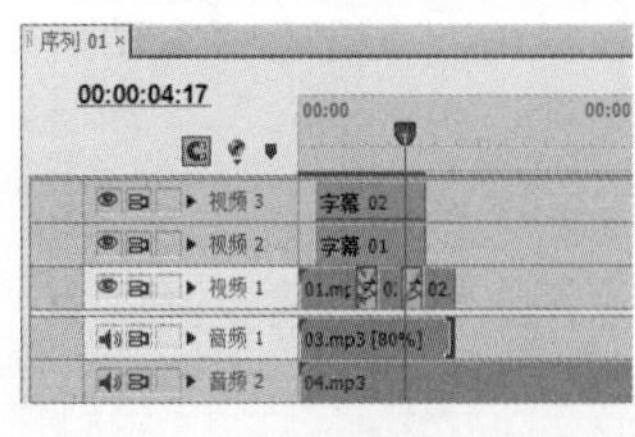


图 7-65

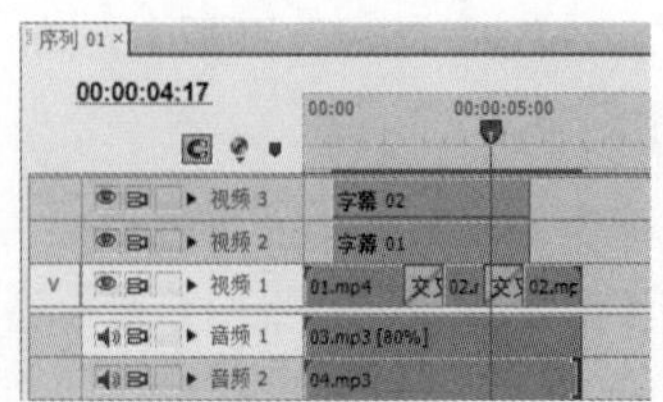


图 7-66

（4）选择“效果”面板，展开“音频特效”分类选项，选中“平衡”效果，如图 7-67 所示。将“平衡”效果拖曳到“时间线”面板中的“03”文件和“04”文件上。

（5）选择"时间线"面板中的"03"文件。选择"特效控制台"面板，展开"平衡"选项，将"平衡"选项设置为50.0，如图7-68所示。选择"时间线"面板中的"04"文件。选择"特效控制台"面板，展开"平衡"选项，将"平衡"选项设置为-30.0，如图7-69所示。都市生活短视频片头的音频合成完成。

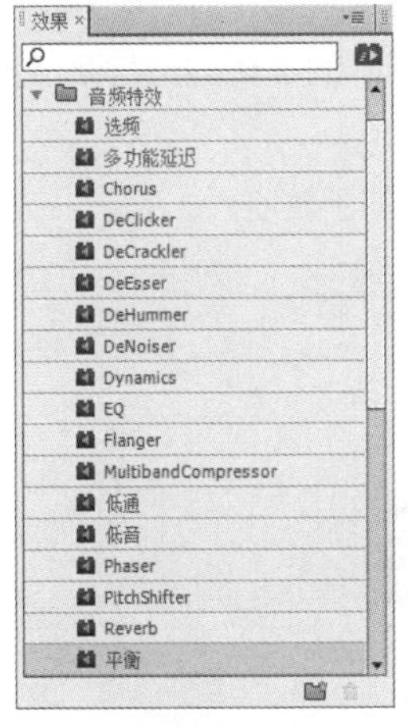


图7-67

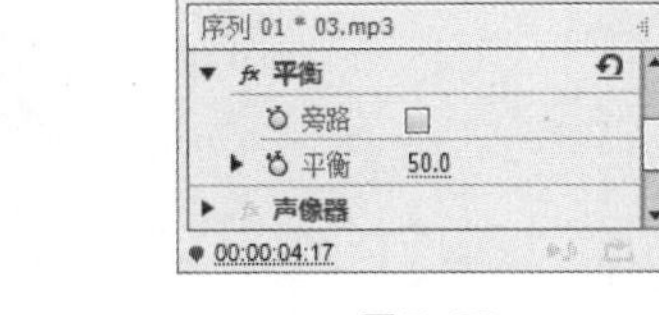


图7-68

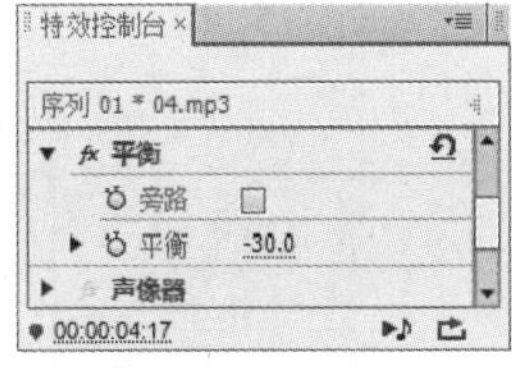


图7-69

### 7.2.3 【相关工具】

1. 制作录音

使用录音功能，首先必须保证计算机的音频输入装置连接正确。可以使用麦克风或者其他MIDI设备在Premiere Pro CS6中录音，录制的声音会成为音频轨道上的一个音频素材，还可以将这个音频素材输出保存为一个兼容的音频文件格式。

制作录音的方法如下。

（1）在"调音台"面板中单击"激活录制轨"按钮，如图7-70所示。

（2）激活录音装置后，上方会出现音频输入的设备选项，选择输入音频设备即可。

（3）激活面板下方的按钮，如图7-71所示。

（4）单击面板下方的按钮，进行解说或者演奏；单击按钮，即可停止录音，当前音频轨道上出现刚才录制的声音，如图7-72所示。

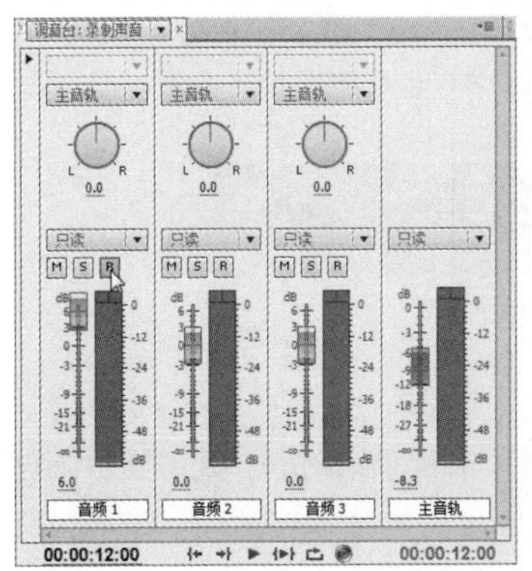

图7-70

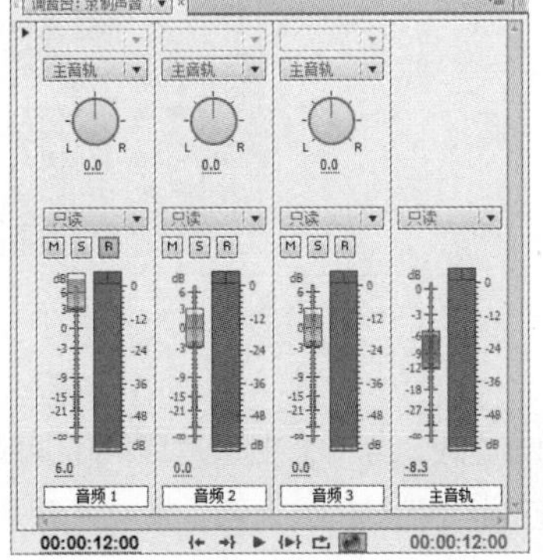

图7-71

图7-72

2. 添加与设置子轨道

添加与设置子轨道的方法如下。

（1）单击“调音台”面板左侧的按钮▶，展开特效和子轨道设置栏，下方的区域用来添加音频子轨道。在子轨道的区域中单击小三角，会弹出子轨道下拉列表，如图 7-73 所示。

（2）在下拉列表中选择添加子轨道的方式，可以添加一个单声轨、立体声或者 5.1 声道的子轨道。选择子轨道类型后，即可为当前音频轨道添加子轨道。可以分别切换不同的子轨道进行调节控制，Premiere Pro CS6 提供了 5 个子轨道控制，如图 7-74 所示。

（3）单击子轨道调节栏右上角图标，使其变为状态，可以屏蔽当前子轨道。

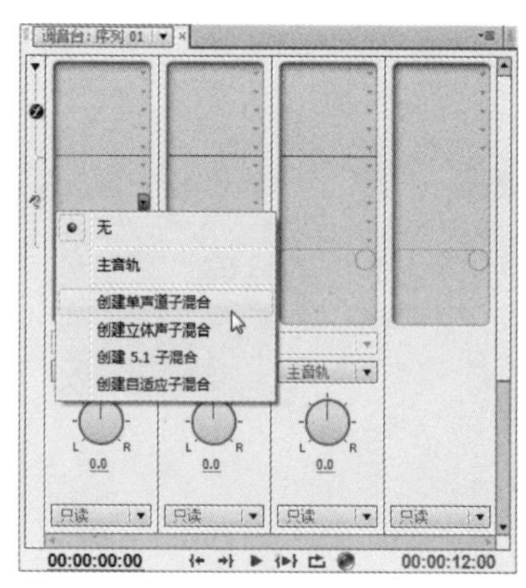


图 7-73

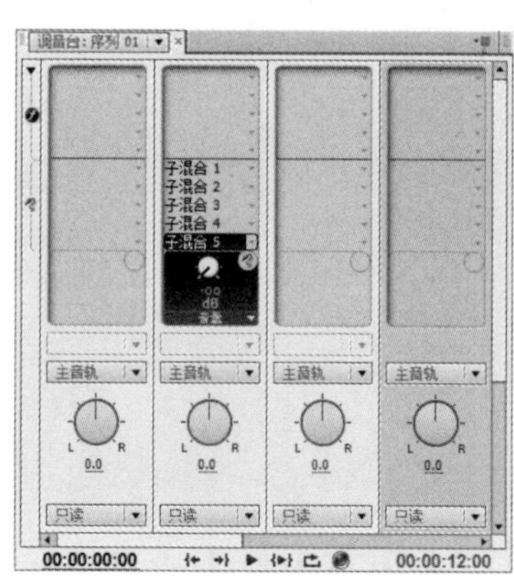


图 7-74

3. 调整速度/持续时间

与视频素材的编辑一样，在应用音频素材时，可以对其播放速度和时间长度进行修改设置，具体操作步骤如下。

（1）选中要调整的音频素材。选择“素材>速度/持续时间”命令，弹出“素材速度/持续时间”对话框，在“持续时间”对话框中可以对音频素材的持续时间进行调整，如图 7-75 所示。

（2）在“时间线”面板中直接拖曳音频的边缘，可改变音频轨上音频素材的长度。也可利用“剃刀”工具，将音频素材多余的部分切除掉，如图 7-76 所示。

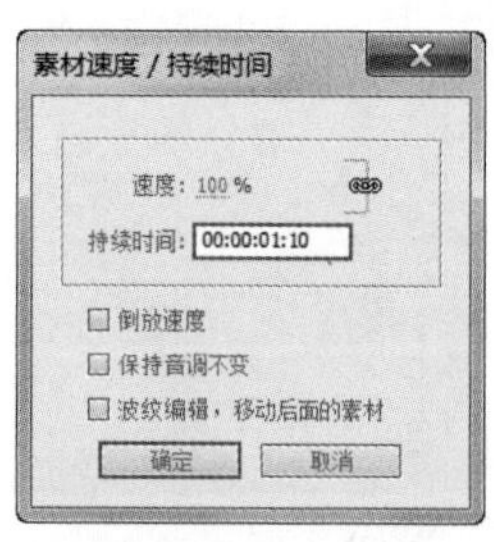


图 7-75

图 7-76

4. 音频增益

音频增益指的是音频信号的声调高低。当一个视频片段同时拥有几个音频素材时，就需要平衡这几个素材的增益，如果一个素材的音频信号太高或太低，就会严重影响播放时的音频效果。可通过以下步骤设置音频素材增益。

（1）选择“时间线”面板中需要调整的素材，被选择的素材周围会出现黑色实线，如图 7-77 所示。

（2）选择“素材>音频选项>音频增益”命令，弹出“音频增益”对话框，将鼠标指针移动到对话框的数值上，当指针变为手形标记时，单击并按住鼠标左键左右拖动，增益值将被改变，如图 7-78 所示。对话框下方的“峰值幅度”为软件自动计算的该素材的峰值振幅，可以作为调整增益的参考。

“设置增益为”：可以设置增益为特定值。该值始终会更新为当前增益，未选中状态也可显示。

“调节增益依据”：可以调整增益值。“设置增益为”的值会根据此值自动更新。

“标准化最大峰值为”：可以设置最大峰值振幅为低于 0.0dB 的任何值。

“标准化所有峰值为”：可以设置峰值振幅为低于 0.0dB 的任何值。

（3）完成设置后，可以通过“源”面板查看处理后的音频波形变化，播放修改后的音频素材，试听音频效果。

图 7-77

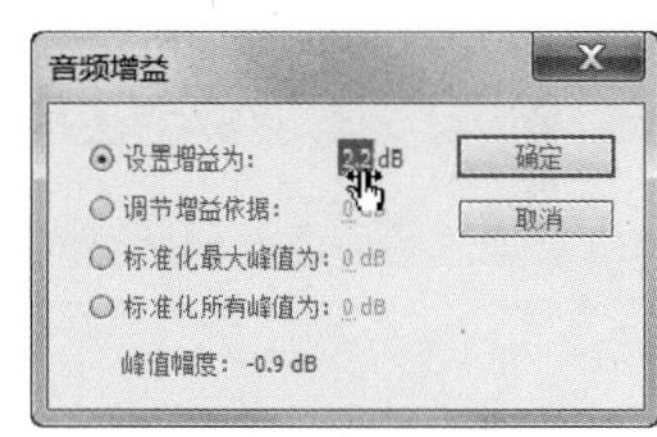


图 7-78

5. **分离和链接视音频**

在编辑工作中，经常需要将“时间线”面板中视音频链接素材的视频和音频部分分离。用户可以完全打断或者暂时释放链接素材的链接关系并重新设置各部分。

Premiere Pro CS6 中音频素材和视频素材有两种链接关系：硬链接和软链接。

如果链接的视频和音频来自一个影片文件，它们就是硬链接，“项目”面板中只显示一个素材，硬链接是在素材被输入 Premiere Pro CS6 之前就建立的，在“时间线”面板中显示为相同的颜色，如图 7-79 所示。

软链接是在“时间线”面板中建立的链接。用户可以在“时间线”面板中为音频素材和视频素材建立软链接。软链接类似于硬链接，但链接的素材在“项目”面板保持着各自的完整性，在序列中显示为不同的颜色，如图 7-80 所示。

图 7-79

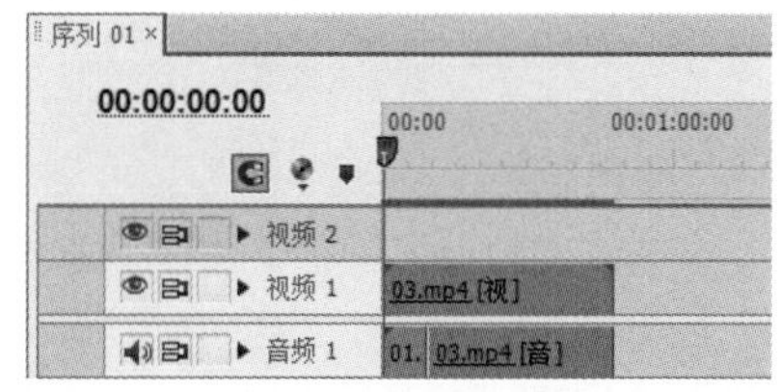


图 7-80

如果要打断链接在一起的视音频，可在轨道上选择对象，单击鼠标右键，在弹出的快捷菜单中选择“解除视音频链接”命令即可，如图 7-81 所示。被打断的视音频素材可以单独进行操作。

如果要把分离的视音频素材链接在一起作为一个整体进行操作，则只需要框选需要链接的视音频，单击鼠标右键，在弹出的快捷菜单中选择“链接视频和音频”命令即可，如图 7-82 所示。

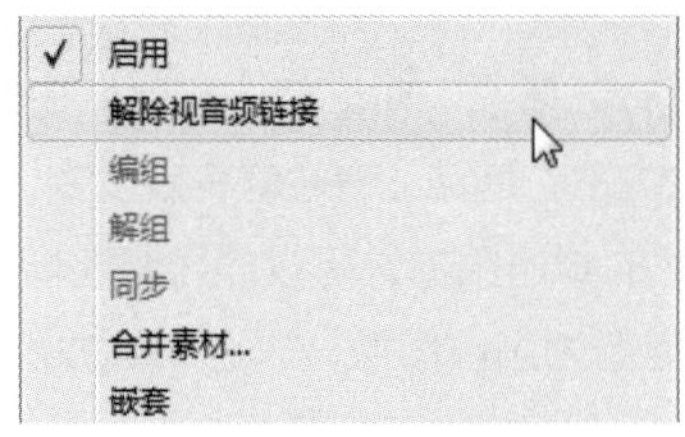

图 7-81

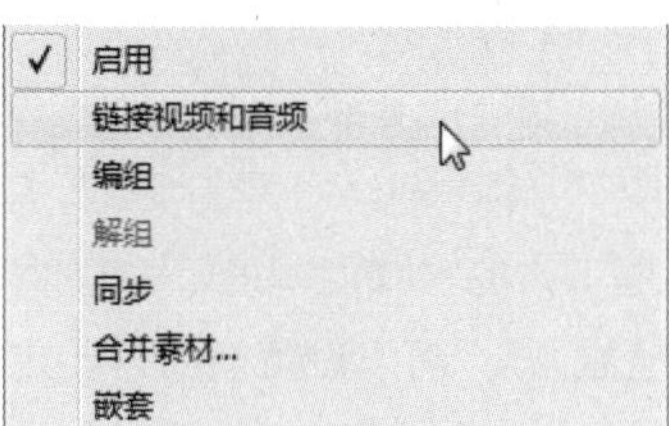

图 7-82

### 6. 为素材添加特效

音频素材的特效添加方法与视频素材的特效添加方法相同，这里不再赘述。可以在“效果”面板中展开“音频特效”分类选项，分别在不同的音频模式文件夹中选择音频特效进行设置，如图 7-83 所示。

在“音频过渡”分类选项下，Premiere Pro CS6 还为音频素材提供了简单的切换方式，如图 7-84 所示。为音频素材添加切换的方法与视频素材相同。

图 7-83

图 7-84

### 7. 设置轨道特效

除了可以对轨道上的音频素材设置特效外，还可以直接对音频轨道添加特效。首先在“调音台”面板中展开目标轨道的特效设置栏，单击右侧设置栏上的小三角，弹出音频特效下拉列表，如图 7-85 所示，选择需要使用的音频特效即可。可以在同一个音频轨道上添加多个特效并分别控制，如图 7-86 所示。

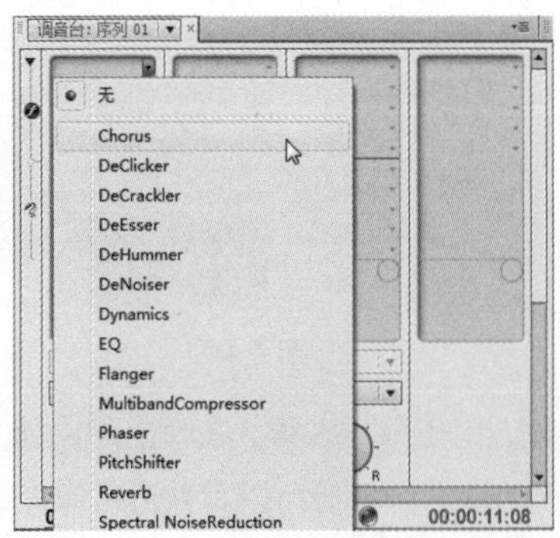

图 7-85

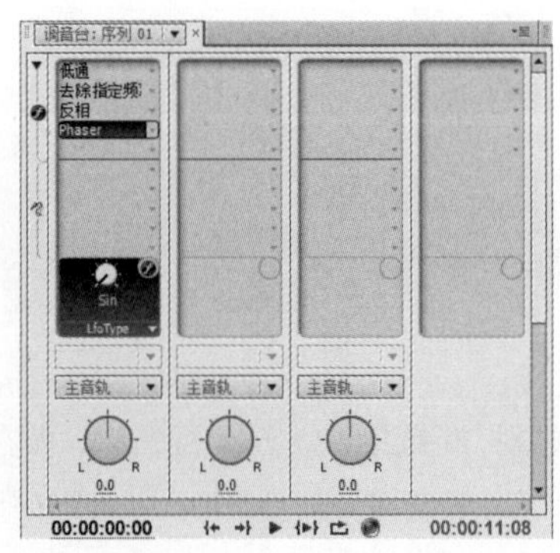

图 7-86

如果要调节轨道的音频特效，可以单击鼠标右键，在弹出的下拉列表中选择设置即可，如图 7–87 所示。在下拉列表中选择“编辑”命令，可以在弹出的特效设置对话框中进行更加详细的设置，图 7–88 所示为“Phaser”的详细调整面板。

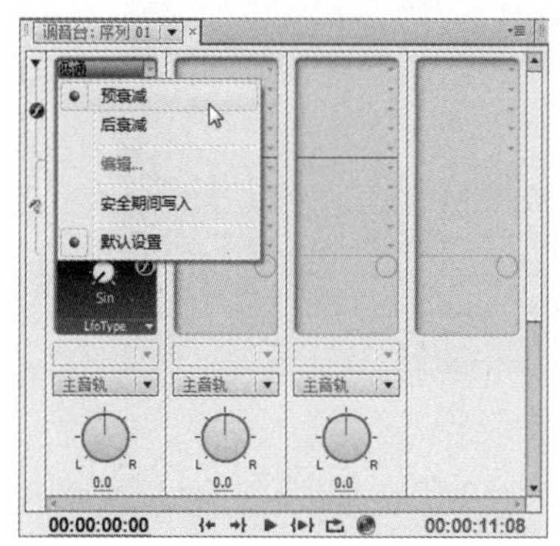


图 7–87

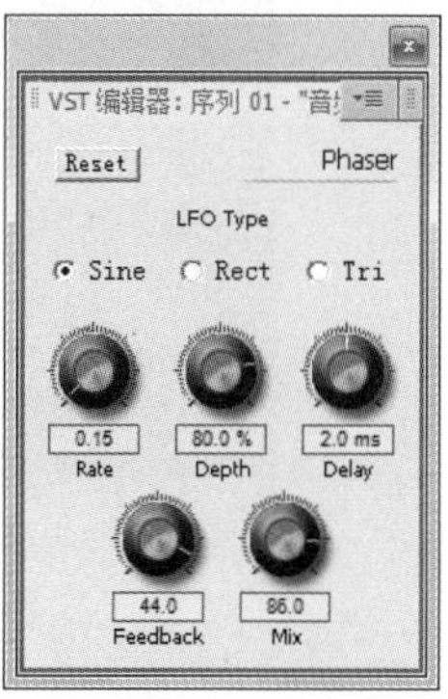


图 7–88

### 7.2.4 【实战演练】调整都市生活短视频的音频

使用“导入”命令导入素材文件，使用“投影”效果和“预设”效果制作文字效果，使用“特效控制台”面板调整视音频的淡出效果，使用“低通”效果为音频添加效果。最终效果参看云盘中的“Ch07\调整都市生活短视频的音频\调整都市生活短视频的音频.prproj”，如图 7–89 所示。

图 7–89

## 7.3 综合实训——添加动物世界宣传片的音频特效

使用“缩放比例”命令改变文件大小，使用“色阶”命令调整图像亮度，使用“显示轨道关键帧”命令制作音频的淡出与淡入，使用“低通”命令制作音频低音。最终效果参看云盘中的“Ch07\添加动物世界宣传片的音频特效\添加动物世界宣传片的音频特效.prproj”，如图 7–90 所示。

图 7-90

## 7.4 综合实训——编辑壮丽黄河纪录片的音频特效

使用“导入”命令导入素材文件，使用“自动颜色”效果调整素材颜色，使用“投影”效果和“预设”效果制作文字效果，使用“立体声扩展器”效果和“高音”效果为音频添加效果。最终效果参看云盘中的“Ch07\编辑壮丽黄河纪录片的音频特效\编辑壮丽黄河纪录片的音频特效.prproj”，如图 7-91 所示。

图 7-91

# 08 第 8 章 输出文件

## 本章介绍

本章主要介绍 Premiere Pro CS6 与节目最终输出有关的文件格式、预演方法，以及相关的参数设置。通过本章的学习，读者可以掌握输出文件的方法和技巧。

## 学习目标

- ✔ 了解影片项目的预演
- ✔ 掌握影片项目的输出格式和参数

## 技能目标

- ✔ 掌握生成预演的方法
- ✔ 熟练掌握输出各种格式的文件

## 素质目标

- ✔ 培养能够有效执行计划的能力
- ✔ 培养能够表达自己意见的沟通交流能力
- ✔ 培养借助互联网获取有效信息的能力

# 8.1 影片项目的预演

## 8.1.1 【操作目的】

通过监视器面板和渲染命令了解影片的预演，影片预演是视频编辑过程中对编辑效果进行检查的重要手段，它实际上也属于编辑工作的一部分。

## 8.1.2 【操作步骤】

### 1. 生成实时预演

（1）影片编辑制作完成后，在“时间线”面板中将时间标签移动到需要预演的位置，如图 8-1 所示。

（2）在“节目”监视器面板中单击“播放-停止切换（Space）”按钮，系统开始播放节目，在“节目”监视器面板中预览节目的最终效果，如图 8-2 所示。

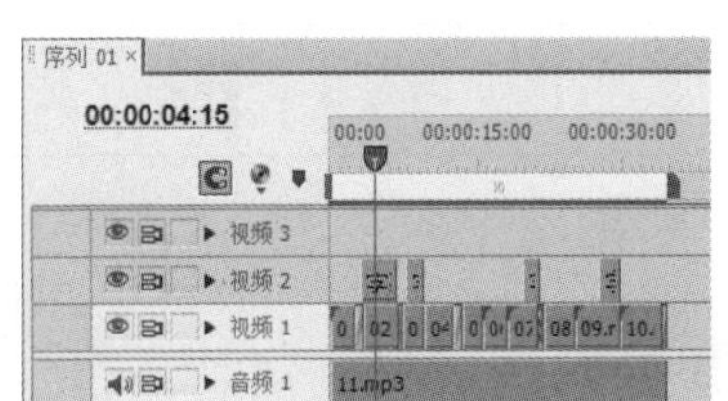


图 8-1

图 8-2

### 2. 生成影片预演

（1）影片编辑制作完成以后，在“时间线”面板中拖曳工具区范围条的两端，以确定要生成影片预演的范围，如图 8-3 所示。

（2）选择“序列>渲染工作区域内的效果”命令，系统将开始进行渲染，并弹出“正在渲染”对话框显示渲染进度，如图 8-4 所示。

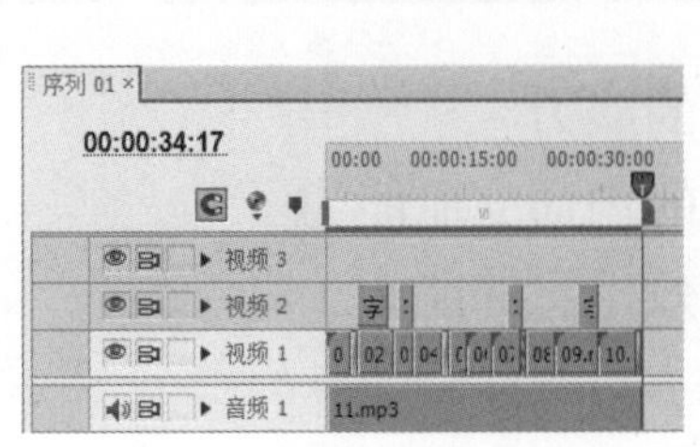


图 8-3

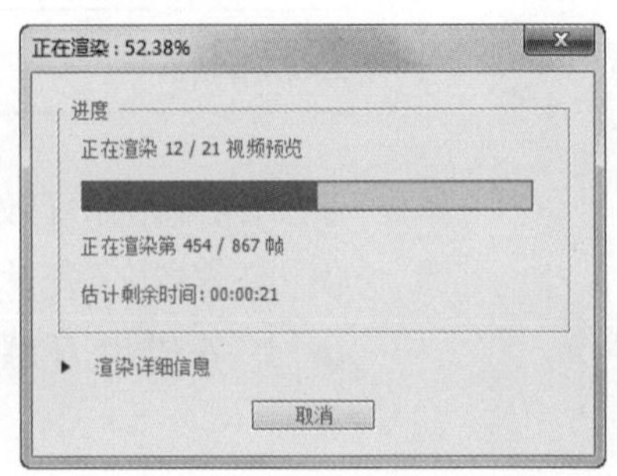


图 8-4

（3）在“正在渲染”对话框中单击“渲染详细信息”选项左侧的▶按钮，展开此选项区域，可以查看渲染的时间、磁盘剩余空间等信息，如图 8-5 所示。

（4）渲染结束后，系统会自动播放该片段，在“时间线”面板中，预演部分将会显示绿色线条，其他部分则保持原来颜色线条，如图 8-6 所示。

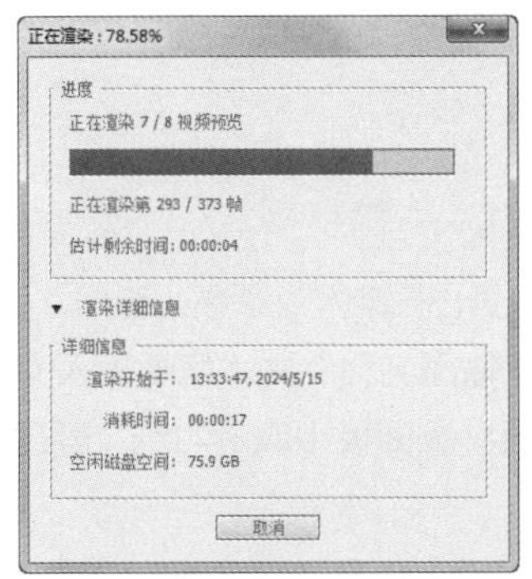


图 8-5

图 8-6

（5）如果用户先设置了预演文件的保存路径，就可在计算机的硬盘中找到预演生成的临时文件，如图 8-7 所示。双击该文件，则可以脱离 Premiere Pro CS6 软件来进行播放，如图 8-8 所示。

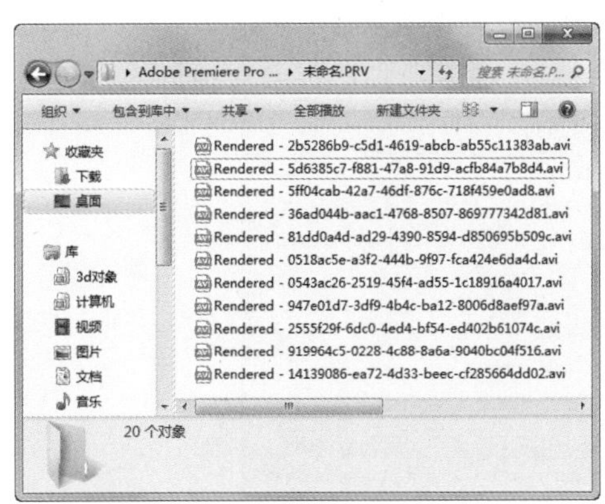


图 8-7

图 8-8

## 8.1.3 【相关工具】

影片预演分为两种，一种是生成实时预演，另一种是生成影片预演。

生成实时预演，也称实时预览，即平时所说的预览，单击“节目”面板中的“播放-停止切换（Space）”按钮 ▶ 即可。与实时预演不同的是，生成影片预演不是使用显卡对画面进行实时预演，而是计算机的 CPU 对画面进行运算，先生成预演文件，然后再播放。因此，生成影片预演取决于计算机 CPU 的运算能力。生成预演播放的画面是平滑的，不会产生停顿或跳跃，所表现出来的画面效果和渲染输出的效果是完全一致的。

生成的预演文件可以重复使用，用户下一次预演该片段时会自动使用该预演文件。在关闭该项目文件时，如果不进行保存，预演生成的临时文件会自动删除；如果用户在修改预演区域片段后再次预演，就会重新渲染并生成新的预演临时文件。

# 8.2 输出各种格式的文件

## 8.2.1 【操作目的】

通过对视音频选项区的讲解了解输出参数，掌握输出不同格式文件的方法。

## 8.2.2 【操作步骤】

### 1. 输出单帧图像

（1）在“时间线”面板选择需要输出的序列。选择“文件>导出>媒体”命令，弹出“导出设置”对话框，在“格式”选项的下拉列表中选择“TIFF”选项，在“输出名称”文本框中输入文件名并设置文件的保存路径，勾选“导出视频”复选框，在“视频”扩展参数面板中取消勾选“导出为序列”复选框，其他参数保持默认状态，如图 8-9 所示。

图 8-9

（2）单击“导出”按钮，导出时间标签位置的单帧图像。

### 2. 输出音频文件

（1）在“时间线”面板选择需要输出的序列。选择“文件>导出>媒体”命令，弹出“导出设置”对话框，在“格式”选项的下拉列表中选择“MP3”选项，在“预设”选项的下拉列表中选择“MP3 128kbps”选项，在“输出名称”文本框中输入文件名并设置文件的保存路径，勾选“导出音频”复选框，其他参数保持默认状态，如图 8-10 所示。

（2）单击“导出”按钮，导出音频。

### 3. 输出整个影片

（1）在“时间线”面板选择需要输出的序列。选择“文件>导出>媒体”命令，弹出“导出设置”对话框。

（2）在“格式”选项的下拉列表中选择“AVI”选项。在“预设”选项的下拉列表中选择“PAL DV”选项，如图 8-11 所示。

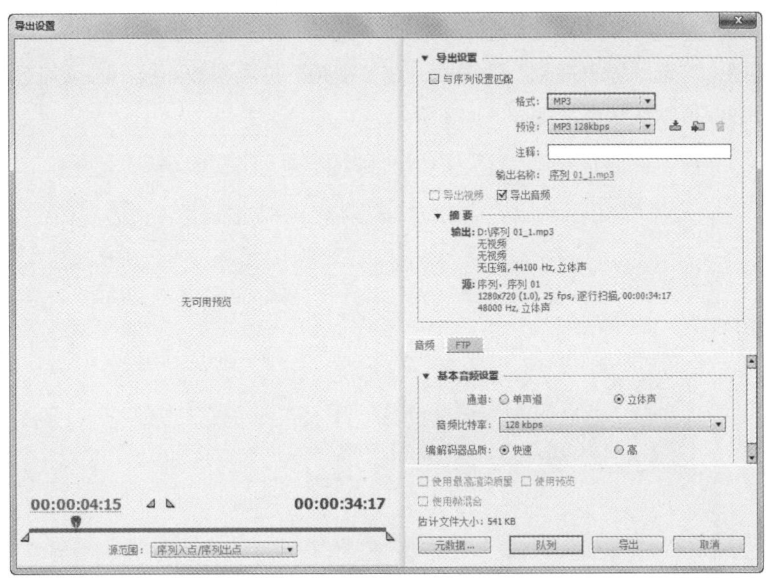


图 8-10

图 8-11

（3）在“输出名称”文本框中输入文件名并设置文件的保存路径，勾选“导出视频”复选框和“导出音频”复选框。

（4）设置完成后，单击“导出”按钮，即可导出 AVI 格式影片。

#### 4. 输出静态图片序列

（1）影片制作完成后，在“时间线”面板设定只输出视频的一部分内容，如图 8-12 所示。

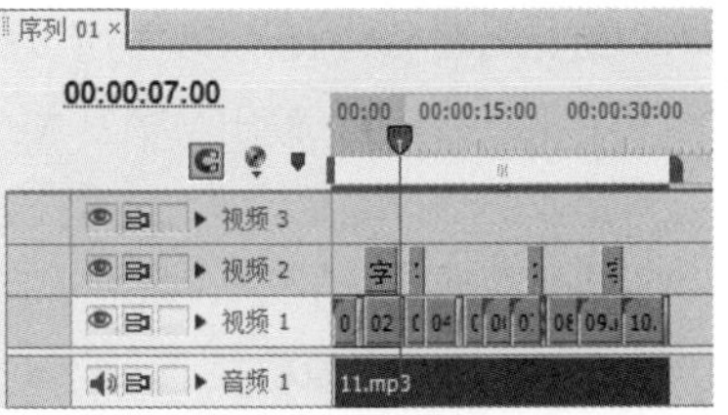


图 8-12

（2）选择“文件 > 导出 > 媒体”命令，弹出“导出设置”

对话框，在“格式”选项的下拉列表中选择“TIFF”选项，在“输出名称”文本框中输入文件名并设置文件的保存路径，勾选“导出视频”复选框，在“视频”扩展参数面板中必须勾选“导出为序列”复选框，其他参数保持默认状态，如图 8-13 所示。

图 8-13

（3）单击“导出”按钮，导出静态序列图片文件。

## 8.2.3 【相关工具】

### 1. 常用输出格式

在 Premiere Pro CS6 中，可以输出多种文件格式，包括视频格式、音频格式和静态图像等，下面进行详细讲解。

**◎可输出的视频格式**

在 Premiere Pro CS6 中可以输出多种视频格式，常用的有以下几种。

① AVI：输出 AVI 格式的视频文件，适合保存高质量的视频文件，但文件较大。

② 动画 GIF：输出 GIF 格式的动画文件，可以显示视频运动画面，但不包含音频部分。

③ QuickTime：输出 MOV 格式的数字电影，用于 Windows 和 Mac OS 系统上的视频文件，适合在网上下载。

④ H.264：输出 MP4 格式的视频文件，适合输出高清视频和录制蓝光光盘。

⑤ Windows Media：输出为 WMV 格式的流媒体格式，适合在网络和移动平台发布。

**◎可输出的音频格式**

在 Premiere Pro CS6 中可以输出多种音频格式，其主要输出的音频格式有以下几种。

① 波形音频：输出 WAV 格式的音频，只输出影片的声音，适合发布在各平台。

② AIFF：输出为 AIFF 格式的音频，适合发布在剪辑平台。

此外，Premiere Pro CS6 还可以输出 DV AVI、Real Media 和 QuickTime 格式的音频。

**◎可输出的图像格式**

在 Premiere Pro CS6 中可以输出多种图像格式，其主要输出的图像格式有 Targa、TIFF 和

BMP 等。

### 2. 输出选项

影片制作完成后即可输出，在输出影片之前，可以设置一些基本参数，其具体操作步骤如下。

（1）在“时间线”面板选择需要输出的视频序列，然后选择“文件>导出>媒体”命令，在弹出的对话框中进行设置，如图 8-14 所示。

图 8-14

（2）在对话框右侧的选项区域中设置文件的格式及输出区域等选项。在“格式”选项的下拉列表中，选择输出的媒体格式。勾选“导出视频”复选框，可输出整个编辑项目的视频部分；若取消选择，则不能输出视频部分。勾选“导出音频”复选框，可输出整个编辑项目的音频部分；若取消选择，则不能输出音频部分。

**◎“视频”选项区域**

在“视频”选项区域中，可以为输出的视频指定使用的格式、品质及影片尺寸等相关的选项参数，如图 8-15 所示。

“视频”选项区域中各主要选项含义如下。

“视频编解码器”选项：通常视频文件的数据量很大，为了减少所占的磁盘空间，在输出时可以对文件进行压缩。在该选项的下拉列表中选择需要的压缩方式，如图 8-16 所示。

“品质”选项：设置影片的压缩品质，通过拖动品质的百分比来设置。

“宽度”选项/“高度”选项：设置影片的尺寸。我国使用 PAL 制，选择 720×576。

“帧速率”选项：设置每秒播放画面的帧数，提高帧速度会使画面播放得更流畅。如果将文件类型设置为 AVI，那么 DV PAL 对应的帧速是固定的 29.97 和 25；如果将文件类型设置为 AVI（未压缩），那么帧速可以选择 1 ~ 60 的数值。

“场序”选项：设置影片的场扫描方式，有上场优先、下场优先和逐行 3 种方式。

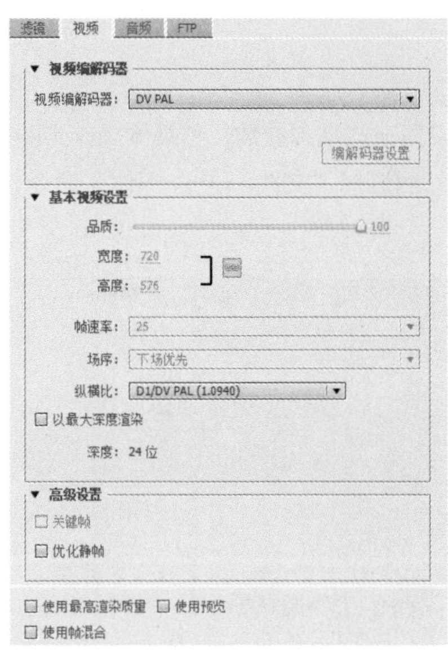


图 8-15

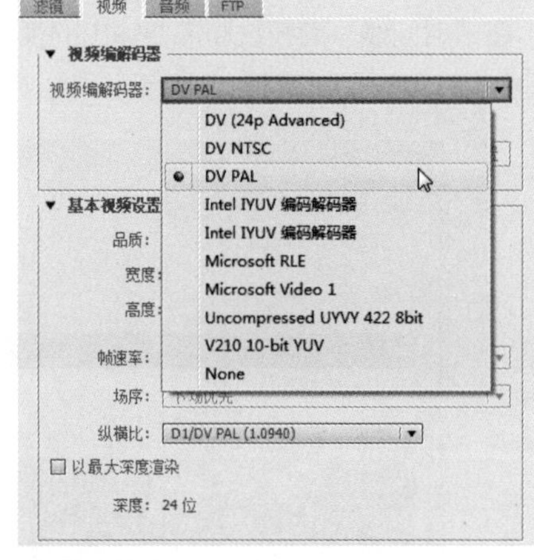


图 8-16

“纵横比”选项：设置视频制式的画面比。单击该选项右侧的按钮，在弹出的下拉列表中选择需要的选项，如图 8-17 所示。

◎ **“音频”选项区域**

在“音频”选项区域中，可以为输出的音频指定使用的压缩方式、采样速率及量化指标等相关的选项参数，如图 8-18 所示。

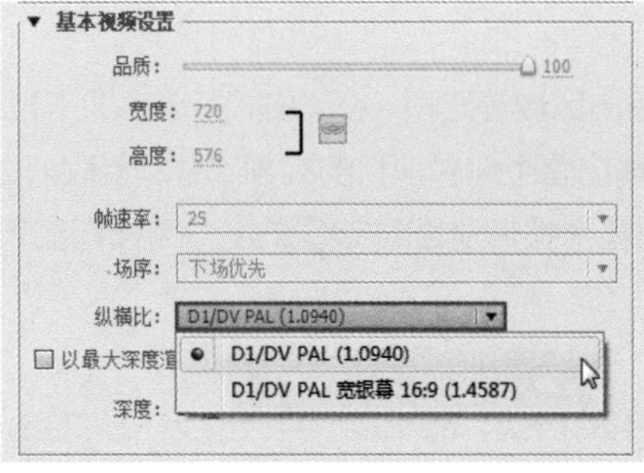


图 8-17

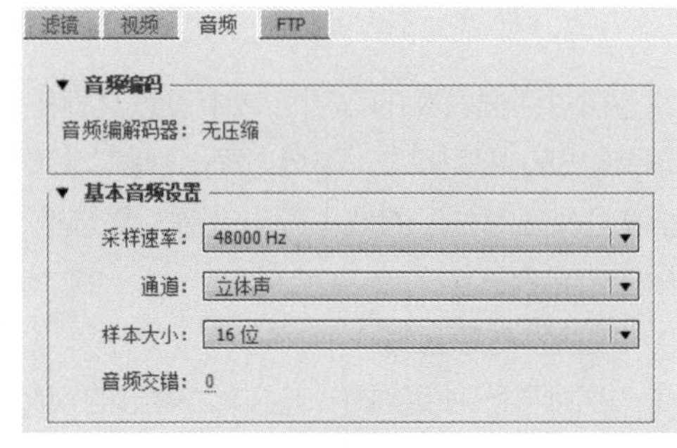


图 8-18

“音频”选项区域中各主要选项含义如下。

“音频编解码器”选项：为输出的音频选项选择合适的压缩方式进行压缩。Premiere Pro CS6 默认的选项是“无压缩”。

“采样速率”选项：设置输出节目音频时所使用的采样速率，如图 8-19 所示。采样速率越高，播放质量越好，但所需的磁盘空间越大，占用的处理时间越长。

“通道”选项：在该选项的下拉列表中可以为音频选择单声道或立体声。

“样本大小”选项：设置输出节目音频时所使用的声音量化倍数，最高要提供 32 位。一般，要获得较好的音频质量就要使用较高的量化位数，如图 8-20 所示。

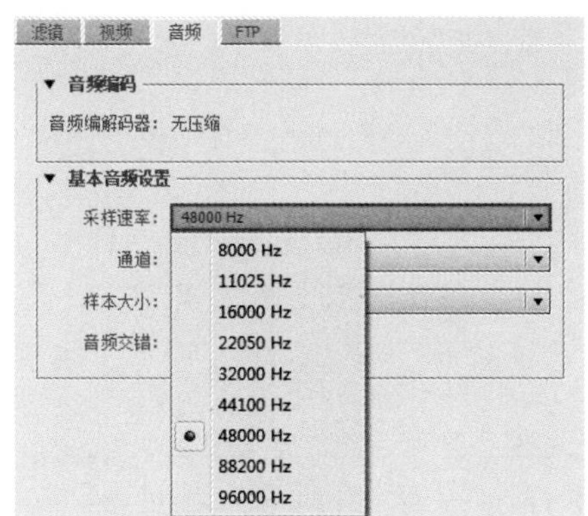
滤镜
视频
音频
FTP
音频编码
音频编解码器：无压缩
基本音频设置
采样速率：
48000 Hz
通道：
样本大小：
音频交错：
8000 Hz
11025 Hz
16000 Hz
22050 Hz
32000 Hz
44100 Hz
48000 Hz
88200 Hz
96000 Hz

图 8-19

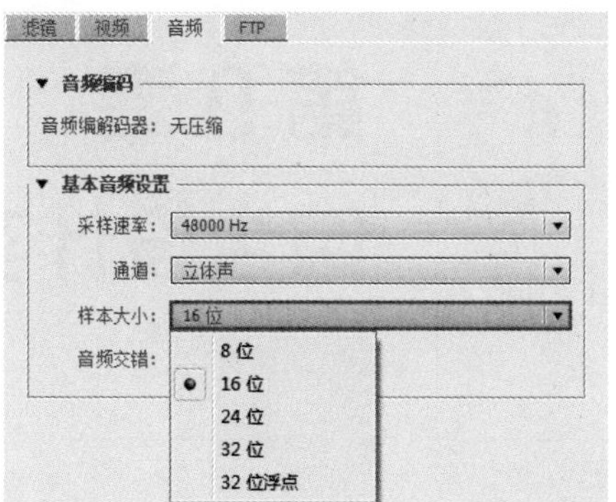
滤镜
视频
音频
FTP
音频编码
音频编解码器：无压缩
基本音频设置
采样速率：
48000 Hz
通道：
立体声
样本大小：
16 位
音频交错：
8 位
16 位
24 位
32 位
32 位浮点

图 8-20

09

# 第 9 章 综合设计实训

## 本章介绍

本章通过 6 个影视制作案例，进一步讲解 Premiere 的功能特色和使用技巧。读者能够快速地掌握软件功能和知识要点，制作出变化丰富的多媒体效果。

## 学习目标

- ✔ 掌握 Premiere 软件基础知识
- ✔ 了解 Premiere 的常用设计领域
- ✔ 掌握 Premiere 在不同设计领域的使用技巧

## 能力目标

- ✔ 掌握不同类型作品的制作方法

## 素质目标

- ✔ 培养综合项目的管理和实施能力
- ✔ 培养运用科学设计方法解决实际问题的能力
- ✔ 培养就业与创业能力

# 9.1 制作城市形象宣传片

## 9.1.1 【项目背景及要求】

**1. 客户名称**

某广播电视集团。

**2. 客户需求**

某广播电视集团是一家介绍最新的新闻资讯、影视娱乐、社科动漫、时尚信息、生活服务等信息的综合性广播电视集团。本例是为集团制作的城市形象宣传片，要求符合宣传主题，体现出城市独特的人文气息和风格定位。

**3. 设计要求**

（1）设计要以城市宣传视频为主导。

（2）设计形式要前后呼应、过渡自然。

（3）画面色彩要丰富多样，能表现城市特色。

（4）设计内容要多样化，能体现出城市独特的人文气息和风格定位。

（5）设计规格：帧大小为 1280×720，时基为 25.00 帧/秒，像素长宽比为方形像素(1.0)。

## 9.1.2 【项目设计及制作】

**1. 设计素材**

图片素材所在位置：云盘中的“Ch09/制作城市形象宣传片/素材/01~11”。

**2. 设计作品**

设计作品效果所在位置：云盘中的“Ch09/制作城市形象宣传片/制作城市形象宣传片.prproj”，如图 9-1 所示。

图 9-1

**3. 步骤提示**

（1）启动 Premiere Pro CS6 软件，弹出“欢迎使用 Adobe Premiere Pro”欢迎界面，单击“新建项目”按钮，弹出“新建项目”对话框，如图 9-2 所示。单击“确定”按钮，弹出“新建序列”对话框，单击“设置”选项卡，设置相应参数，如图 9-3 所示，单击“确定”按钮，新建序列。

图 9-2

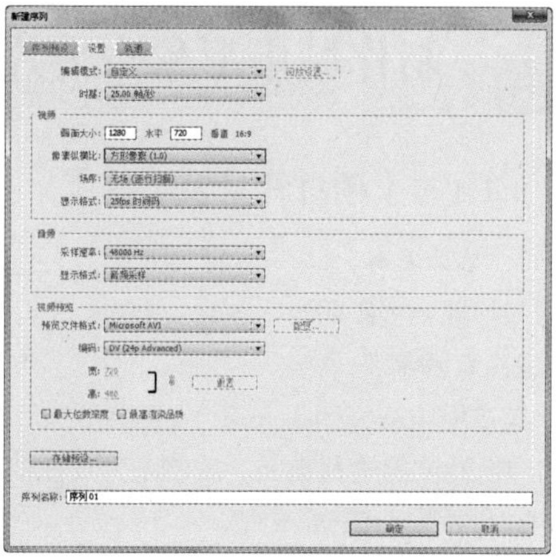

图 9-3

（2）选择“文件>导入”命令，弹出“导入”对话框，选择本书云盘中的“Ch09/制作城市形象宣传片/素材/01~11”文件，如图 9-4 所示，单击“打开”按钮，将素材文件导入到“项目”面板中，如图 9-5 所示。

图 9-4

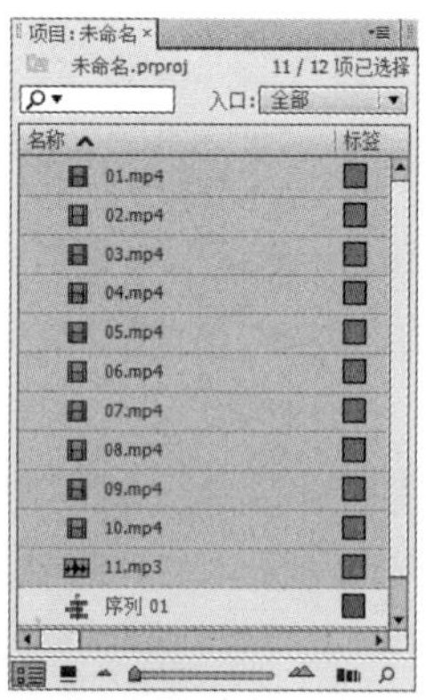
图 9-5

（3）在“项目”面板中，选中“01”文件并将其拖曳到“时间线”面板的“视频 1”轨道中，弹出“剪辑不匹配警告”对话框，单击“保持现有设置”按钮，在保持现有序列设置的情况下将文件放置在“视频 1”轨道中，如图 9-6 所示。

（4）在“时间线”面板中，选中“01”文件并单击鼠标右键，在弹出的快捷菜单中选择“速度/持续时间”命令，在弹出的对话框中进行设置，如图 9-7 所示，单击“确定”按钮。

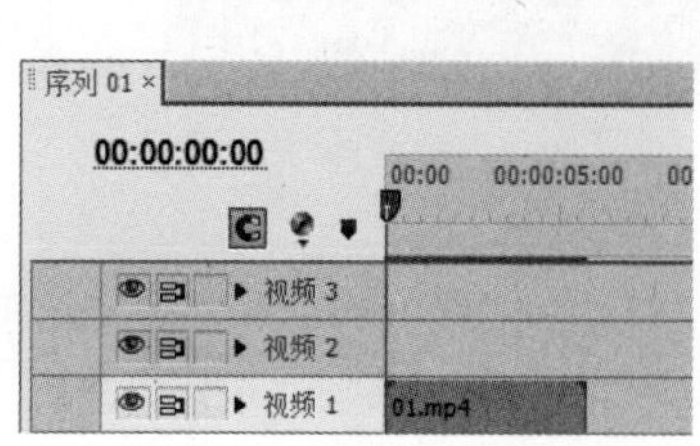
图 9-6

图 9-7

（5）将时间标签放置在 00:00:02:15 的位置上。将鼠标指针放在“01”文件的结束位置单击，显示编辑点。当鼠标指针呈◀状时，单击并向左拖曳指针到 00:00:02:15 的位置，如图 9-8 所示。选择“时间线”面板中的“01”文件。选择“特效控制台”面板，展开“运动”选项，将“缩放比例”选项设置为 67.0，如图 9-9 所示。

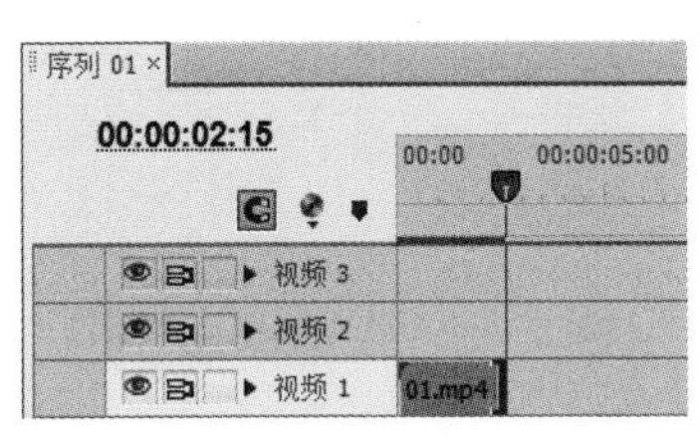

图 9-8

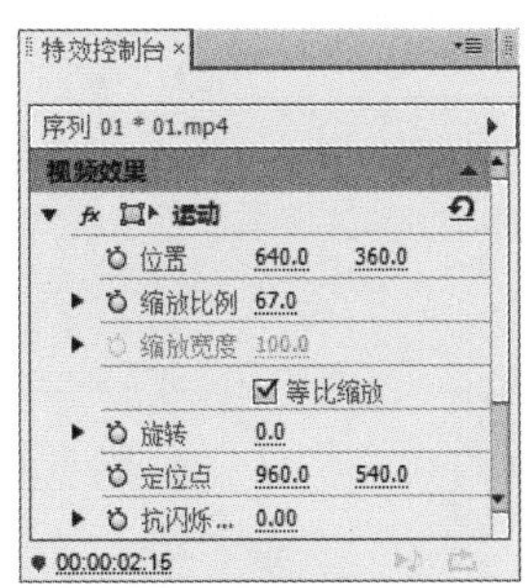

图 9-9

（6）在“项目”面板中，选中“02”文件并将其拖曳到“时间线”面板的“视频 1”轨道中，如图 9-10 所示。在“时间线”面板中，选中“02”文件并单击鼠标右键，在弹出的快捷菜单中选择“速度/持续时间”命令，在弹出的对话框中进行设置，如图 9-11 所示，单击“确定”按钮。将时间标签放置在 00:00:07:05 的位置上。将鼠标指针放在“02”文件的结束位置单击，显示编辑点。当鼠标指针呈◀状时，单击并向左拖曳指针到 00:00:07:05 的位置，如图 9-12 所示。

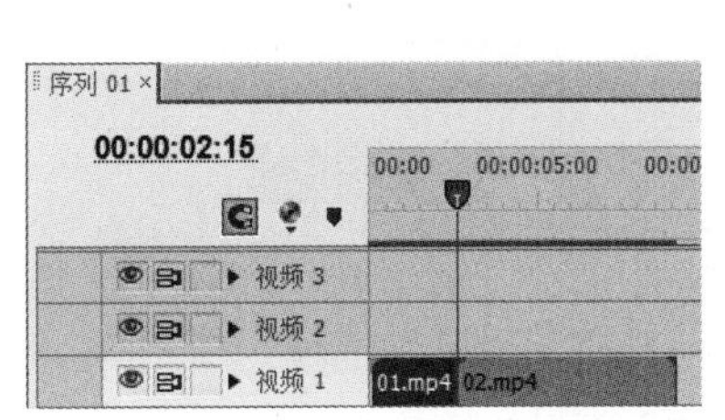

图 9-10

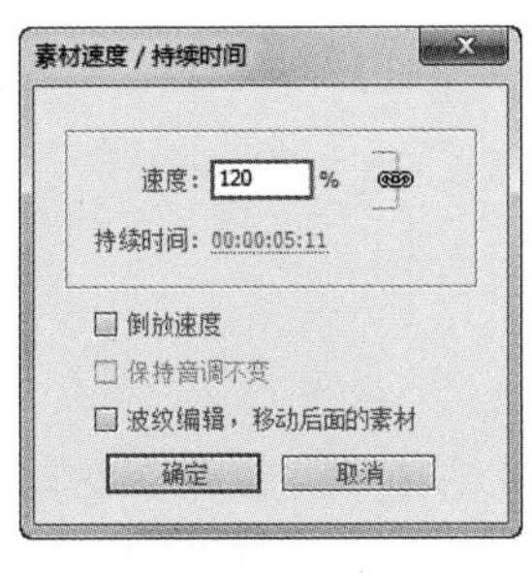

图 9-11

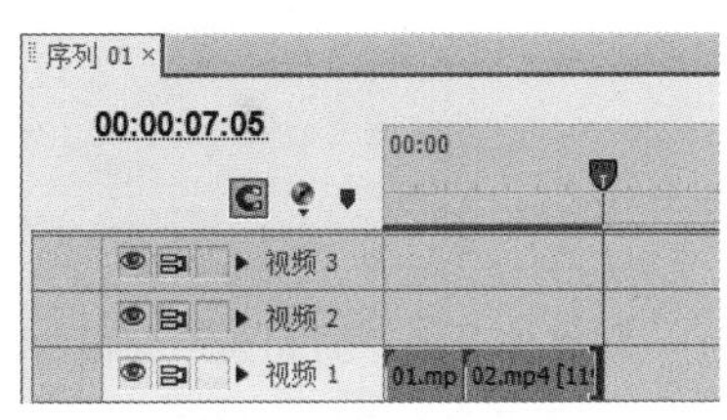

图 9-12

（7）用相同的方法添加并调整素材文件，如图 9-13 所示。

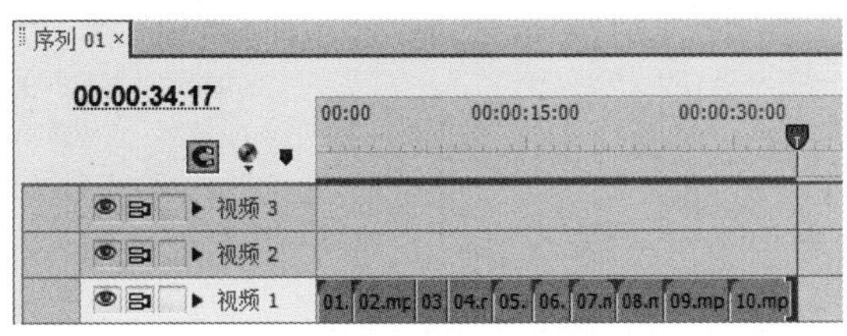

图 9-13

（8）将时间标签放置在 00:00:00:00 的位置上。选择“效果”面板，展开“视频特效”分类选项，单击“调整”文件夹前面的三角形按钮▶将其展开，选中“基本信号控制”效果，如图 9-14 所示。将“基本信号控制”效果拖曳到“时间线”面板的“视频 1”轨道中“01”文件上。选择“特效控制台”面板，展开“基本信号控制”选项，选项的设置如图 9-15 所示。

（9）将时间标签放置在 00:00:02:16 的位置上。选择“效果”面板，将“基本信号控制”效果拖曳到“时间线”面板的“视频 1”轨道中“02”文件上。选择“特效控制台”面板，展开“基本信号控制”选项，选项的设置如图 9-16 所示。用相同的方法为其他素材分别添加“基本信号控制”效果并进行设置。

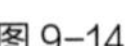
图 9-14

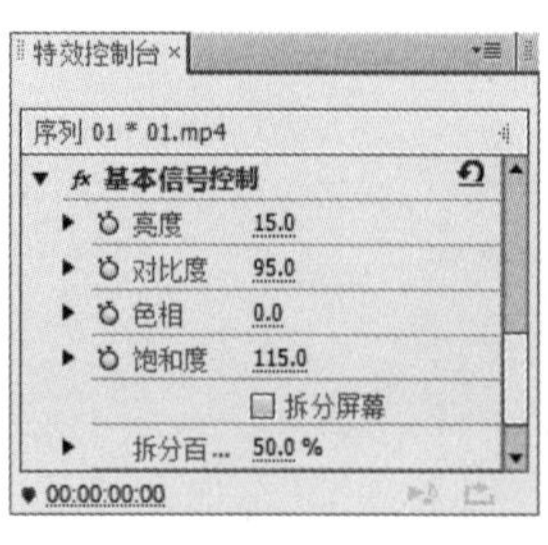

图 9-15

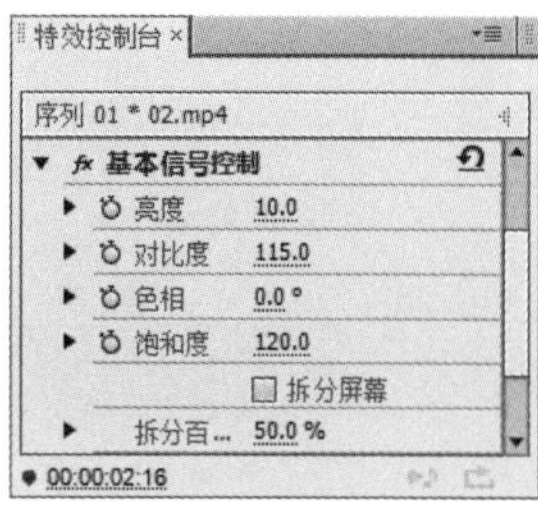


图 9-16

（10）选择“效果”面板，展开“视频切换”分类选项，单击“叠化”文件夹前面的三角形按钮▶将其展开，选中“交叉叠化（标准）”效果，如图 9-17 所示。将“交叉叠化（标准）”效果拖曳到“时间线”面板中“01”文件的结束位置和“02”文件的开始位置，如图 9-18 所示。

图 9-17

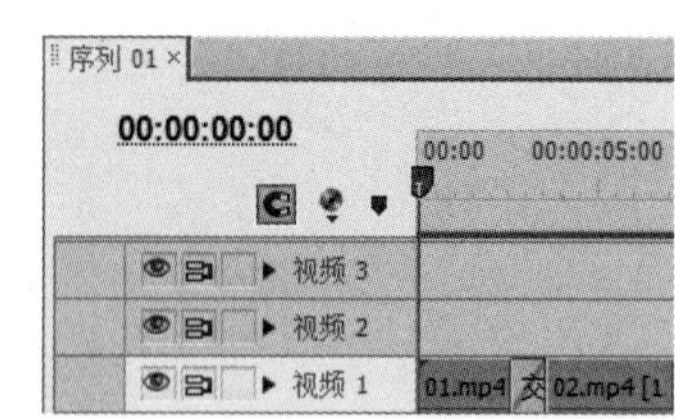


图 9-18

（11）选中“时间线”面板中的“交叉叠化（标准）”效果。在“特效控制台”面板，将“持续时间”选项设置为 00:00:00:20，其他设置如图 9-19 所示，“时间线”面板如图 9-20 所示。

（12）使用相同的方法添加其他转场效果，如图 9-21 所示。

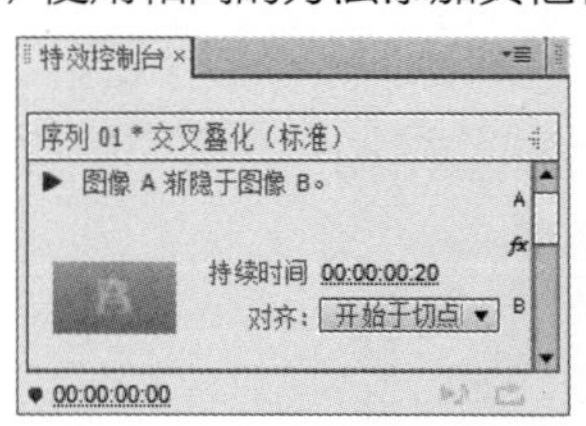


图 9-19

图 9-20

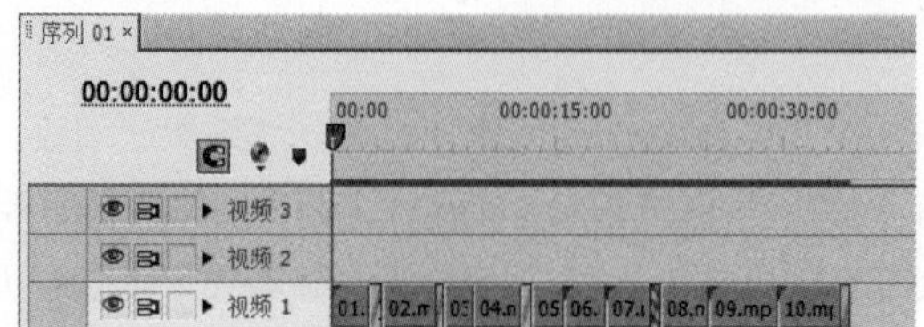


图 9-21

（13）选择“文件>新建>字幕”命令，弹出“新建字幕”对话框，如图 9-22 所示，单击“确定”按钮，弹出“字幕”编辑面板。选择“字幕”编辑面板中的“输入”工具T，在“字幕”编辑面板中分别单击并输入需要的文字，如图 9-23 所示。分别选择文字，在“字幕”编辑面板上方设置适当的字体和文字大小。在“字幕属性”面板中，展开“填充”栏，将“颜色”选项设置为白色，“字幕”编辑面板中的效果如图 9-24 所示。

（14）选择“字幕”编辑面板中的“矩形”工具，在“字幕”编辑面板中绘制矩形，如图 9-25 所示。在“字幕属性”面板中，展开“填充”栏，将“颜色”选项设置为红色（144、0、0），如图 9-26 所示，“字幕”编辑面板中的效果如图 9-27 所示。在“项目”面板中生成“字幕 01”文件。

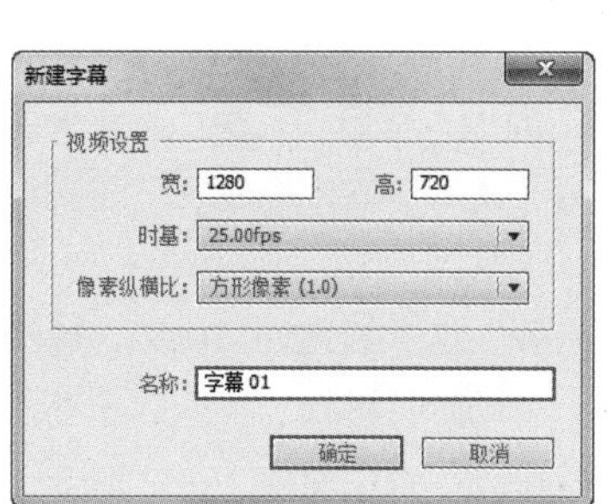


图 9-22

图 9-23

图 9-24

图 9-25

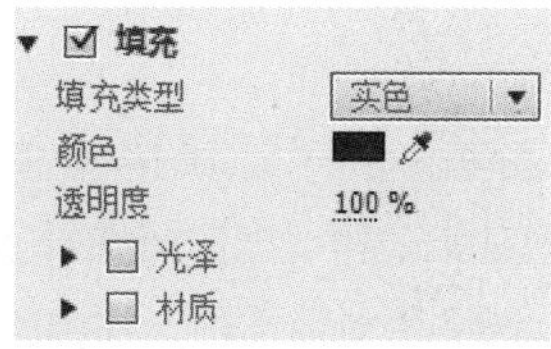


图 9-26

图 9-27

（15）将时间标签放置在 00:00:03:04 的位置。将“项目”面板中的“字幕 01”文件拖曳到“时间线”面板的“视频 2”轨道中，如图 9-28 所示。将时间标签放置在 00:00:06:20 的位置。将鼠标指针放在“字幕 01”文件的结束位置单击，显示编辑点。当鼠标指针呈状时，单击并向左拖曳指针到 00:00:06:20 的位置上，如图 9-29 所示。

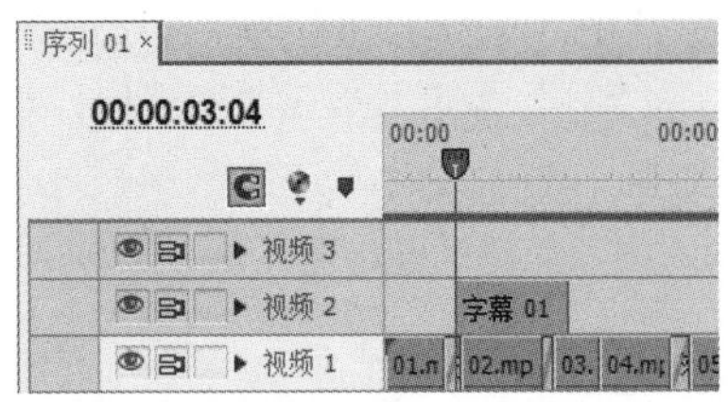


图 9-28

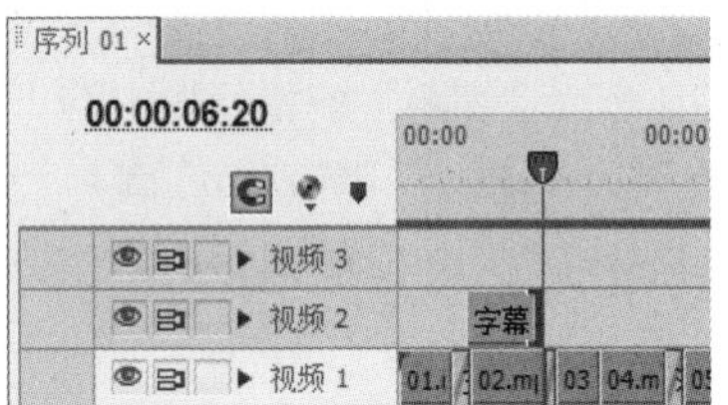


图 9-29

（16）将时间标签放置在 00:00:03:04 的位置。选择“效果”面板，单击“变换”文件夹前面的三角形按钮将其展开，选中“裁剪”效果，如图 9-30 所示。将“裁剪”效果拖曳到“时间线”面板的“视频 2”轨道中“字幕 01”文件上。

（17）选择“特效控制台”面板，展开“裁剪”选项，将“右侧”选项设置为 100.0，单击“右侧”选项左侧的“切换动画”按钮，如图 9-31 所示，记录第 1 个动画关键帧。将时间标签放置在 00:00:04:01 的位置。在“特效控制台”面板中，将“右侧”选项设置为 0，如图 9-32 所示，记录第 2 个动画关键帧。

图 9-30

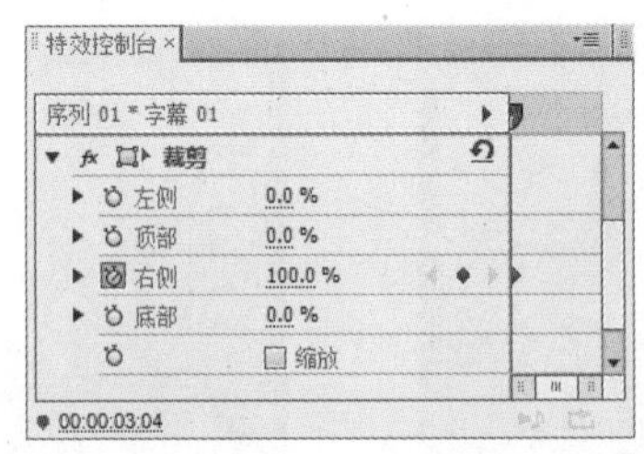


图 9-31

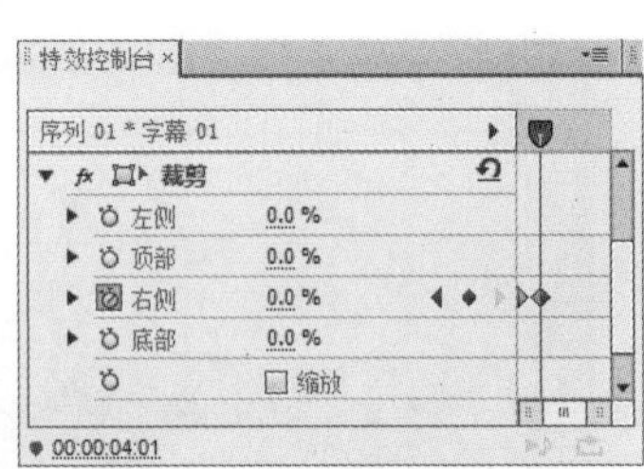


图 9-32

（18）用相同的方法制作其他文字及文字动画，如图 9-33 所示。

图 9-33

（19）在“项目”面板中选中“11”文件并将其拖曳到“时间线”面板中的“音频 1”轨道上。将时间标签放置在 00:00:00:23 的位置。将鼠标指针放在“11”文件的开始位置，当鼠标指针呈状时，单击并向右拖曳指针到 00:00:00:23 的位置上，如图 9-34 所示。选中“11”文件，拖曳到“音频 1”轨道起始位置，如图 9-35 所示。

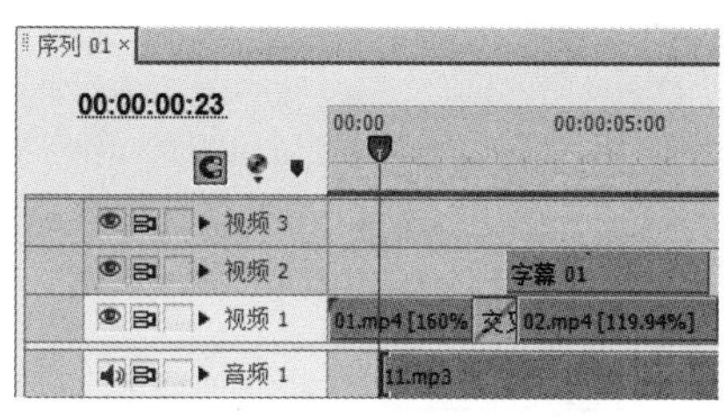


图 9-34

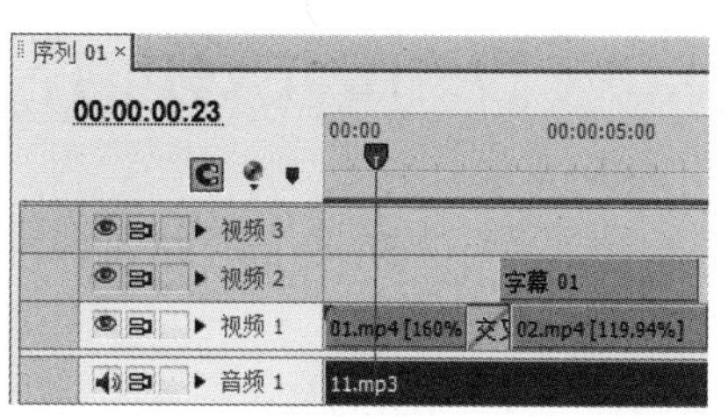


图 9-35

（20）将鼠标指针放在“11”文件的结束位置，当鼠标指针呈◀状时，单击并向左拖曳鼠标到“10”文件的结束位置，如图 9-36 所示。将时间标签放置在 00:00:33:10 的位置。在“特效控制台”面板中，单击“级别”选项右侧的“添加/移除关键帧”按钮◈，如图 9-37 所示，记录第 1 个动画关键帧。

（21）将时间标签放置在 00:00:34:13 的位置。在“特效控制台”面板中，将“级别”选项设置为-999.0dB，记录第 2 个动画关键帧，如图 9-38 所示。城市形象宣传片制作完成。

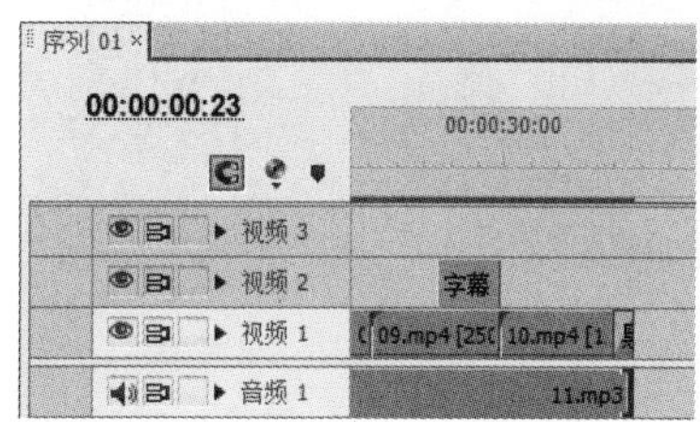

图 9-36

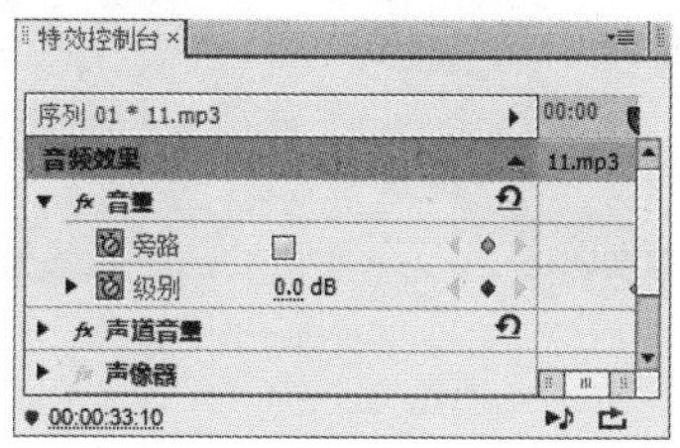


图 9-37

图 9-38

## 9.2 制作美食栏目包装

### 9.2.1 【项目背景及要求】

**1. 客户名称**

大山美食生活网。

**2. 客户需求**

大山美食生活网是一家以丰富的美食内容与大量的饮食资讯深受广大网民喜爱的个人网站。本项目是为网站制作美食栏目包装，要求能展现出美食的制作过程，给人健康、美味和幸福感。

**3. 设计要求**

（1）设计内容以烹饪食材和制作过程展示为主。

（2）使用简洁干净的背景，体现出洁净、健康的主题。

（3）设计要求简单、有趣、易记。

（4）要求整个设计与生活密切相关，充满特色。

（5）设计规格：帧大小为 1920×1080，时基为 25.00 帧/秒，像素长宽比为方形像素（1.0）。

### 9.2.2 【项目设计及制作】

**1. 设计素材**

图片素材所在位置：云盘中的“Ch09/制作美食栏目包装/素材/01 ~ 13”。

**2. 设计作品**

设计作品效果所在位置：云盘中的“Ch09/制作美食栏目包装/制作美食栏目包装.prproj”，如图 9-39 所示。

图 9-39

**3. 步骤提示**

（1）启动 Premiere Pro CS6 软件，弹出“欢迎使用 Adobe Premiere Pro”欢迎界面，单击“新建项目”按钮，弹出“新建项目”对话框，如图 9-40 所示。单击“确定”按钮，弹出“新建序列”对话框，单击“设置”选项卡，设置相应参数，如图 9-41 所示，单击“确定”按钮，新建序列。

图 9-40

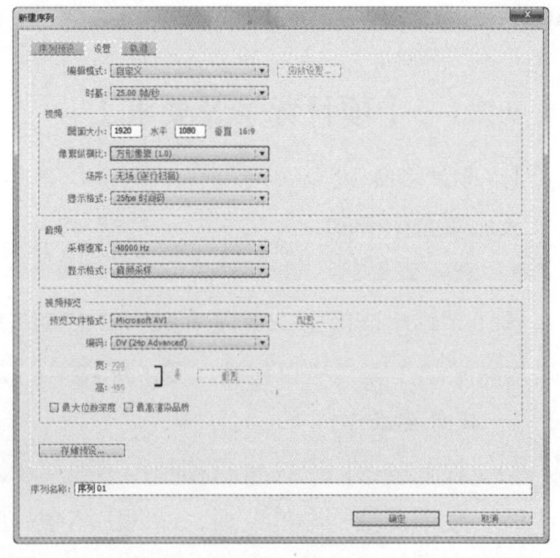


图 9-41

（2）选择“文件>导入”命令，弹出“导入”对话框，选择本书云盘中的“Ch11/制作美食栏目包装/素材/01~13”文件，如图 9-42 所示，单击“打开”按钮，将素材文件导入到“项目”面板中，如图 9-43 所示。

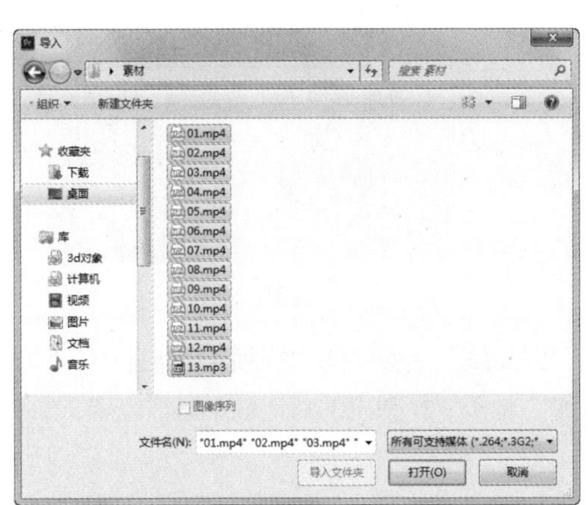


图 9-42

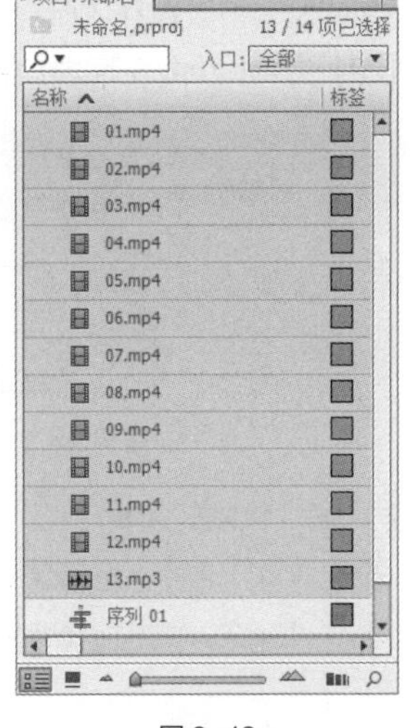


图 9-43

（3）在“项目”面板中，选中“02”文件并将其拖曳到“时间线”面板中的“视频 1”轨道中，弹出“剪辑不匹配警告”对话框，单击“保持现有设置”按钮，在保持现有序列设置的情况下将文件放置在“视频 1”轨道中，如图 9-44 所示。

（4）在“项目”面板中，选中“01”文件并将其拖曳到“时间线”面板中的“视频 1”轨道中，如图 9-45 所示。选中“01”文件。选择“素材>速度/持续时间”命令，在弹出的对话框中进行设置，如图 9-46 所示，单击“确定”按钮，调整素材文件。

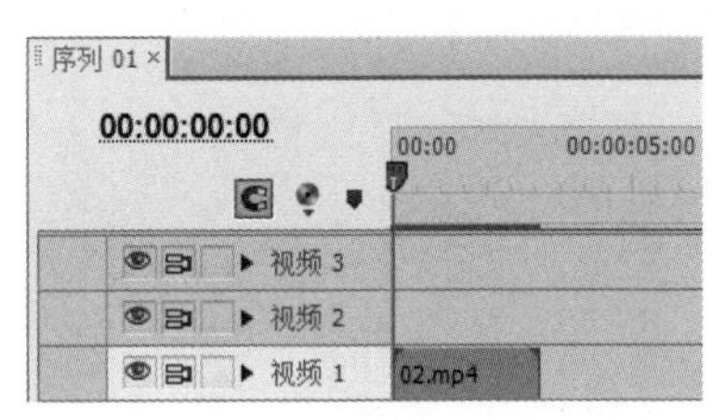


图 9-44

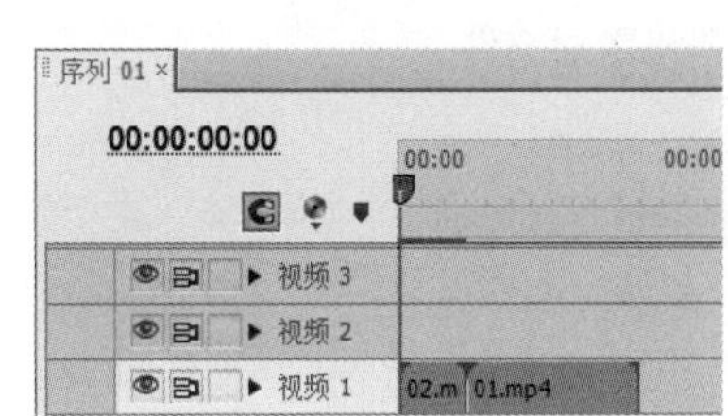


图 9-45

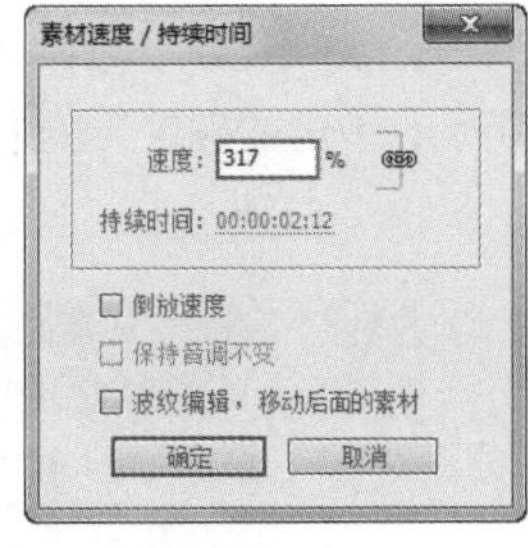


图 9-46

（5）将时间标签放置在 00:00:03:11 的位置上。将鼠标指针放在“01”文件开始位置，当鼠标指针呈状时，单击并向右拖曳指针到 00:00:03:11 的位置，如图 9-47 所示。向左拖曳“01”文件到“02”文件结束位置，如图 9-48 所示。

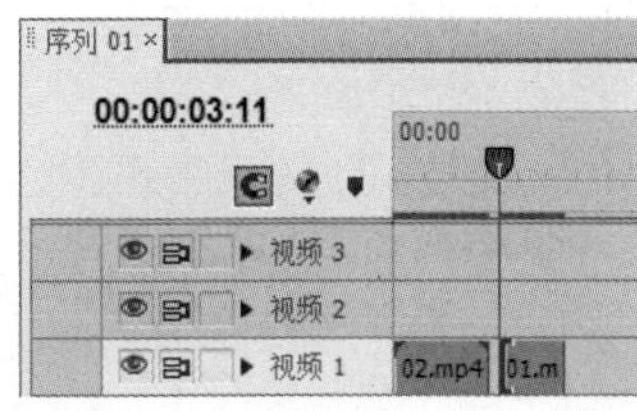


图 9-47

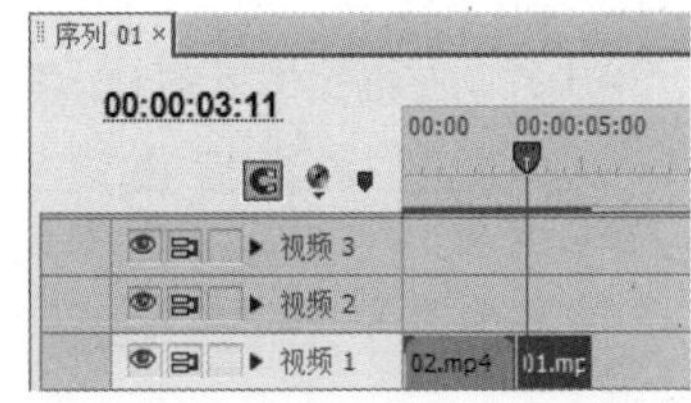


图 9-48

（6）将“项目”面板中的“03”文件拖曳到“时间线”面板中的“视频 1”轨道中，如图 9-49

所示。将时间标签放置在 00:00:07:14 的位置上。将鼠标指针放在“03”文件结束位置，当鼠标指针呈◀状时，单击并向左拖曳鼠标到 00:00:07:14 位置上，如图 9-50 所示。

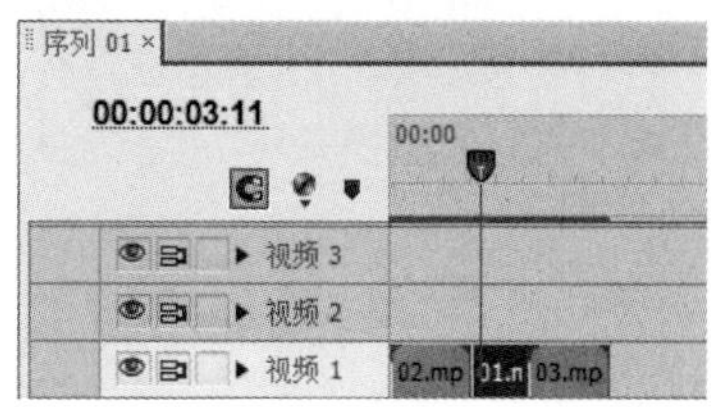

图 9-49

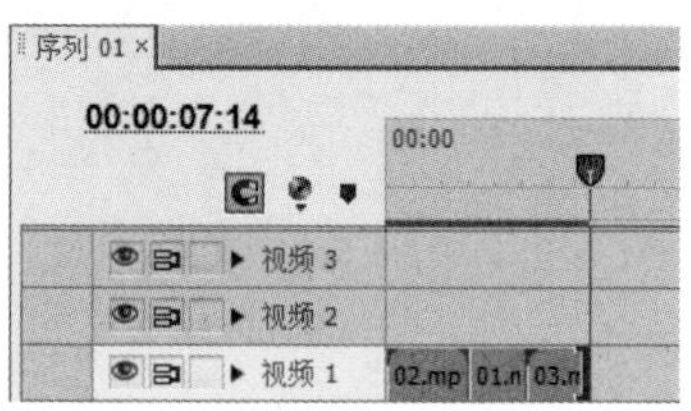

图 9-50

（7）将“项目”面板中的“04”文件拖曳到“时间线”面板中的“视频 1”轨道中，如图 9-51 所示。选中“04”文件。选择“素材>速度/持续时间”命令，在弹出的对话框中进行设置，如图 9-52 所示，单击“确定”按钮，调整素材文件。

图 9-51

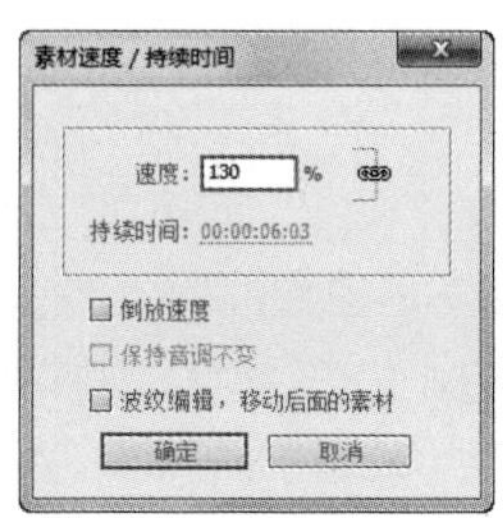

图 9-52

（8）将“项目”面板中的“05”文件拖曳到“时间线”面板中的“视频 1”轨道中，如图 9-53 所示。选中“05”文件。选择“素材>速度/持续时间”命令，在弹出的对话框中进行设置，如图 9-54 所示，单击“确定”按钮，调整素材文件。

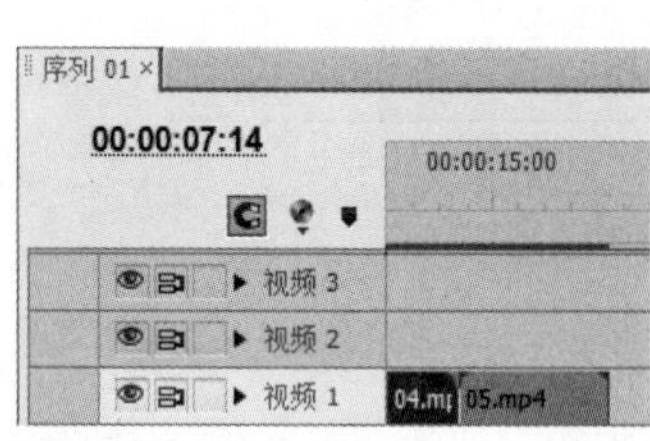

图 9-53

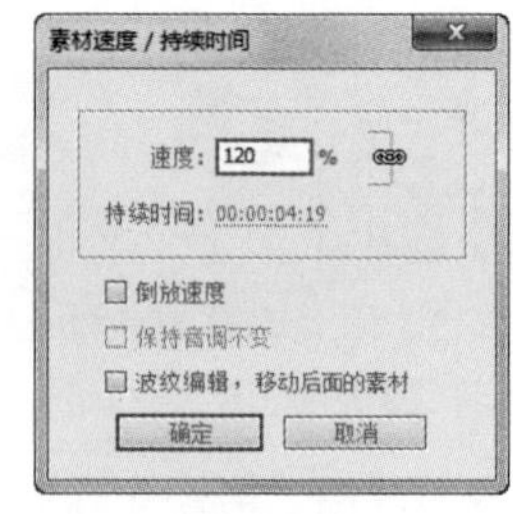

图 9-54

（9）将“项目”面板中的“06”文件拖曳到“时间线”面板中的“视频 1”轨道中，如图 9-55 所示。将时间标签放置在 00:00:21:06 的位置上。将鼠标指针放在“06”文件结束位置，当鼠标指针呈◀状时，单击并向左拖曳指针到 00:00:21:06 位置上，如图 9-56 所示。

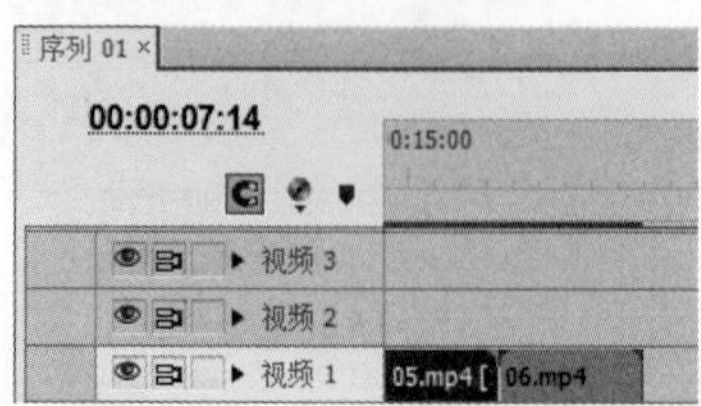

图 9-55

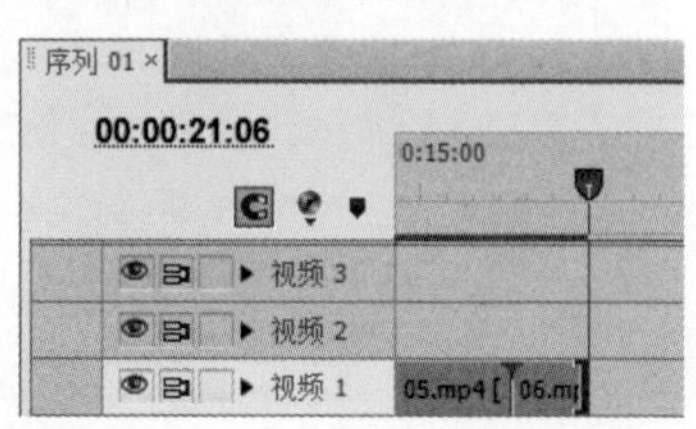

图 9-56

（10）将“项目”面板中的“07”文件拖曳到“时间线”面板中的“视频 1”轨道中，如图 9-57 所示。将时间标签放置在 00:00:25:08 的位置上。将鼠标指针放在“07”文件结束位置，当鼠标指针呈◀状时，向左拖曳鼠标到 00:00:25:08 位置上，如图 9-58 所示。

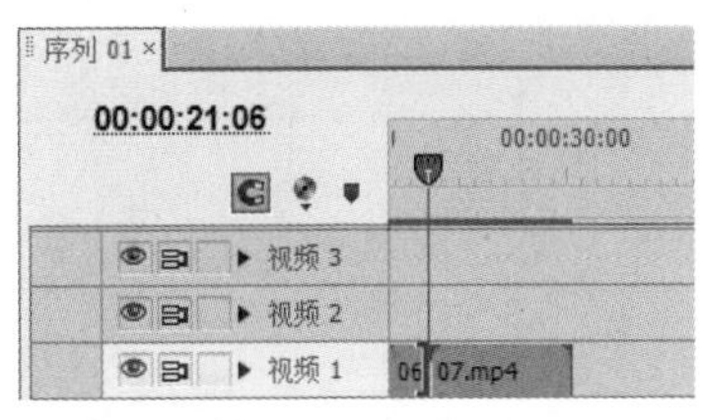

图 9-57

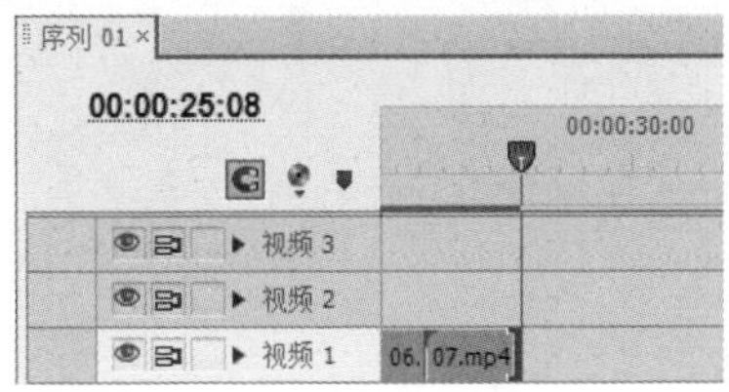

图 9-58

（11）将“项目”面板中的“08”文件拖曳到“时间线”面板中的“视频 1”轨道中，如图 9-59 所示。选中“08”文件。选择“素材>速度/持续时间”命令，在弹出的对话框中进行设置，如图 9-60 所示，单击“确定”按钮，调整素材文件。

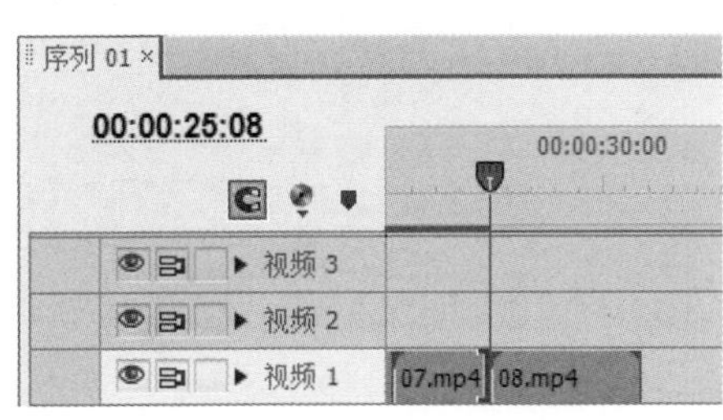

图 9-59

图 9-60

（12）将“项目”面板中的“09”文件拖曳到“时间线”面板中的“视频 1”轨道中，如图 9-61 所示。选中“09”文件。选择“素材>速度/持续时间”命令，在弹出的对话框中进行设置，如图 9-62 所示，单击“确定”按钮，调整素材文件。

（13）将时间标签放置在 00:00:39:17 的位置上。将鼠标指针放在“09”文件结束位置，当鼠标指针呈◀状时，单击并向左拖曳鼠标到 00:00:39:17 位置上，如图 9-63 所示。

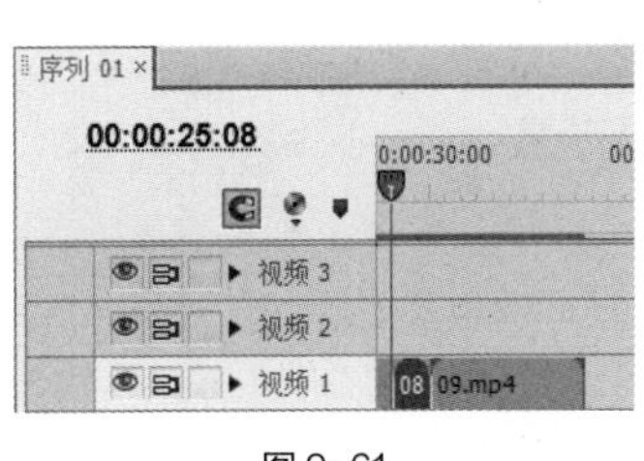

图 9-61

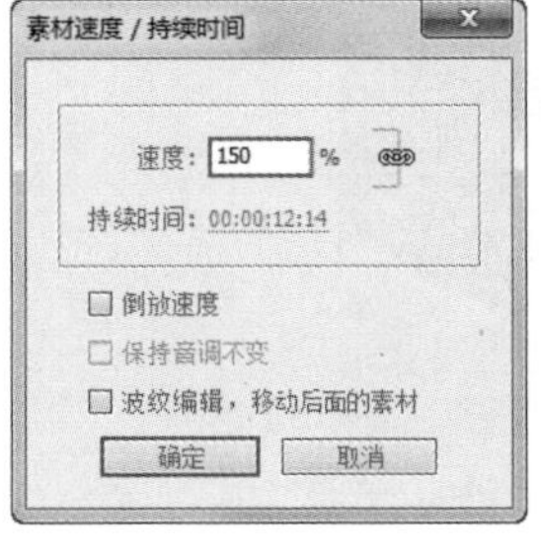

图 9-62

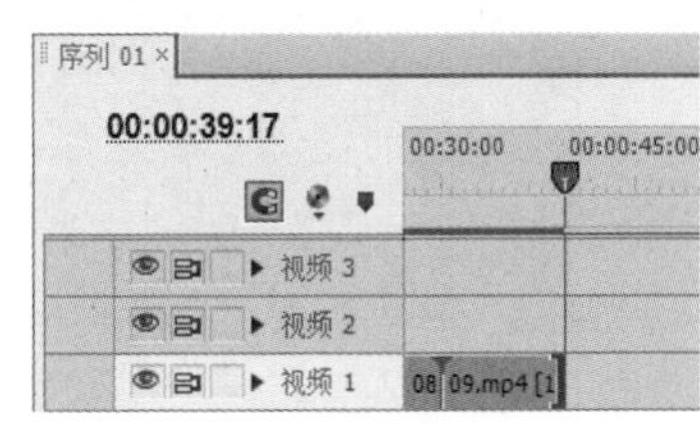

图 9-63

（14）双击“项目”面板中的“10”文件，在“源”面板中打开“10”文件。将时间标签放置在 00:00:04:06 的位置。按 I 键，创建标记入点，如图 9-64 所示。选中“源”面板中的“10”文件并将其拖曳到“时间线”面板中的“视频 1”轨道中，如图 9-65 所示。

图 9-64

图 9-65

（15）将“项目”面板中的“11”文件拖曳到“时间线”面板中的“视频 1”轨道中，如图 9-66 所示。将时间标签放置在 00:00:47:19 的位置上。将鼠标指针放在“11”文件结束位置，当鼠标指针呈状时，单击并向左拖曳鼠标到 00:00:47:19 位置上，如图 9-67 所示。

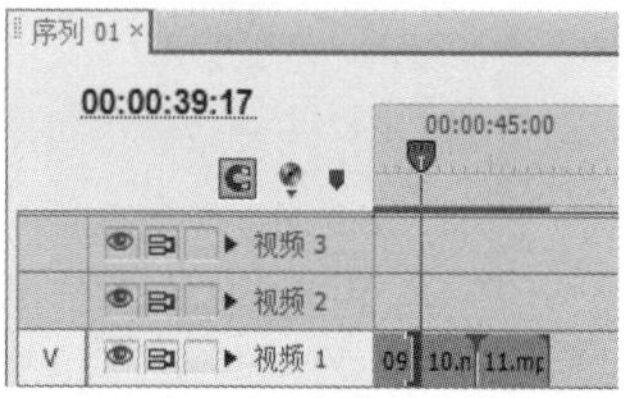

图 9-66

图 9-67

（16）双击“项目”面板中的“12”文件，在“源”面板中打开“12”文件。将时间标签放置在 00:00:01:16 的位置。按 I 键，创建标记入点。将时间标签放置在 00:00:05:04 的位置。按 O 键，创建标记出点，如图 9-68 所示。选中“源”面板中的“12”文件并将其拖曳到“时间线”面板中的“视频 1”轨道中，如图 9-69 所示。

图 9-68

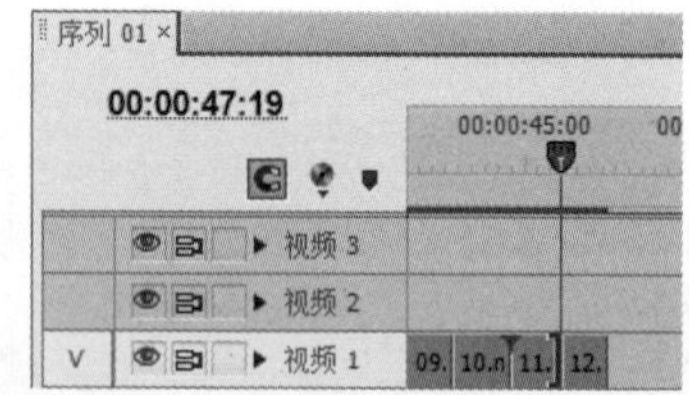

图 9-69

（17）将时间标签放置在 00:00:00:00 的位置上。选择“效果”面板，展开“视频特效”分类选项，单击“调整”文件夹前面的三角形按钮将其展开，选中“色阶”效果，如图 9-70 所示。将“色阶”效果拖曳到“时间线”面板的“视频 1”轨道中的“02”文件上。选择“特效控制台”面板，展开“色阶”选项，设置如图 9-71 所示。

图 9-70

图 9-71

（18）将时间标签放置在 00:00:13:17 的位置。选择“效果”面板，展开“视频切换”效果分类选项，单击“叠化”文件夹前面的三角形按钮▶将其展开，选中“交叉叠化（标准）”效果，如图 9-72 所示。将“交叉叠化（标准）”效果拖曳到“时间线”面板中“04”文件的结束位置和“05”文件的开始位置，如图 9-73 所示。

图 9-72

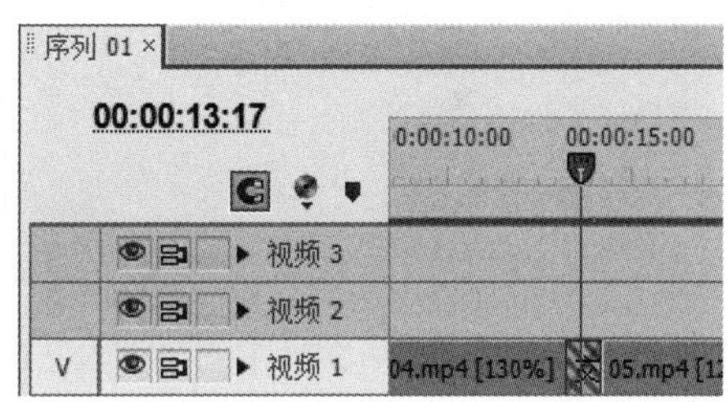


图 9-73

（19）用相同的方法将“带状擦除”效果拖曳到“时间线”面板中“05”文件的结束位置和“06”文件的开始位置，将“交叉叠化（标准）”效果拖曳到“时间线”面板中“07”文件的结束位置和“08”文件的开始位置，如图 9-74 所示。

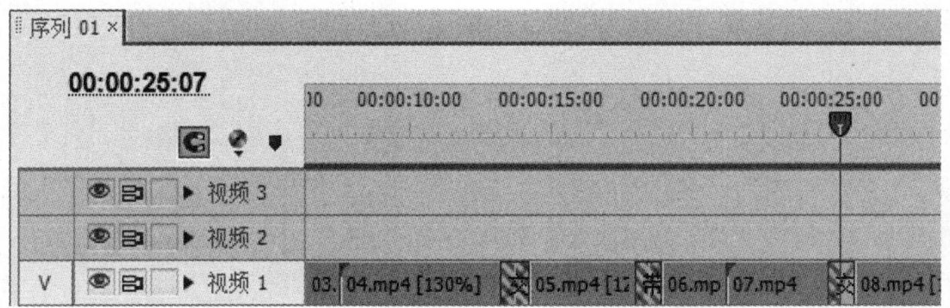


图 9-74

（20）将时间标签放置在 00:00:00:00 的位置上。选择“文件>新建>字幕”命令，弹出“新建字幕”对话框，如图 9-75 所示，单击“确定”按钮，弹出“字幕”编辑面板。选择“字幕”编辑面板中的“椭圆形”工具，在“字幕”编辑面板中绘制椭圆形，如图 9-76 所示。在“字幕属性”面板中，展开“填充”栏，将“颜色”选项设置为橘黄色（226、88、40），如图 9-77 所示，“字幕”编辑面板中的效果如图 9-78 所示。

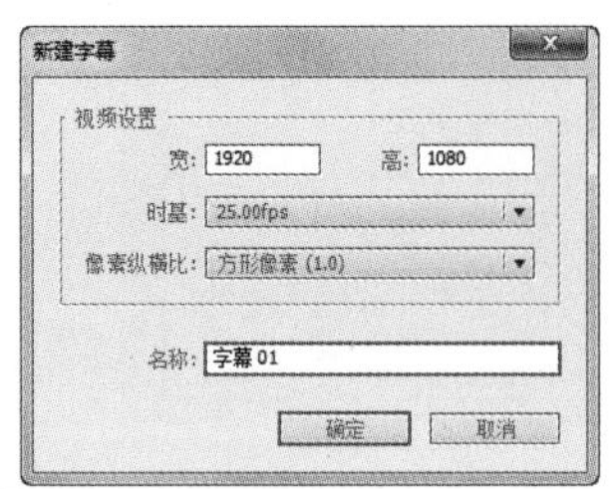


图 9-75

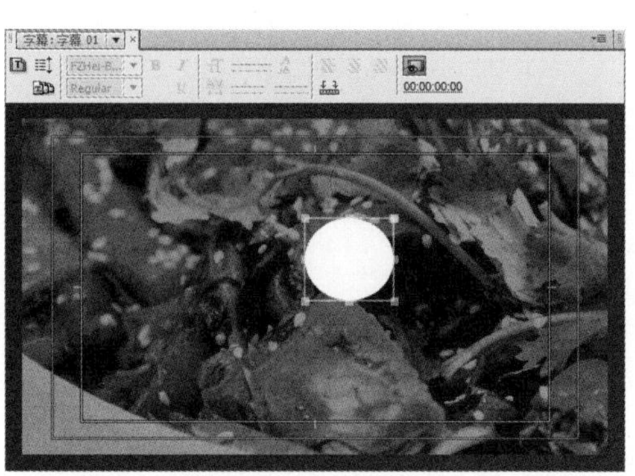

图 9-76

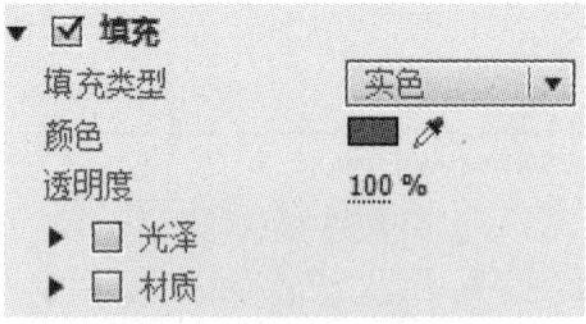

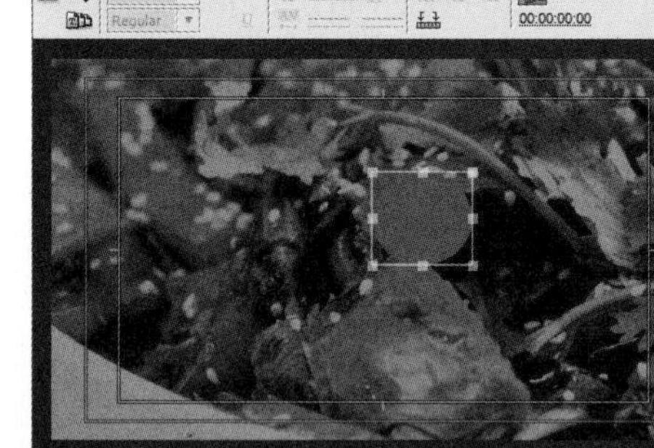

图 9-78

填充 / 填充类型 实色 / 颜色 / 透明度 100 % / 光泽 / 材质

图 9-77

（21）选择“字幕”编辑面板中的“输入”工具，在“字幕”编辑面板中分别单击并输入需要的文字，如图 9-79 所示。分别选择文字，在“字幕”编辑面板上方设置适当的字体和文字大小。在“字幕属性”面板中，展开“填充”栏，将“颜色”选项设置为白色，“字幕”编辑面板中的效果如图 9-80 所示。在“项目”面板中生成“字幕 01”文件。

图 9-79

图 9-80

（22）将时间标签放置在 00:00:00:13 的位置上。将“项目”面板中的“字幕 01”文件拖曳到“时间线”面板中的“视频 2”轨道中，如图 9-81 所示。将时间标签放置在 00:00:02:17 的位置。将鼠标指针放在“01”文件的结束位置单击，显示编辑点。当鼠标指针呈◀状时，向左拖曳光标到 00:00:02:17 的位置上，如图 9-82 所示。

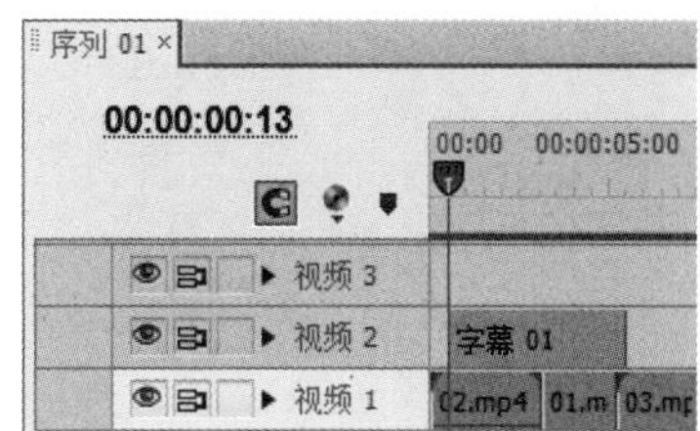


图 9-81

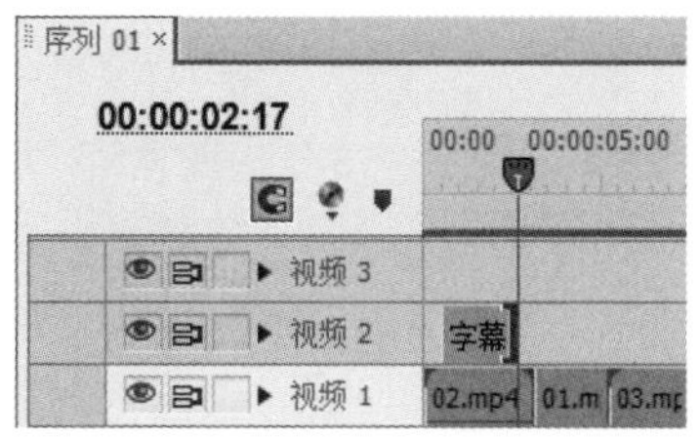


图 9-82

（23）将时间标签放置在 00:00:05:16 的位置上。选择“文件>新建>字幕”命令，弹出“新建字幕”对话框，如图 9-83 所示，单击“确定”按钮，弹出“字幕”编辑面板。选择“字幕”编辑面板中的“输入”工具T，在“字幕”编辑面板中单击并输入需要的文字，如图 9-84 所示。

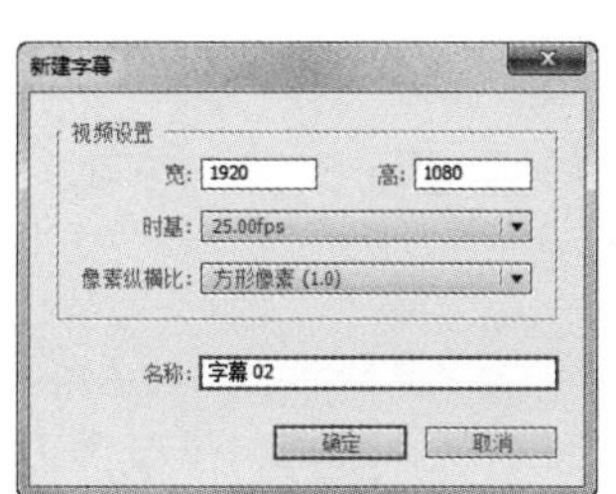


图 9-83

图 9-84

（24）在“字幕属性”面板中，展开“属性”栏，设置如图 9-85 所示。展开“描边”栏，单击“外侧边”右侧的“添加”按钮，将“颜色”选项设置为黑色，其他选项的设置如图 9-86 所示，“字幕”编辑面板中的效果如图 9-87 所示。在“项目”面板中生成“字幕 02”文件。

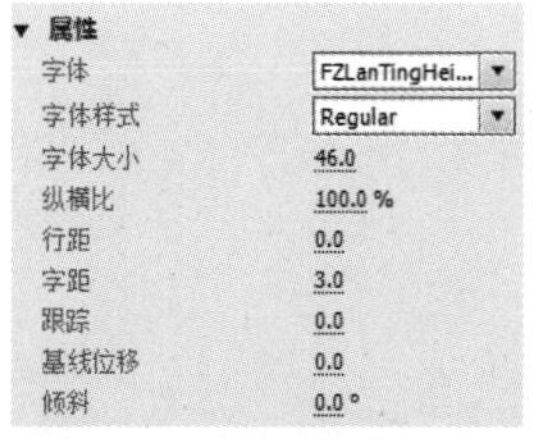


图 9-85

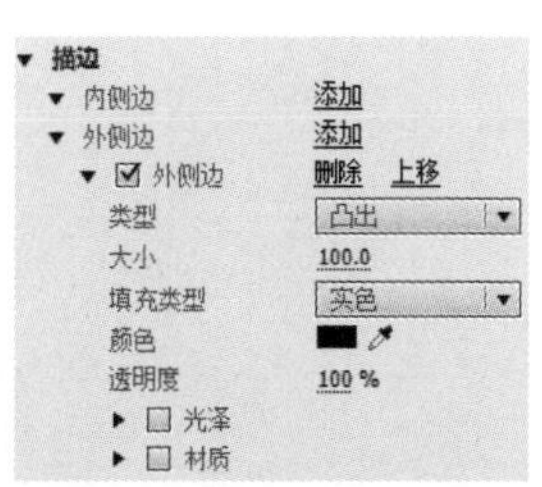


图 9-86

图 9-87

（25）将“项目”面板中的“字幕 02”文件拖曳到“时间线”面板中的“视频 2”轨道中，如图 9-88 所示。将时间标签放置在 00:00:06:20 的位置。将鼠标指针放在“字幕 02”文件的结束位置单击，显示编辑点。当鼠标指针呈![]状时，向左拖曳指针到 00:00:06:20 的位置上，如图 9-89 所示。

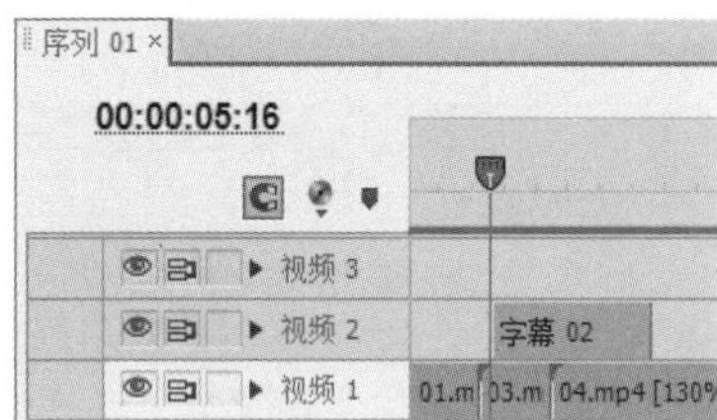

图 9-88

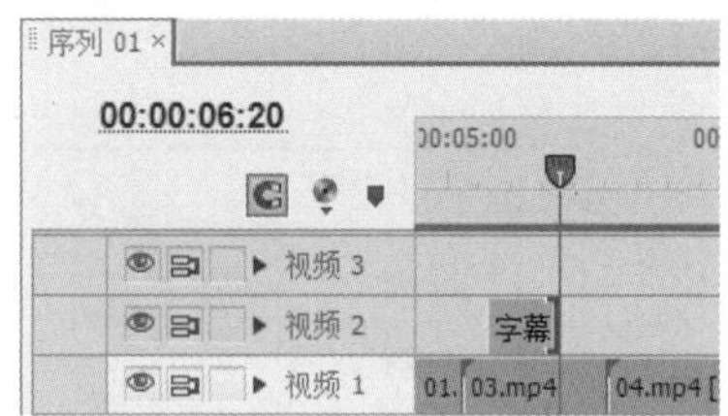

图 9-89

（26）使用相同的方法制作其他文字，“时间线”面板效果如图 9-90 所示。

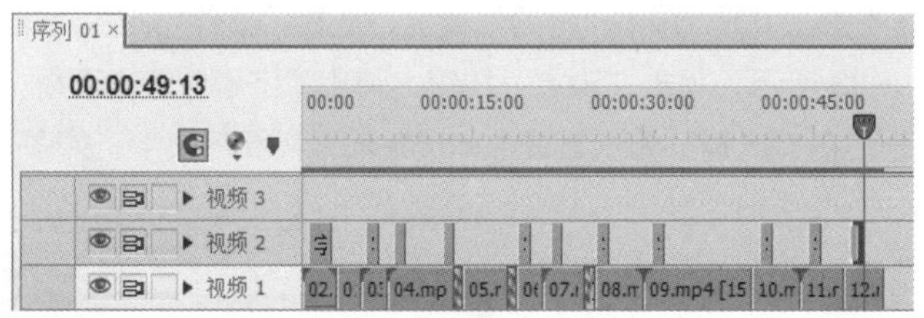

图 9-90

（27）在“项目”面板中，选中“13”文件并将其拖曳到“时间线”面板中的“音频 1”轨道中，如图 9-91 所示。将鼠标指针放在“13”文件的结束位置，当鼠标指针呈![]状时，单击并向左拖曳指针到“12”文件的结束位置，如图 9-92 所示。美食栏目包装制作完成。

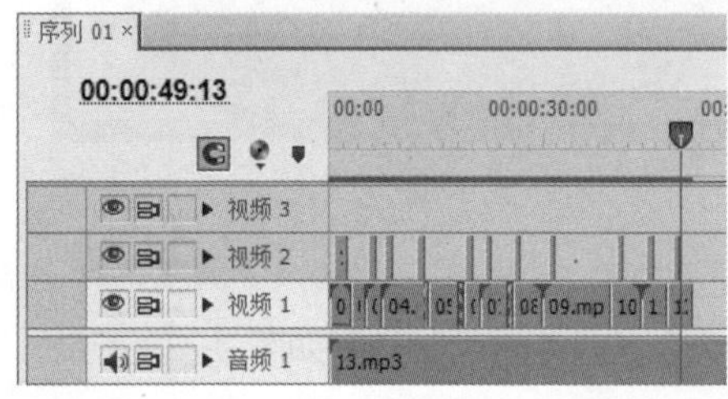

图 9-91

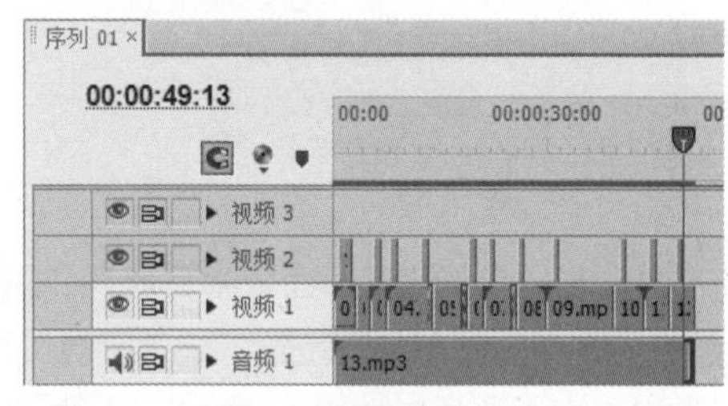

图 9-92

## 9.3 制作环保广告宣传片

### 9.3.1 【项目背景及要求】

1. *客户名称*

星旅电视台。

2. *客户需求*

星旅电视台是一家旅游电视台，它强调宏观上专业旅游频道特征与微观上综合满足观众娱乐需要的节目特征之间的高度统一性，以旅游资讯为主线，时尚、娱乐并重。为了配合电视台宣传环保行动，需要制作环保广告宣传片，要求符合环保主题，体现出低碳、节能的绿色生活。

3．**设计要求**

（1）设计风格要求直观醒目、引人深省。

（2）设计形式要独特且充满创意感。

（3）表现形式层次分明，活泼不呆板。

（4）设计具有发动性，能够激发人们保护环境的行动。

（5）设计规格：帧大小为1280×720，时基为25.00帧/秒，像素长宽比为方形像素（1.0）。

### 9.3.2 【项目设计及制作】

1．**设计素材**

图片素材所在位置：云盘中的“Ch09/制作环保广告宣传片/素材/01和02”。

2．**设计作品**

设计作品效果所在位置：云盘中的“Ch09/制作环保广告宣传片/制作环保广告宣传片.prproj”，如图9-93所示。

图9-93

3．**步骤提示**

（1）启动Premiere Pro CS6软件，弹出“欢迎使用Adobe Premiere Pro”欢迎界面，单击“新建项目”按钮，弹出“新建项目”对话框，如图9-94所示。单击“确定”按钮，弹出“新建序列”对话框，单击“设置”选项卡，设置相应参数，如图9-95所示，单击“确定”按钮，新建序列。

（2）选择“文件>导入”命令，弹出“导入”对话框，选择本书云盘中的“Ch09/制作环保广告宣传片/素材/01和02”文件，如图9-96所示，单击“打开”按钮，弹出“导入分层文件”对话框，选项如图9-97所示。单击“确定”按钮，将素材文件导入到“项目”面板中，如图9-98所示。

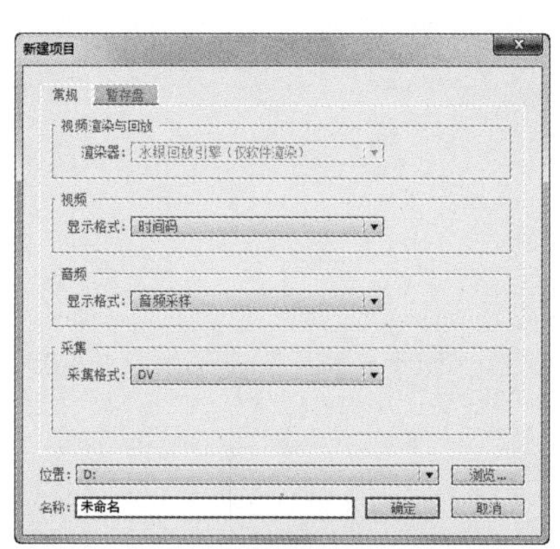

图 9-94

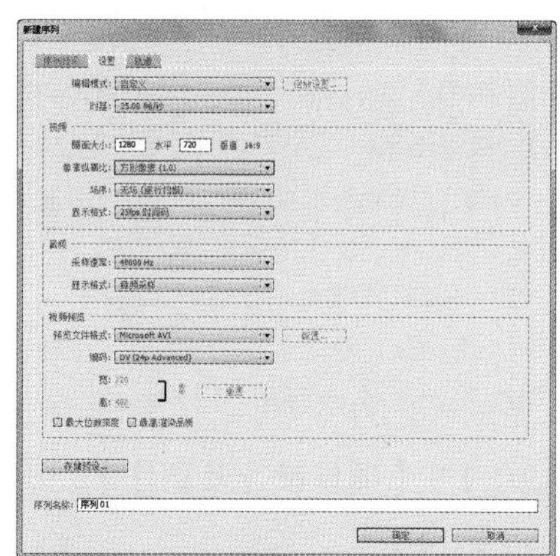

图 9-95

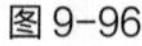

图 9-96

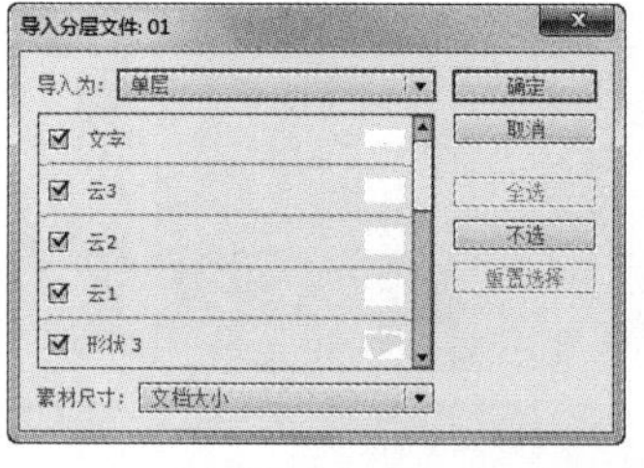


图 9-97

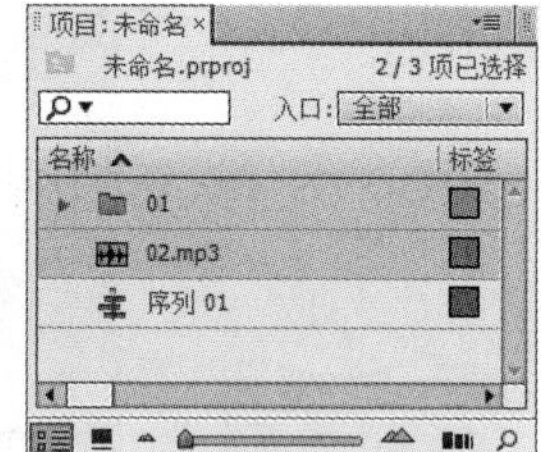


图 9-98

（3）选择“文件>新建>序列”命令，弹出“新建序列”对话框，单击“设置”选项卡，设置相应参数，如图 9-99 所示，单击“确定”按钮，新建序列。在“项目”面板中，展开 01 文件夹，分别选中“支柱/01”和“叶片/01”文件并将其分别拖曳到“时间线”面板中的“视频 1”和“视频 2”轨道中，如图 9-100 所示。

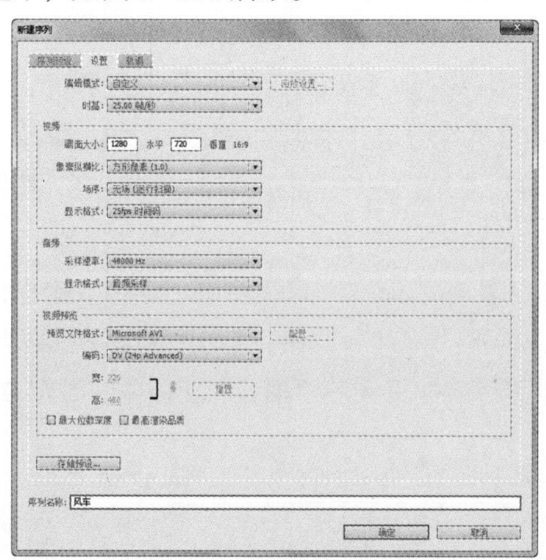

图 9-99

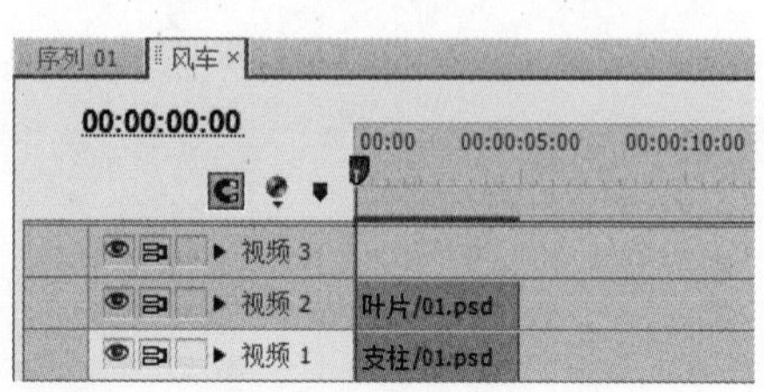


图 9-100

（4）选择“文件>新建>序列”命令，弹出“新建序列”对话框，单击“设置”选项卡，设置相应参数，如图 9-101 所示，单击“确定”按钮，新建序列。在“项目”面板中，选中“云 1/01”“云 2/01”和“云 3/01”文件并将其分别拖曳到“时间线”面板中的“视频 1”“视频 2”和“视频 3”轨道中，如图 9-102 所示。

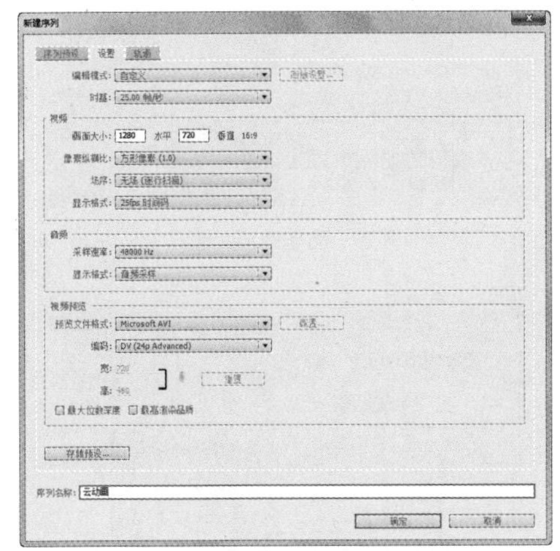

图 9-101

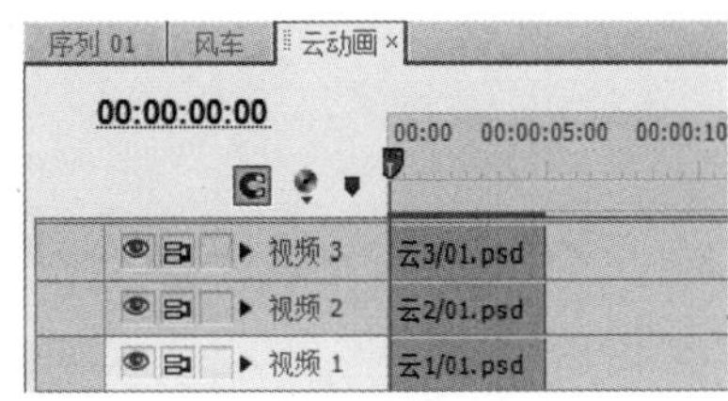


图 9-102

（5）选择“时间线”面板中的“云 1/01”文件。选择“特效控制台”面板，展开“运动”选项，单击“位置”选项左侧的“切换动画”按钮，如图 9-103 所示，记录第 1 个动画关键帧，如图 9-104 所示。

（6）将时间标签放置在 00:00:02:12 的位置。将“位置”选项设置为 640.0 和 400.0，如图 9-105 所示，记录第 2 个动画关键帧。将时间标签放置在 00:00:04:24 的位置。将“位置”选项设置为 640.0 和 360.0，记录第 3 个动画关键帧。使用相同的方法制作“云 2/01”文件和“云 3/01”文件动画。

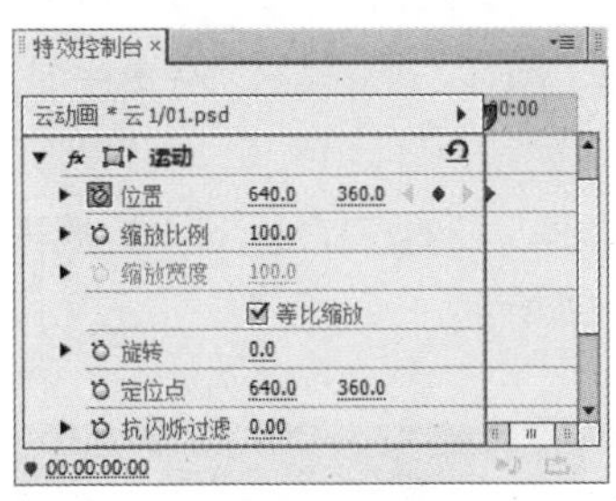


图 9-103

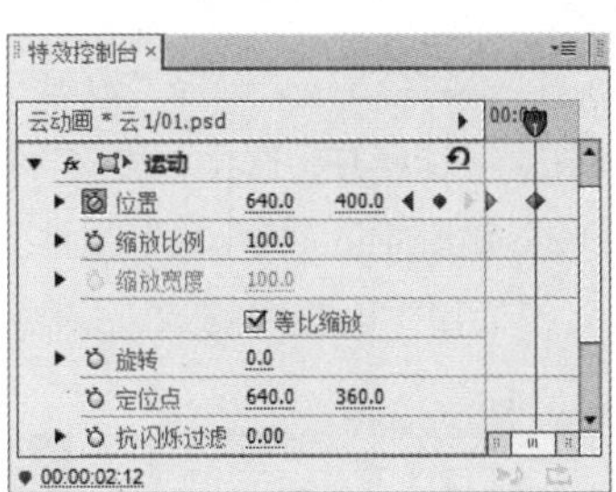


图 9-104

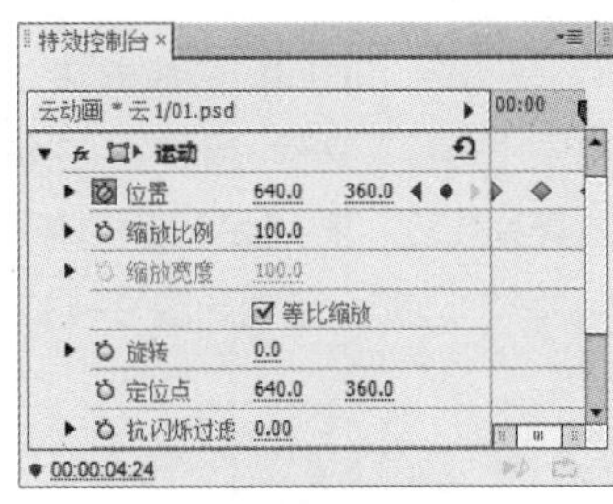


图 9-105

（7）选中“序列 01”。在“项目”面板中，选中“背景/01”文件并将其拖曳到“时间线”面板的“视频 1”轨道中，如图 9-106 所示。将时间标签放置在 00:00:00:06 的位置。选中“楼房 1/01”文件并将其拖曳到“时间线”面板中的“视频 2”轨道中，如图 9-107 所示。

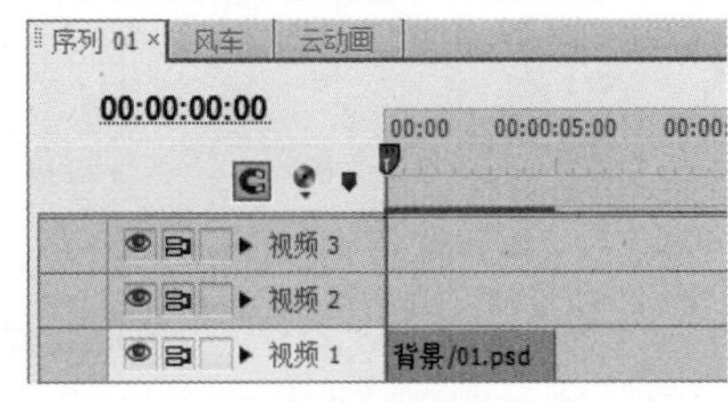


图 9-106

（8）将鼠标指针放在“楼房 1/01”文件的结束位置。当鼠标指针呈状时，单击并向左拖曳指针到“背景/01”文件结束位置，如图 9-108 所示。选择“序列 > 添加轨道”命令，在弹出的对话框中进行设置，如图 9-109 所示，单击“确定”按钮，在“时间线”面板中添加 10 条视频轨道。

（9）使用相同的方法把其他文件分别拖曳到不同的视频轨道中，如图 9-110 所示。

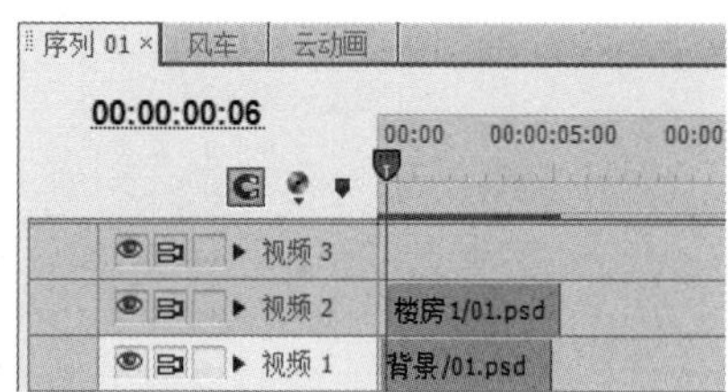


图 9-107

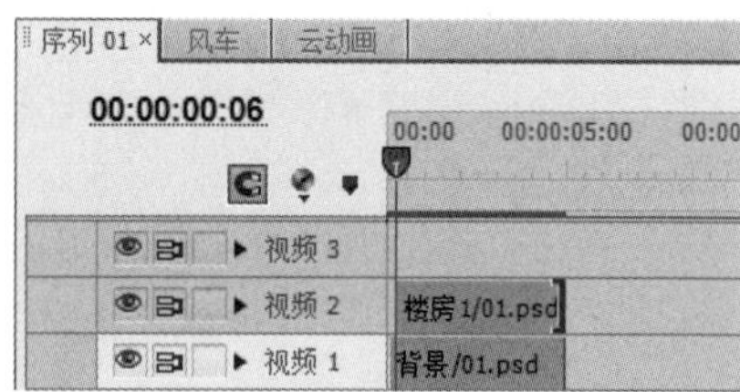


图 9-108

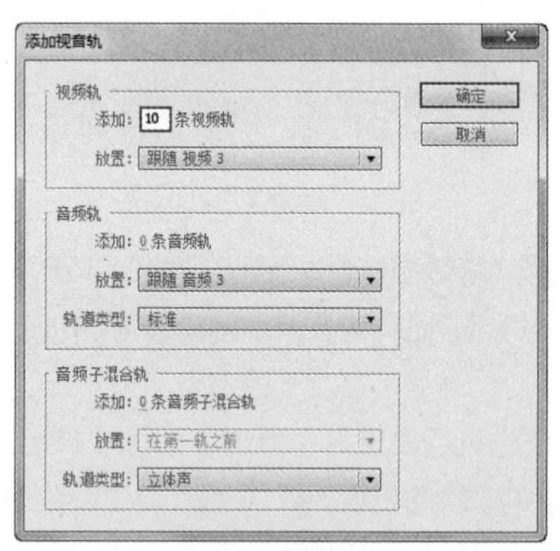


图 9-109

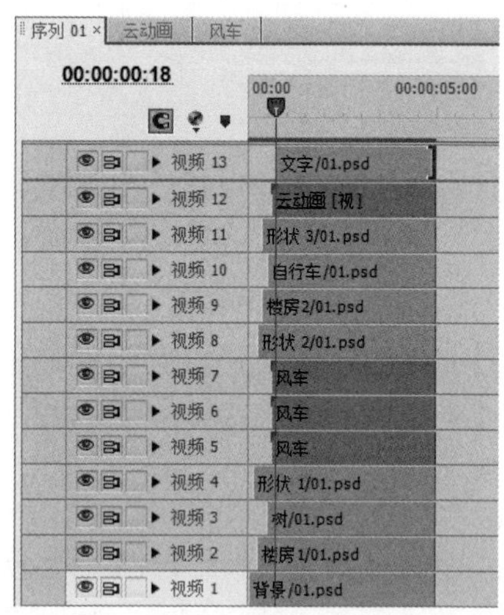


图 9-110

（10）将时间标签放置在 00:00:04:24 的位置。选择“效果”面板，展开“视频特效”分类选项，单击“透视”文件夹前面的三角形按钮▶将其展开，选中“投影”效果，如图 9-111 所示。将“投影”效果拖曳到“时间线”面板的“视频 3”轨道中的“树/01”文件上。选择“特效控制台”面板，展开“投影”选项，设置如图 9-112 所示，“节目”面板中的效果如图 9-113 所示。

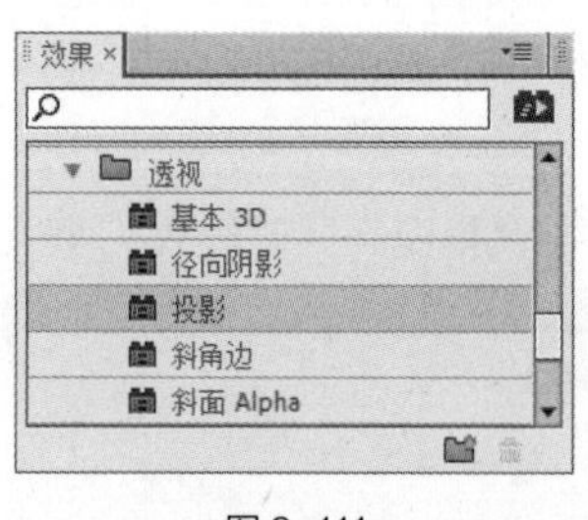


图 9-111

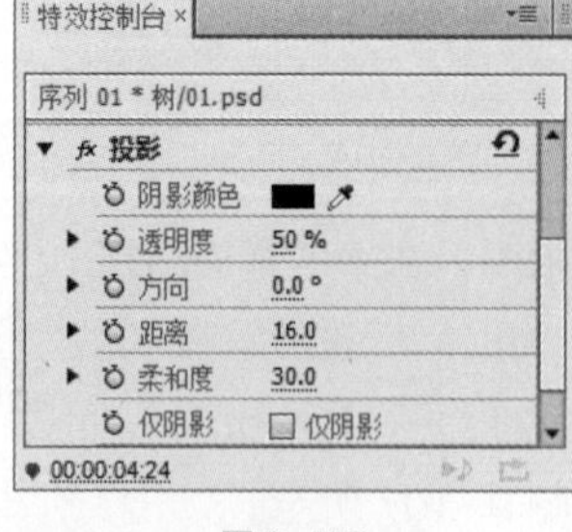


图 9-112

图 9-113

（11）使用相同的方法为其他文件添加投影效果，“时间线”面板如图 9-114 所示，“节目”面板中的效果如图 9-115 所示。

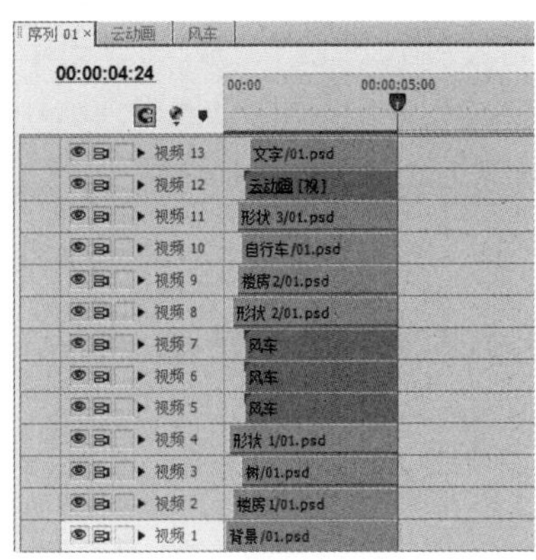


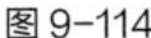
图 9-114

图 9-115

（12）选择“时间线”面板中“视频 6”轨道的“风车”文件。选择“特效控制台”面板，展开“运动”选项，将“位置”选项设置为 571.0 和 418.0，“缩放比例”选项设置为 60.0，如图 9-116 所示。

（13）选择“时间线”面板中“视频 7”轨道中的“风车”文件。选择“特效控制台”面板，展开“运动”选项，将“位置”选项设置为 688.0 和 380.0，“缩放比例”选项设置为 75.0，如图 9-117 所示。

图 9-116

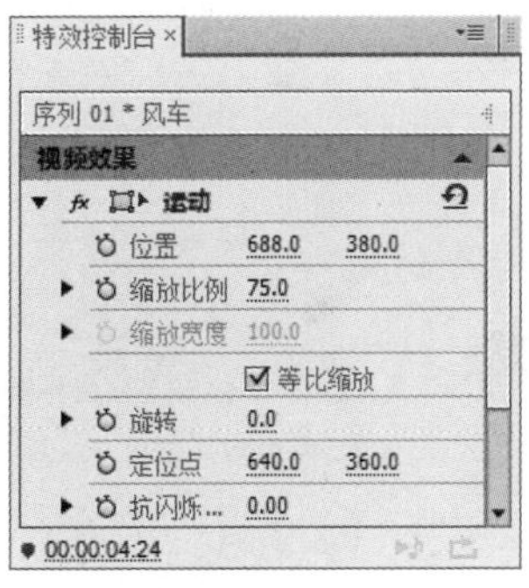


图 9-117

（14）将时间标签放置在 00:00:00:18 的位置。选择“效果”面板，展开“视频特效”分类选项，单击“透视”文件夹前面的三角形按钮▶将其展开，选中“投影”效果，如图 9-118 所示。将“投影”效果拖曳到“时间线”面板的“视频 13”轨道中“文字/01”文件上。选择“特效控制台”面板，展开“投影”选项，设置如图 9-119 所示。

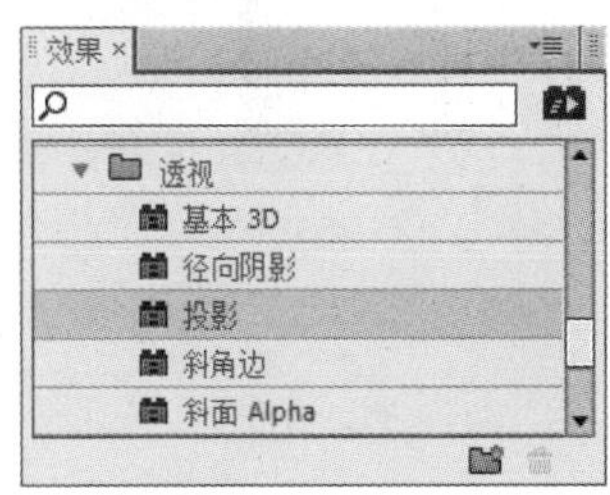


图 9-118

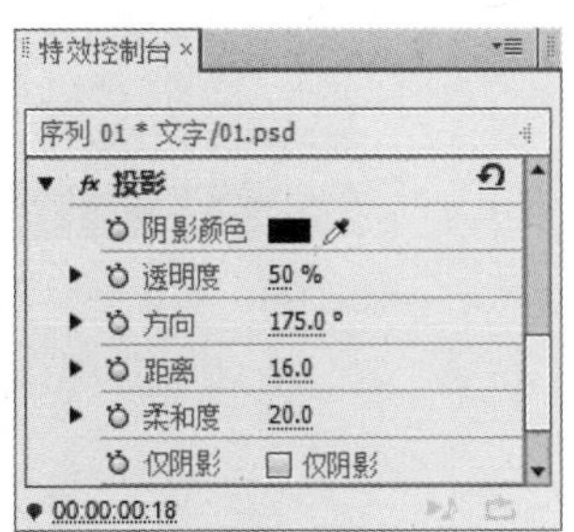


图 9-119

（15）在“特效控制台”面板，将“缩放比例”选项设置为 0.0，单击“缩放比例”选项左侧的“切换动画”按钮，如图 9-120 所示，记录第 1 个动画关键帧。将时间标签放置在 00:00:01:00 的位置。将“缩放比例”选项设为 100.0，如图 9-121 所示，记录第 2 个动画关键帧。

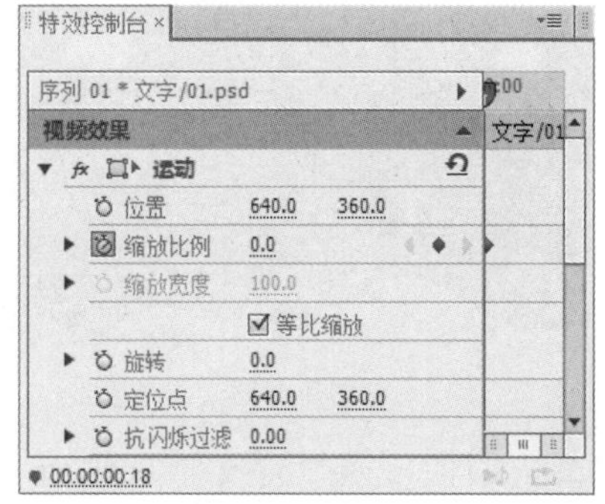

图 9-120

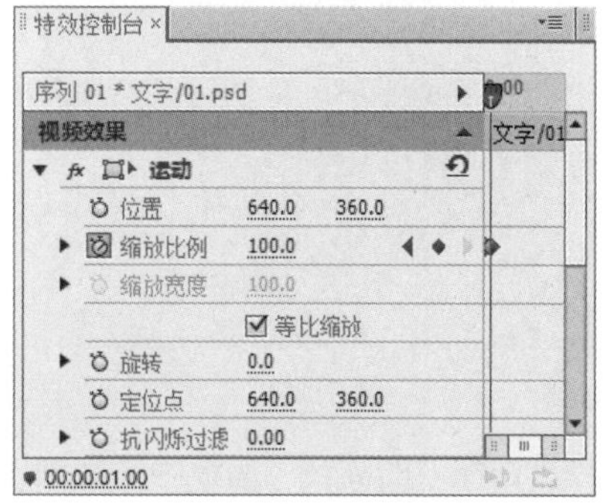

图 9-121

（16）在“项目”面板中选中“02”文件并将其拖曳到“时间线”面板中的“音频 1”轨道上，如图 9-122 所示。将时间标签放置在 00:00:00:06 的位置。将鼠标指针放在“02”文件的开始位置，当鼠标指针呈状时，单击并向右拖曳鼠标到 00:00:00:06 的位置上，如图 9-123 所示。

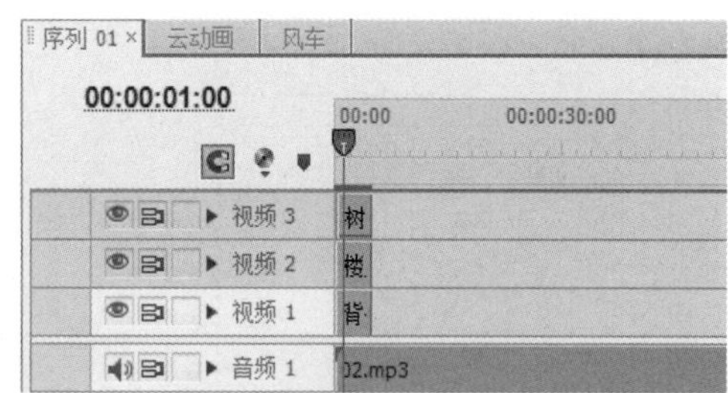

图 9-122

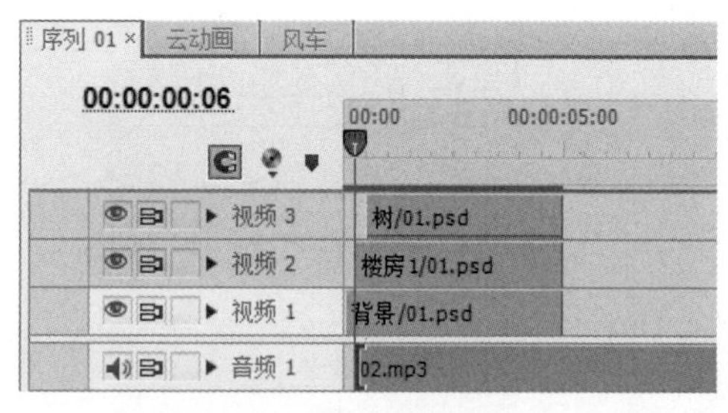

图 9-123

（17）将“02”文件拖曳到“音频 1”轨道开始位置，如图 9-124 所示。将时间标签放置在“02”文件的结束位置，当鼠标指针呈状时，单击并向左拖曳鼠标到“背景/01”文件结束的位置，如图 9-125 所示。环保广告宣传片制作完成。

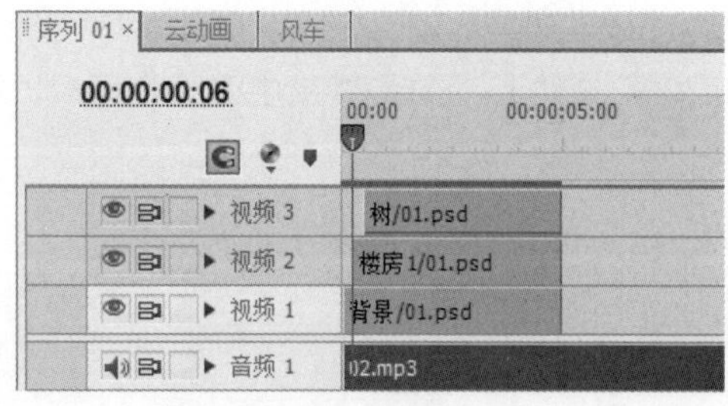

图 9-124

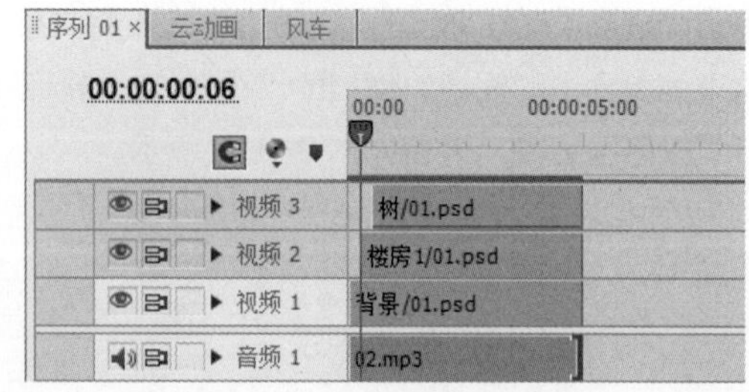

图 9-125

# 9.4 制作古迹绮春园纪录片

## 9.4.1 【项目背景及要求】

1．客户名称

绮春园印迹。

2．客户需求

绮春园是一座有着悠久历史和文化底蕴的园林古迹，现需要为其制作一部能够反映绮春园历史沿革，建筑格局及景观特色的园林文化纪录片。纪录片要求以纪实为主，带领观众逐步感受绮春园的韵味。

3．设计要求

（1）画面以虚实结合的形式进行表述。

（2）内容以园林内不同景观为主要。

（3）使用低明度的色调烘托出古典优雅的氛围。

（4）要求整个设计充满特色，让人印象深刻。

（5）设计规格：帧大小为 1280×720，时基为 25.00 帧/秒，像素长宽比为方形像素（1.0）。

## 9.4.2 【项目设计及制作】

1．设计素材

图片素材所在位置：云盘中的“Ch09/制作古迹绮春园纪录片/素材/01~03”。

2．设计作品

设计作品效果所在位置：云盘中的“Ch09/制作古迹绮春园纪录片/制作古迹绮春园纪录片.prproj”，如图 9-126 所示。

扩展阅读

扩展案例——制作日出东方纪录片

微课视频

制作古迹绮春园纪录片

图 9-126

3．步骤提示

（1）启动 Premiere Pro CS6 软件，弹出“欢迎使用 Adobe Premiere Pro”欢迎界面，单击“新建项目”按钮，弹出“新建项目”对话框，如图 9-127 所示。单击“确定”按钮，弹出“新建序列”对话框，单击“设置”选项卡，设置相应参数，如图 9-128 所示，单击“确定”按钮，新建序列。

图 9-127

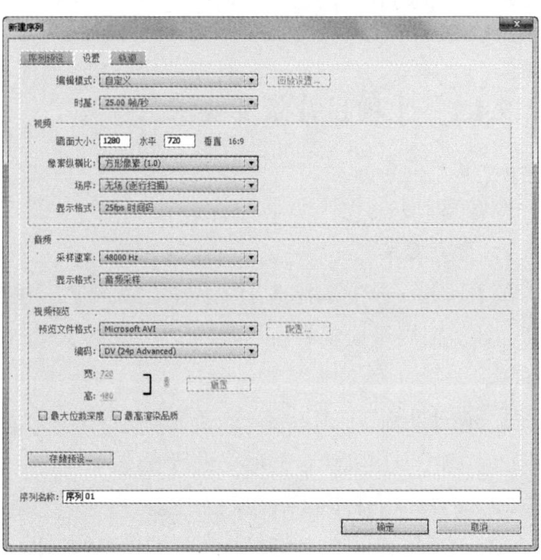


图 9-128

（2）选择“文件>导入”命令，弹出“导入”对话框，选择云盘中的“Ch09\制作古迹绮春园纪录片\素材\01~03”文件，如图 9-129 所示，单击“打开”按钮，将素材文件导入到“项目”面板中，如图 9-130 所示。

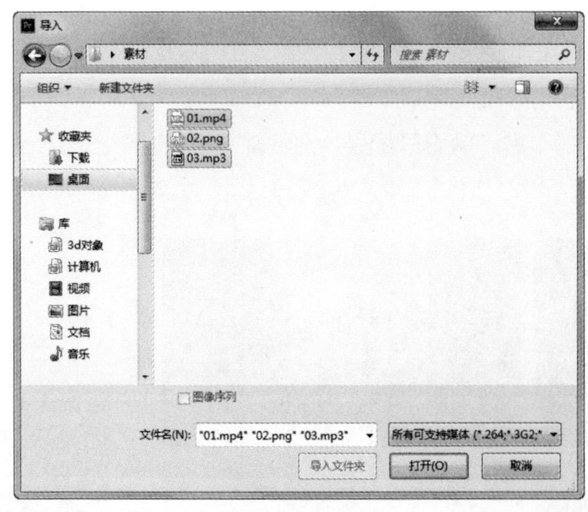


图 9-129

图 9-130

（3）在“项目”面板中，选中“01”文件并将其拖曳到“时间线”面板中的“视频 1”轨道中，弹出“剪辑不匹配警告”对话框，单击“保持现有设置”按钮，在保持现有序列设置的情况下将文件放置在“视频 1”轨道中，如图 9-131 所示。选择“时间线”面板中的“01”文件。选择“特效控制台”面板，展开“运动”选项，将“缩放比例”选项设置为 200，如图 9-132 所示。

（4）将时间标签放置在 00:00:32:22 的位置上。将鼠标指针放在“01”文件的结束位置，当鼠标指针呈◀状时，单击并向左拖曳指针到 00:00:32:22 的位置，如图 9-133 所示。选择“剃刀”工具，分别将时间标签放置在 00:00:10:10、00:00:28:11 的位置上单击切割，如图 9-134 所示。

图 9-131

图 9-132

图 9-133

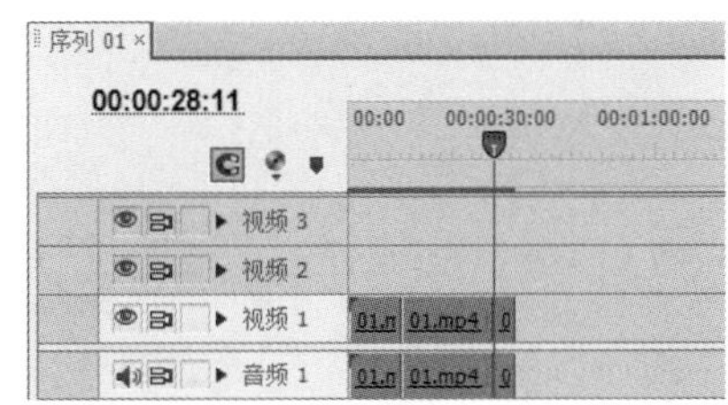


图 9-134

（5）选择“效果”面板，展开“视频切换”分类选项，单击“叠化”文件夹前面的三角形按钮▶将其展开，选中“附加叠化”效果，如图 9-135 所示。将“附加叠化”效果拖曳到 00:00:10:10 位置处，如图 9-136 所示。

图 9-135

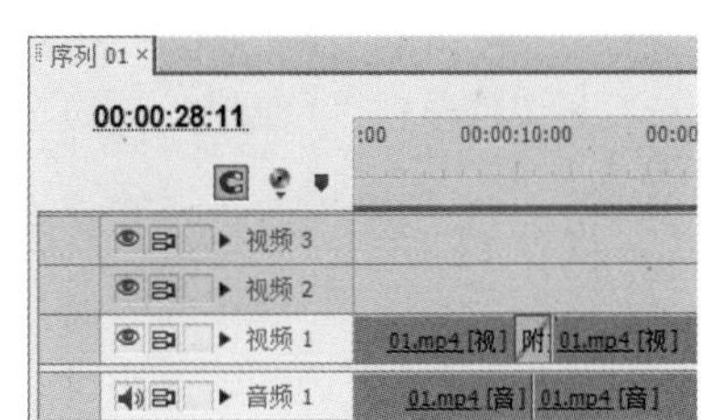


图 9-136

（6）选择“效果”面板，展开“视频切换”分类选项，单击“叠化”文件夹前面的三角形按钮▶将其展开，选中“白场过渡”效果，如图 9-137 所示。将“白场过渡”效果拖曳到 00:00:28:11 位置处，如图 9-138 所示。

图 9-137

图 9-138

（7）将时间标签放置在 00:00:12:00 的位置上。选择“效果”面板，展开“视频特效”分类选项，单击“色彩校正”文件夹前面的三角形按钮▶将其展开，选中“快速色彩校正”效果，如图 9-139 所示。将“快速色彩校正”效果拖曳到“时间线”面板“视频 1”轨道中需要的文件上，如图 9-140 所示。选择“特效控制台”面板，展开“快速色彩校正”选项，将“饱和度”选项设置为 200，如图 9-141 所示。

图 9-139

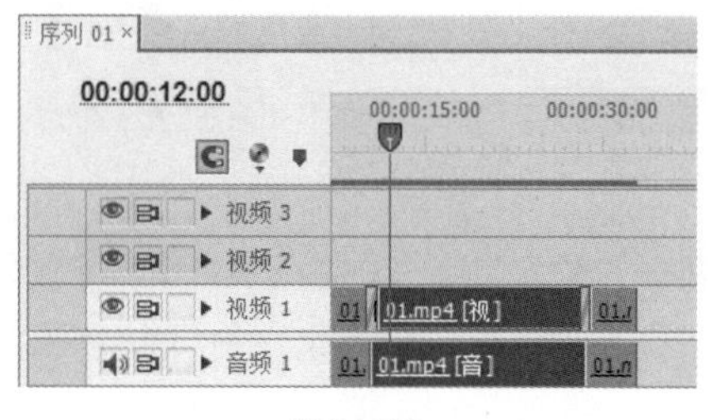

图 9-140

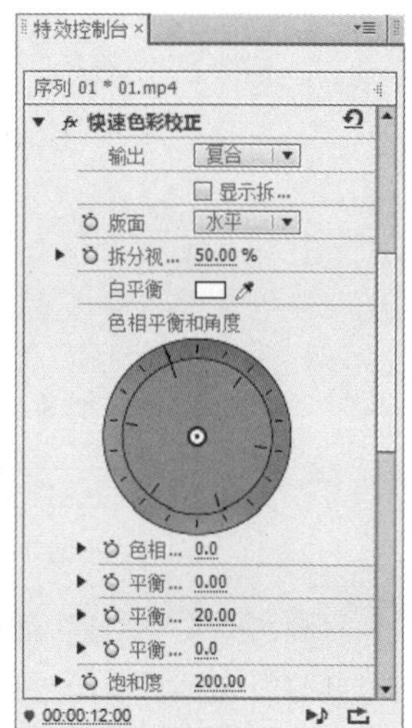

图 9-141

（8）将时间标签放置在 00:00:29:00 的位置上。选择“效果”面板，展开“视频特效”分类选项，单击“调整”文件夹前面的三角形按钮▶将其展开，选中“自动颜色”效果，如图 9-142 所示。将“自动颜色”效果拖曳到“时间线”面板“视频 1”轨道中需要的文件上，如图 9-143 所示。

图 9-142

图 9-143

（9）将时间标签放置在 00:00:00:18 的位置。在“项目”面板中，选中“02”文件并将其拖曳到“时间线”面板中的“视频 2”轨道中。选中“时间线”面板中的“02”文件，如图 9-144 所示。在“特效控制台”面板中，展开“运动”选项，将“缩放比例”选项设置为 0.0，单击“缩放比例”选项左侧的“切换动画”按钮⏱，如图 9-145 所示，记录第 1 个动画关键帧。将时间标签放置在 00:00:01:15 的位置。在“特效控制台”面板中，将“缩放比例”选项设置为 100.0，如图 9-146 所示，记录第 2 个动画关键帧。

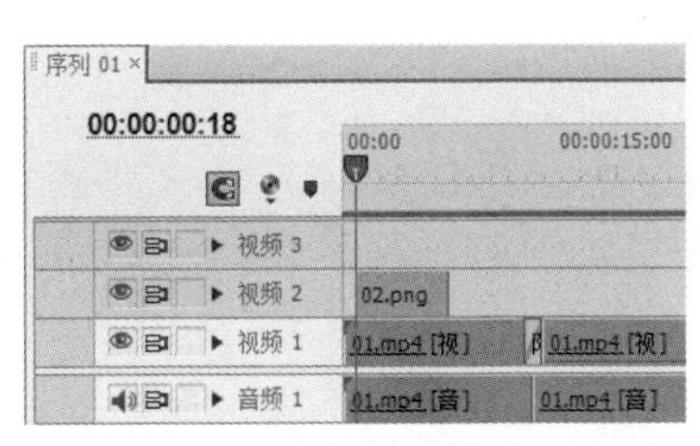


图 9-144

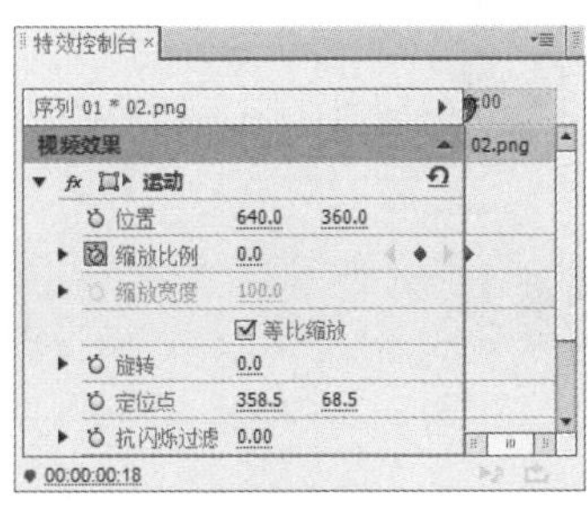


图 9-145

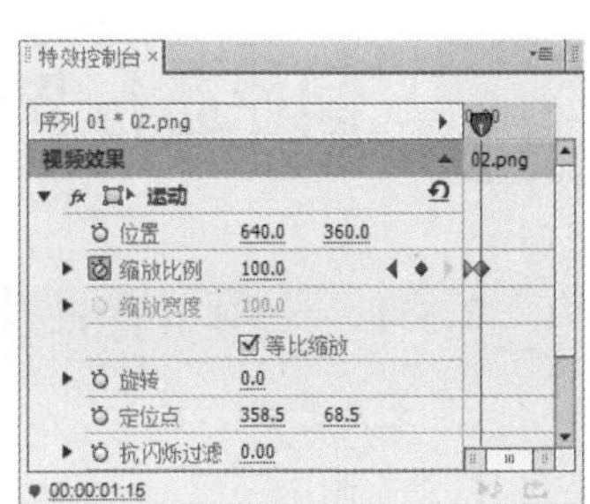


图 9-146

（10）将时间标签放置在 00:00:02:18 的位置。展开“透明度”选项，单击“透明度”选项右侧的“添加/移除关键帧”按钮，如图 9-147 所示，记录第 1 个动画关键帧。将时间标签放置在 00:00:03:14 的位置。在“特效控制台”面板中，将“透明度”选项设置为 0，如图 9-148 所示，记录第 2 个动画关键帧。

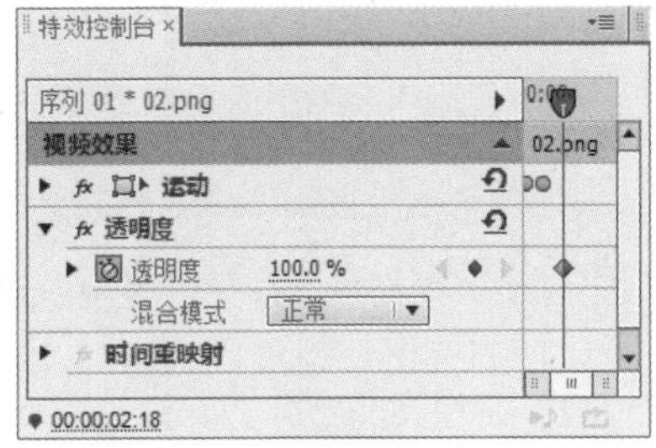


图 9-147

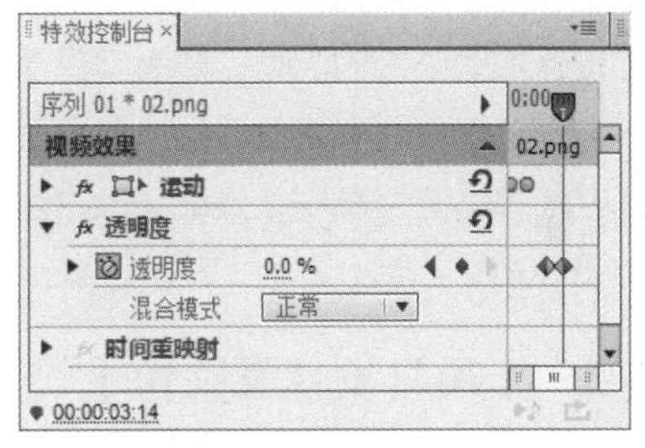


图 9-148

（11）在“项目”面板中选中“03”文件并将其拖曳到“时间线”面板中的“音频 1”轨道上，覆盖原文件的音频，如图 9-149 所示。将时间标签放置在 00:00:01:17 的位置。将鼠标指针放在“03”文件的开始位置，当鼠标指针呈状时，单击并向右拖曳鼠标到 00:00:01:17 的位置上，如图 9-150 所示。将“03”文件拖曳到“音频 1”轨道开始位置。将鼠标指针放在“03”文件的结束位置，当鼠标指针呈状时，单击并向左拖曳鼠标到“01”文件的结束位置上，如图 9-151 所示。古迹绮春园纪录片制作完成。

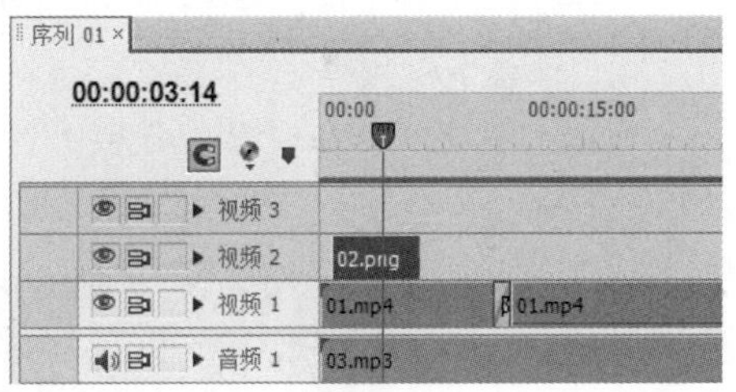


图 9-149

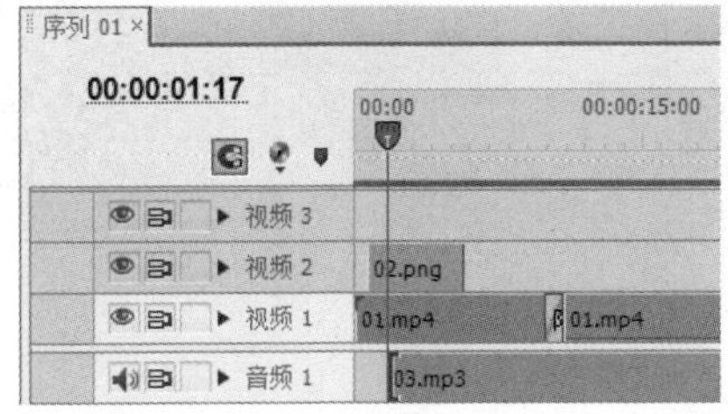


图 9-150

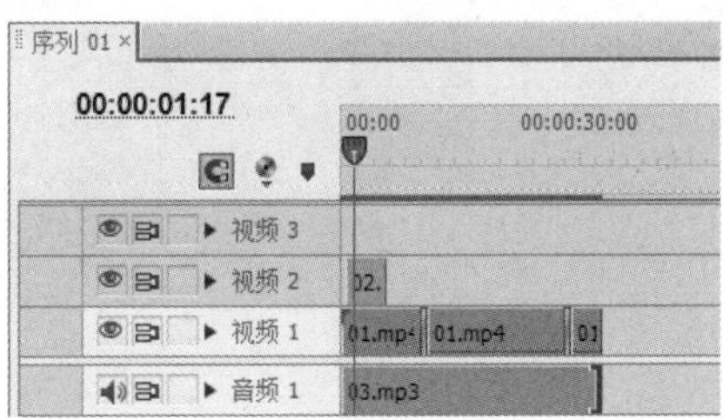


图 9-151

# 9.5 制作旅行节目片头

## 9.5.1 【项目背景及要求】

1. 客户名称

悦山旅游电视台。

2. 客户需求

悦山旅游电视台是一家旅游类电视台，它介绍最新的时尚旅游资讯信息、提供最实用的旅行计划、展现时尚生活和潮流消费等信息。本项目是为电视台制作旅游节目包装，要求符合旅游节目的主题，体现出丰富多样的旅游景色和舒适安心的旅游环境。

3. 设计要求

（1）设计要以风景元素为主导。

（2）设计形式要简洁明晰，能表现片头特色。

（3）画面色彩要真实形象，给人自然舒适的印象。

（4）设计风格醒目直观，能够让人产生向往之情。

（5）设计规格：帧大小为 1280×720，时基为 25.00 帧/秒，像素长宽比为方形像素（1.0）。

## 9.5.2 【项目设计及制作】

1. 设计素材

图片素材所在位置：云盘中的“Ch09/制作旅行节目片头/素材/01~07”。

2. 设计作品

设计作品效果所在位置：云盘中的“Ch09/制作旅行节目片头/制作旅行节目片头.prproj”，如图 9-152 所示。

扩展阅读

扩展案例——制作旅行节目片头

微课视频

制作旅行节目片头

图 9-152

3. 步骤提示

（1）启动 Premiere Pro CS6 软件，弹出“欢迎使用 Adobe Premiere Pro”欢迎界面，单击“新建项目”按钮，弹出“新建项目”对话框，如图 9-153 所示。单击“确定”按钮，弹出“新建序列”对话框，单击“设置”选项卡，设置相应参数，如图 9-154 所示，单击“确定”按钮，新建序列。

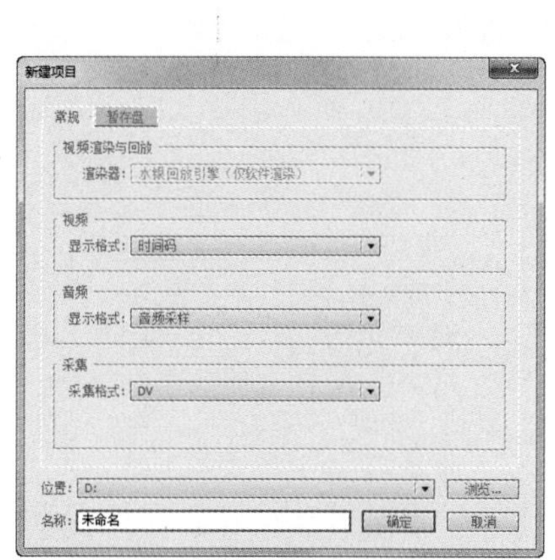


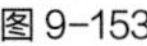
图 9-153

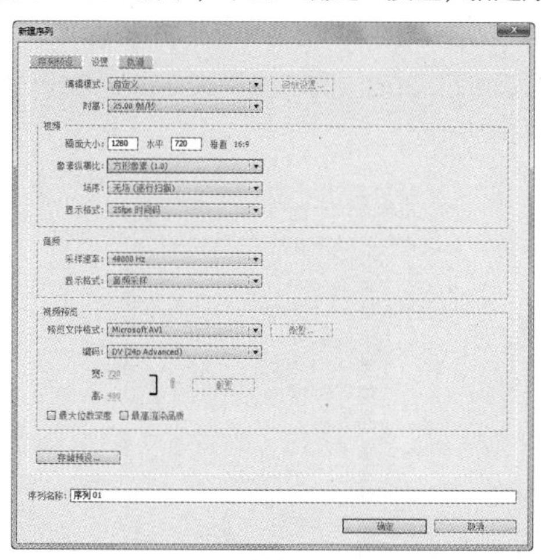


图 9-154

（2）选择“文件>导入”命令，弹出“导入”对话框，选择本书云盘中的“Ch09\制作旅行节目片头\素材\01~07”文件，如图 9-155 所示，单击“打开”按钮，将素材文件导入到“项目”面板中，如图 9-156 所示。

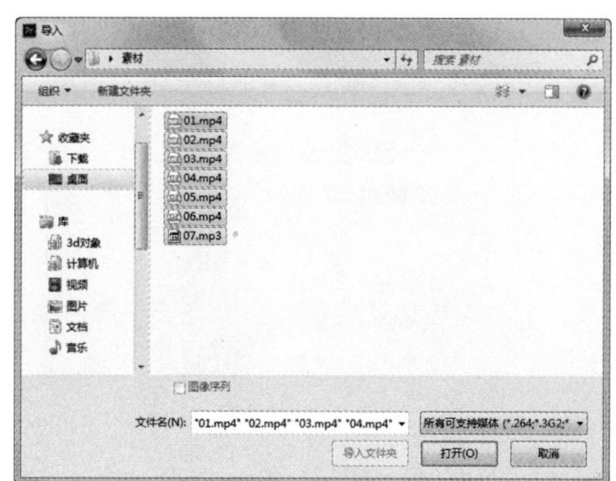


图 9-155

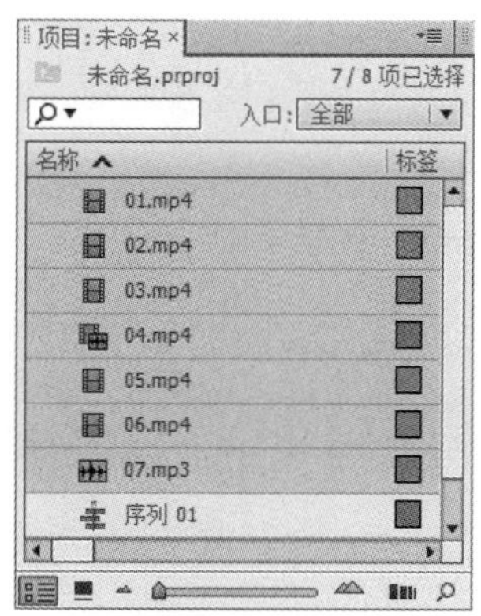


图 9-156

（3）在“项目”面板中，选中“01”文件并将其拖曳到“时间线”面板中的“视频 1”轨道中，弹出“剪辑不匹配警告”对话框，单击“保持现有设置”按钮，在保持现有序列设置的情况下将文件放置在“视频 1”轨道中，如图 9-157 所示。

（4）将时间标签放置在 00:00:02:10 的位置上。将鼠标指针放在“01”文件的结束位置单击，显示编辑点。按 E 键，将所选编辑点扩展到时间标签的位置上，如图 9-158 所示。

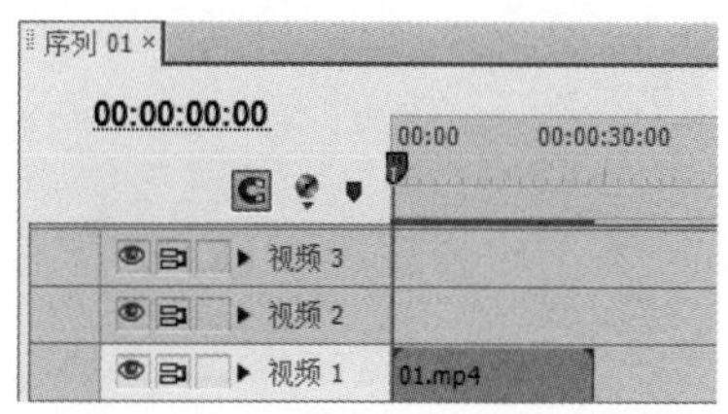


图 9-157

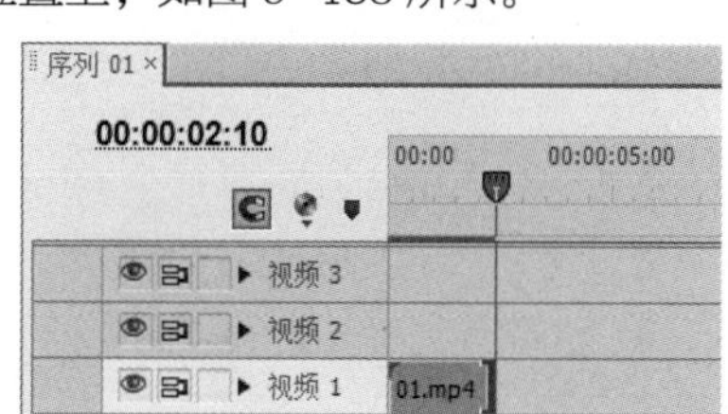


图 9-158

（5）选择“效果”面板，展开“视频特效”分类选项，单击“色彩校正”文件夹前面的三角形按钮▶将其展开，选中“色彩平衡”效果，如图 9-159 所示。将“色彩平衡”效果拖曳到“时间线”面板“视频 1”轨道中的“01”文件上。选择“特效控制台”面板，展开“色彩平衡”选项，设置如图 9-160 所示。

图 9-159

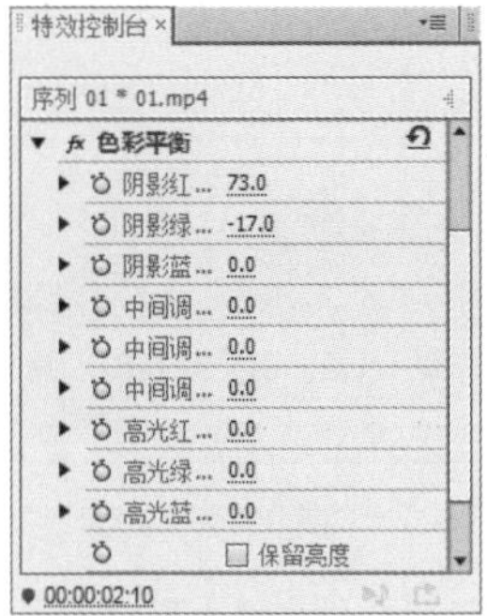


图 9-160

（6）在“项目”面板中，选中“02”文件并将其拖曳到“时间线”面板中的“视频 1”轨道中，如图 9-161 所示。将时间标签放置在 00:00:05:00 的位置上。将鼠标指针放在“02”文件的结束位置单击，显示编辑点。按 E 键，将所选编辑点扩展到时间标签的位置上，如图 9-162 所示。

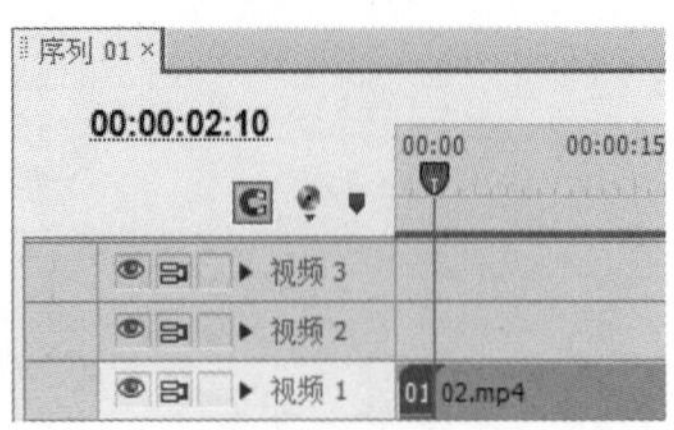


图 9-161

图 9-162

（7）将时间标签放置在 00:00:02:10 的位置。在“时间线”面板中选择“02”文件。选择“特效控制台”面板，展开“运动”选项，将“缩放比例”选项设置为 67.0，如图 9-163 所示。

（8）在“项目”面板中，选中“03”文件并将其拖曳到“时间线”面板中的“视频 1”轨道中，如图 9-164 所示。

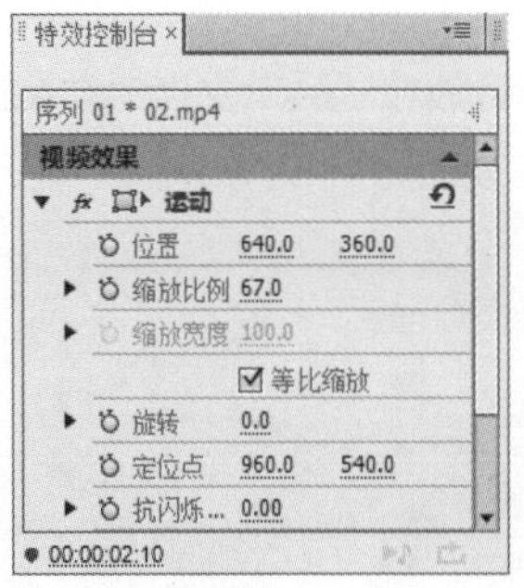


图 9-163

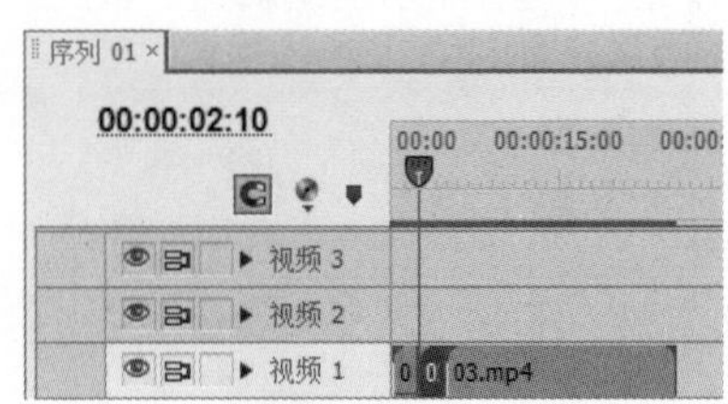


图 9-164

（9）在“时间线”面板中选择“03”文件。选择“素材>速度/持续时间”命令，在弹出的对话框中进行设置，如图 9-165 所示，单击“确定”按钮。

（10）将时间标签放置在 00:00:06:00 的位置上。将鼠标指针放在“03”文件的结束位置单击，显示编辑点。按 E 键，将所选编辑点扩展到时间标签的位置上，如图 9-166 所示。

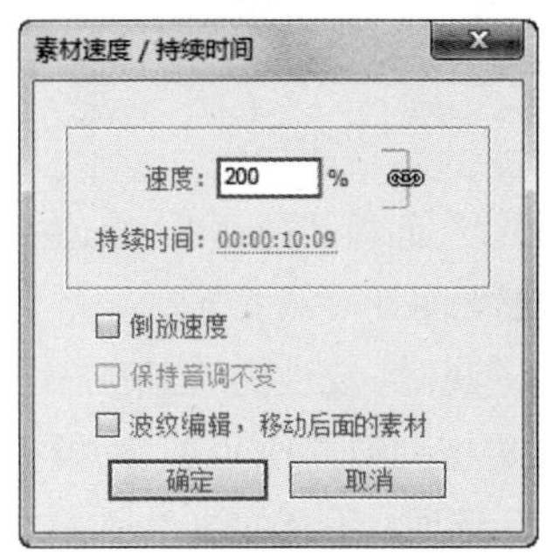


图 9-165

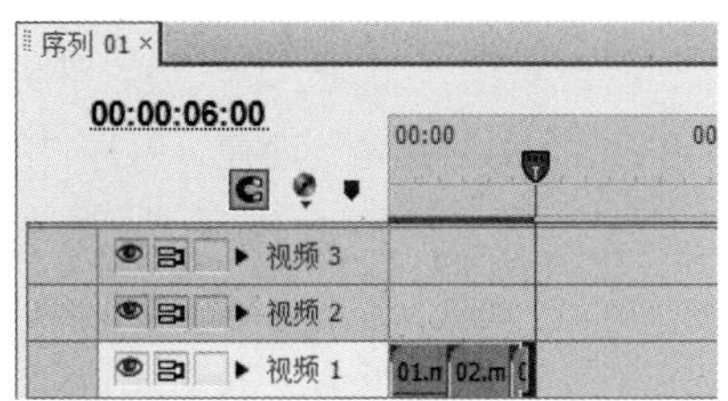


图 9-166

（11）在“项目”面板中，选中“04”文件并将其拖曳到“时间线”面板中的“视频 1”轨道中，如图 9-167 所示。将时间标签放置在 00:00:07:00 的位置上。将鼠标指针放在“04”文件的结束位置单击，显示编辑点。按 E 键，将所选编辑点扩展到时间标签的位置上，如图 9-168 所示。

图 9-167

图 9-168

（12）在“项目”面板中，选中“05”文件并将其拖曳到“时间线”面板中的“视频 1”轨道中，如图 9-169 所示。将时间标签放置在 00:00:08:00 的位置上。将鼠标指针放在“05”文件的结束位置单击，显示编辑点。按 E 键，将所选编辑点扩展到时间标签的位置上，如图 9-170 所示。

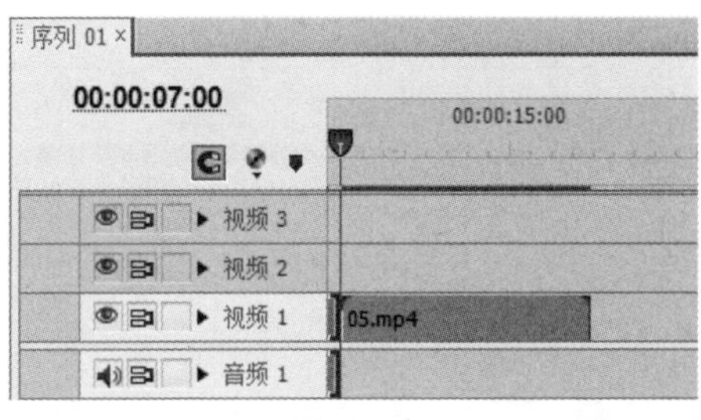


图 9-169

图 9-170

（13）在“项目”面板中，选中“06”文件并将其拖曳到“时间线”面板中的“视频 1”轨道中，如图 9-171 所示。将时间标签放置在 00:00:10:00 的位置上。将鼠标指针放在“06”文件的结束位置单击，显示编辑点。按 E 键，将所选编辑点扩展到时间标签的位置上，如图 9-172 所示。

图 9-171

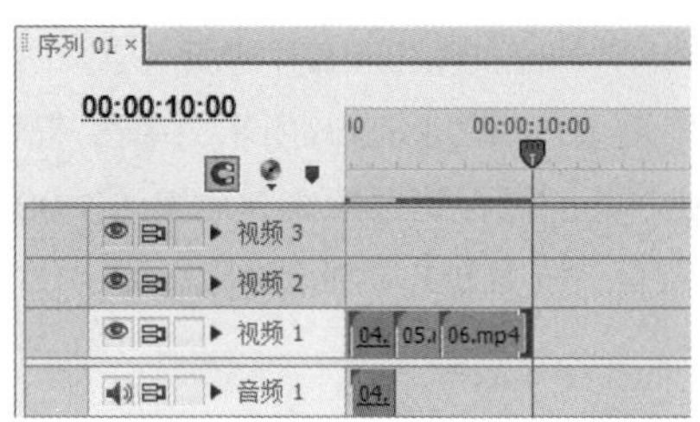

图 9-172

（14）选择“效果”面板，将“色彩平衡”效果拖曳到“时间线”面板“视频 1”轨道中的“06”文件上。选择“特效控制台”面板，展开“色彩平衡”选项，设置如图 9-173 所示。

（15）选择“效果”面板，展开“视频特效”分类选项，单击“调整”文件夹前面的三角形按钮▶将其展开，选中“色阶”效果，如图 9-174 所示。将“色阶”效果拖曳到“时间线”面板“视频 1”轨道中的“06”文件上。选择“特效控制台”面板，展开“色阶”选项，设置如图 9-175 所示。取消“06”文件的选取状态。

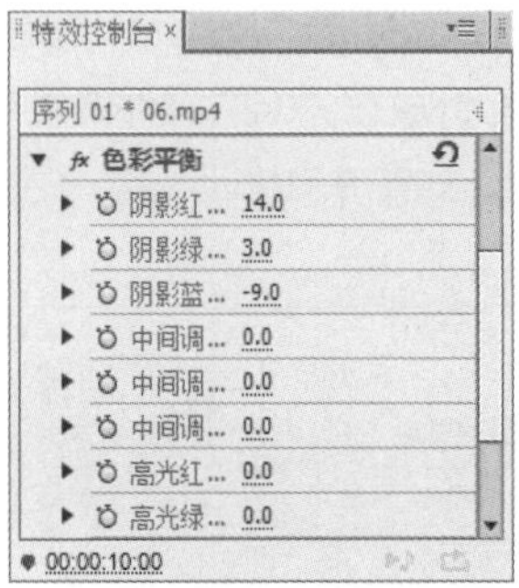

图 9-173

图 9-174

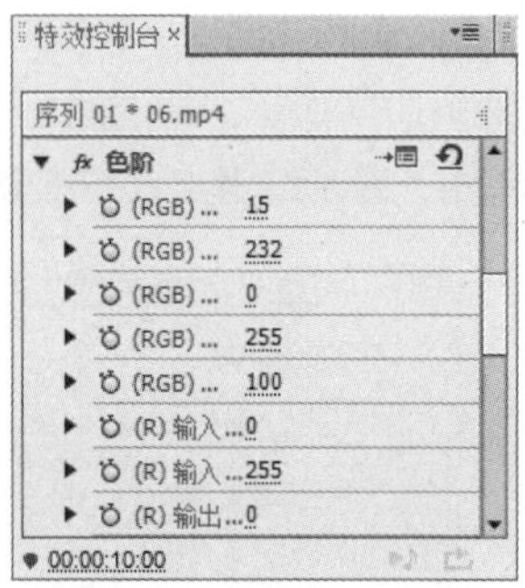

图 9-175

（16）选择“文件>新建>字幕”命令，弹出“新建字幕”对话框，如图 9-176 所示，单击“确定”按钮，弹出“字幕”编辑面板。选择“字幕”编辑面板中的“矩形”工具，在“字幕”编辑面板中绘制矩形，如图 9-177 所示。在“字幕属性”面板中，展开“填充”栏，将“颜色”选项设置为黑色，将“透明度”选项设置为 60%，“变换”栏中的设置如图 9-178 所示，“字幕”编辑面板中的效果如图 9-179 所示。

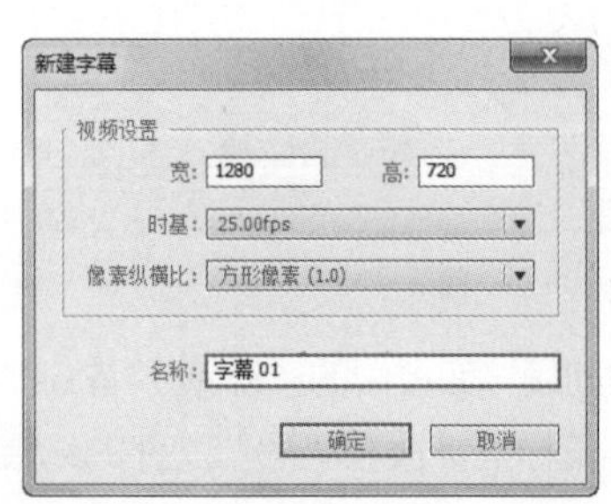

图 9-176

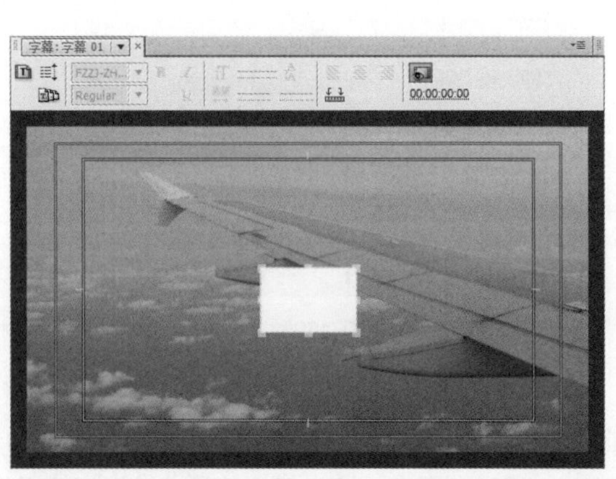

图 9-177

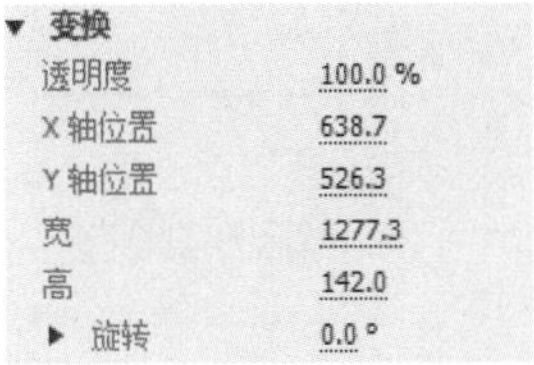

▼ 变换
透明度 100.0 %
X 轴位置 638.7
Y 轴位置 526.3
宽 1277.3
高 142.0
▶ 旋转 0.0 °

图 9-178

图 9-179

（17）在“字幕”编辑面板中调整矩形的长宽比，“字幕”编辑面板中的效果如图 9-180 所示。选择“字幕”编辑面板中的“矩形”，按住 Alt 键向上拖曳复制矩形，“字幕”编辑面板中的效果如图 9-181 所示。

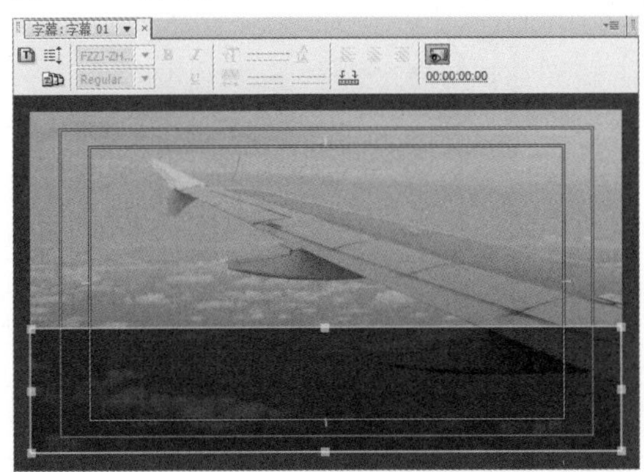

图 9-180

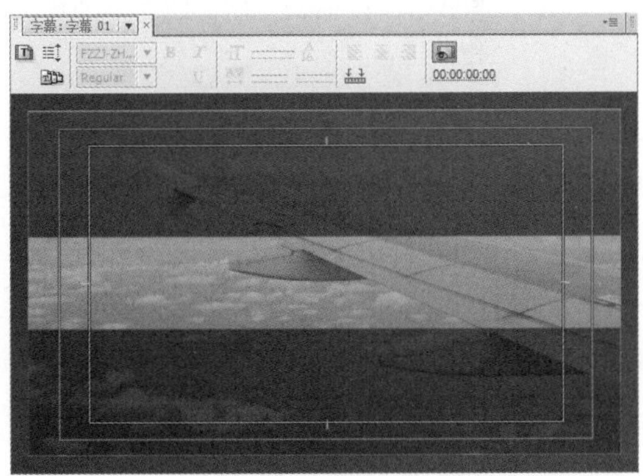

图 9-181

（18）选择“字幕”编辑面板中的“输入”工具[T]，在“字幕”编辑面板中单击并输入需要的文字，如图 9-182 所示。选择文字，在“字幕”编辑面板上方设置适当的字体和文字大小。在“字幕属性”面板中，展开“填充”栏，将“颜色”选项设置为白色，“字幕”编辑面板中的效果如图 9-183 所示。在“项目”面板中生成“字幕 01”文件。

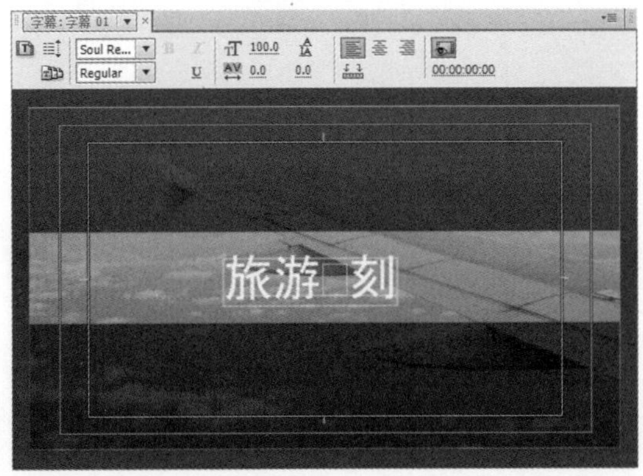

图 9-182

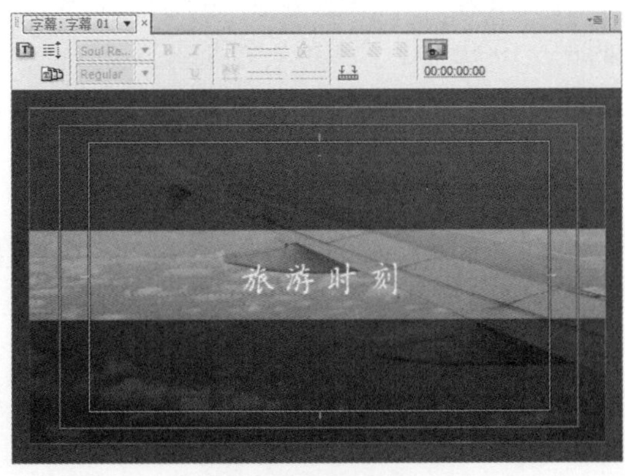


图 9-183

（19）将“项目”面板中的“字幕 01”文件拖曳到“时间线”面板中的“视频 2”轨道中，如图 9-184 所示。将鼠标指针放在“字幕 01”文件的结束位置，当鼠标指针呈状时，单击并向左拖曳指针到“01”文件的结束位置，如图 9-185 所示。

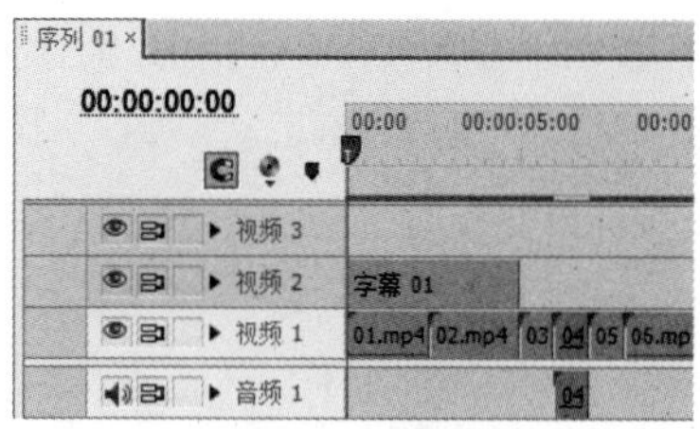

图 9-184

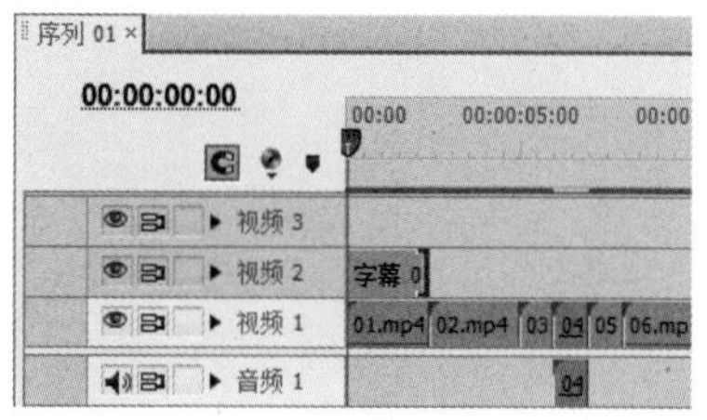

图 9-185

（20）选择“视频 2”轨道中的“字幕 01”文件。选择“特效控制台”面板，展开“运动”选项，将“缩放比例”选项设置为 600.0，单击“缩放比例”选项左侧的“切换动画”按钮，如图 9-186 所示，记录第 1 个动画关键帧。将时间标签放置在 00:00:02:00 的位置。将“缩放比例”选项设置为 100.0，如图 9-187 所示，记录第 2 个动画关键帧。

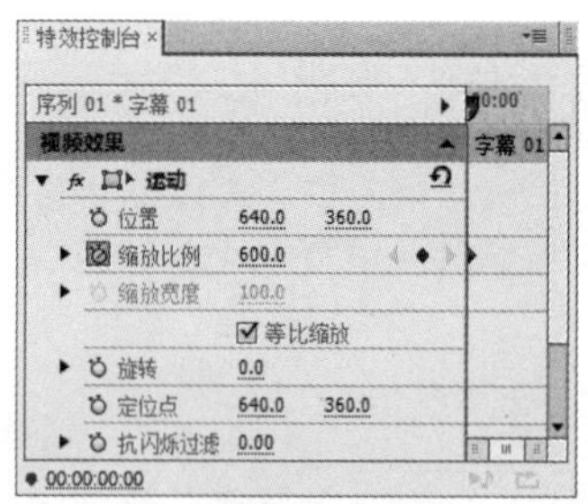

图 9-186

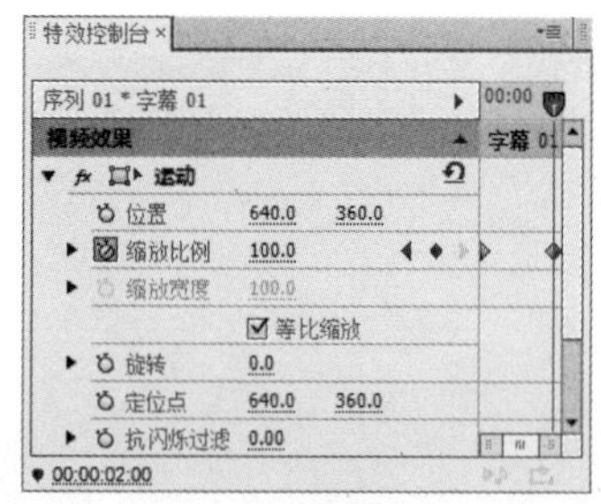

图 9-187

（21）选择“效果”面板，单击“模糊与锐化”文件夹前面的三角形按钮将其展开，选中“高斯模糊”效果，如图 9-188 所示。将“高斯模糊”效果拖曳到“视频 2”轨道中的“字幕 01”文件上。

（22）将时间标签放置在 00:00:00:00 的位置。选择“特效控制台”面板，展开“高斯模糊”选项，将“模糊度”选项设置为 20.0，单击“模糊度”选项左侧的“切换动画”按钮，如图 9-189 所示，记录第 1 个动画关键帧。将时间标签放置在 00:00:02:00 的位置。将“模糊度”选项设置为 0，如图 9-190 所示，记录第 2 个动画关键帧。

图 9-188

图 9-189

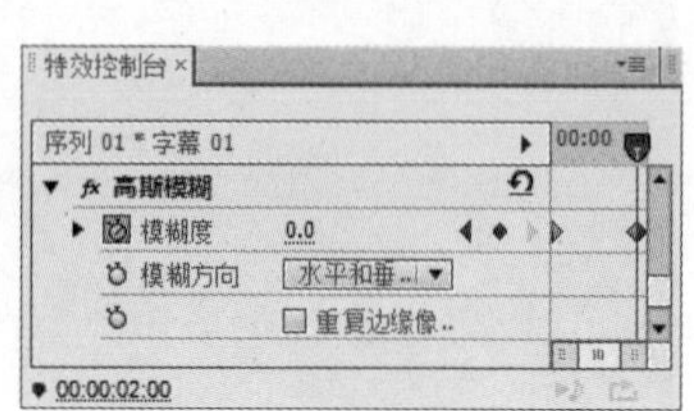

图 9-190

（23）将时间标签放置在 00:00:02:19 的位置。选择“文件>新建>字幕”命令，弹出“新建字幕”对话框，单击“确定”按钮，弹出“字幕”编辑面板。选择“字幕”编辑面板中的“输入”工具 T，在“字幕”编辑面板中单击并输入需要的文字，如图 9-191 所示。选择文字，在“字幕”编辑面板上方设置适当的字体和文字大小。在“字幕属性”面板中，展开“填充”栏，将“颜色”选项设置为白色，“字幕”编辑面板中的效果如图 9-192 所示。在“项目”面板中生成“字幕 02”文件。

图 9-191

图 9-192

（24）将“项目”面板中的“字幕 02”文件拖曳到“时间线”面板中的“视频 2”轨道中，如图 9-193 所示。将鼠标指针放在“字幕 02”文件的结束位置，当鼠标指针呈状时，单击并向左拖曳指针到“02”文件的结束位置上，如图 9-194 所示。

图 9-193

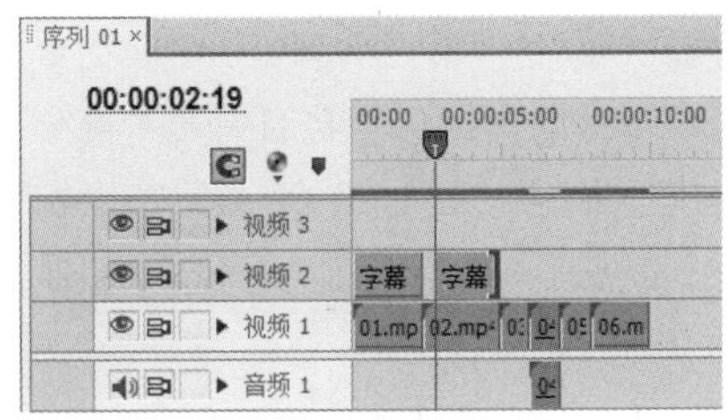


图 9-194

（25）选择“视频 2”轨道中的“字幕 02”文件。选择“特效控制台”面板，展开“运动”选项，单击“位置”选项左侧的“切换动画”按钮，如图 9-195 所示，记录第 1 个动画关键帧。将时间标签放置在 00:00:04:18 的位置。将“位置”选项设置为 949.0 和 360.0，如图 9-196 所示，记录第 2 个动画关键帧。取消文字的选取状态。

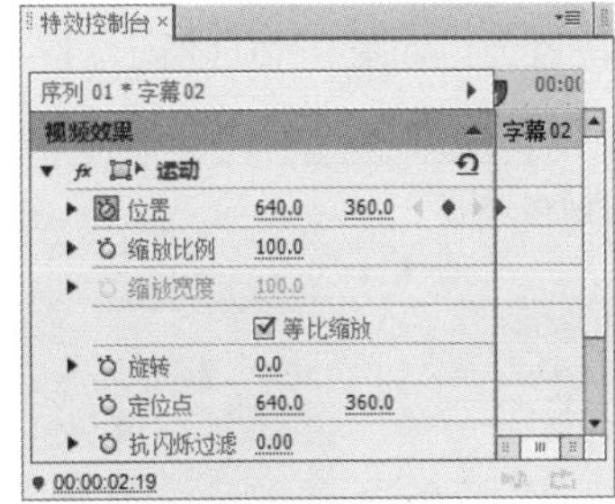


图 9-195

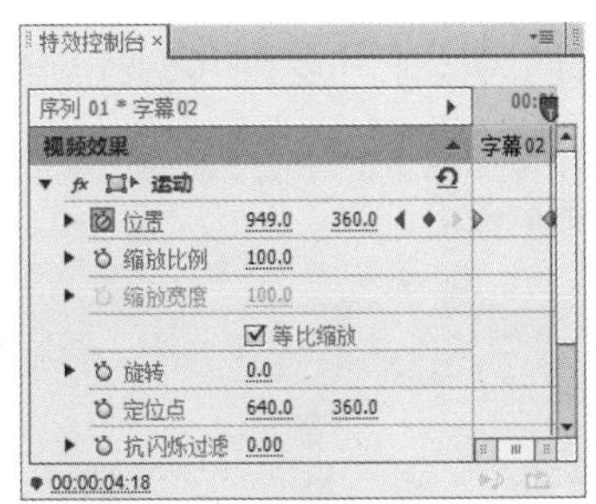


图 9-196

（26）用相同的方法创建其他文字，并制作动画效果，“时间线”面板中的效果如图 9-197 所示。

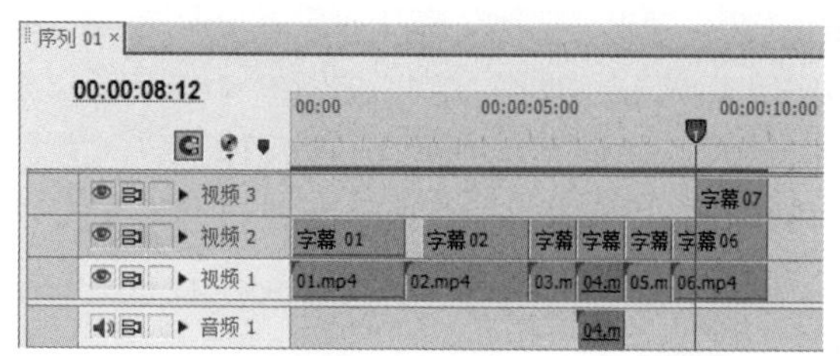

图 9-197

（27）选择“效果”面板，展开“视频切换”分类选项，单击“擦除”文件夹前面的三角形按钮▶将其展开，选中“插入”效果，如图 9-198 所示。将“插入”效果拖曳到“视频 3”轨道中的“字幕 07”文件的开始位置，如图 9-199 所示。

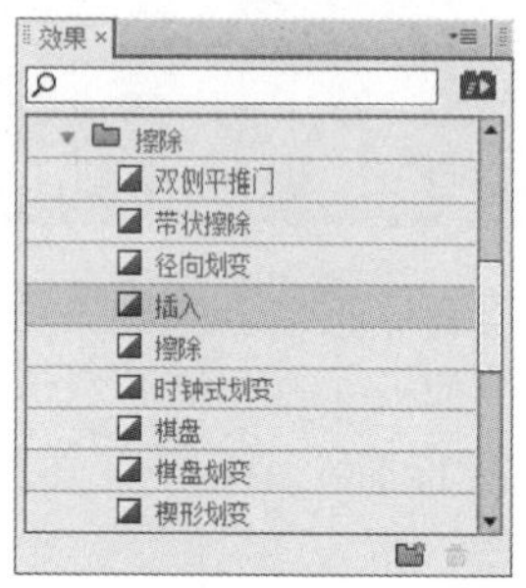

图 9-198

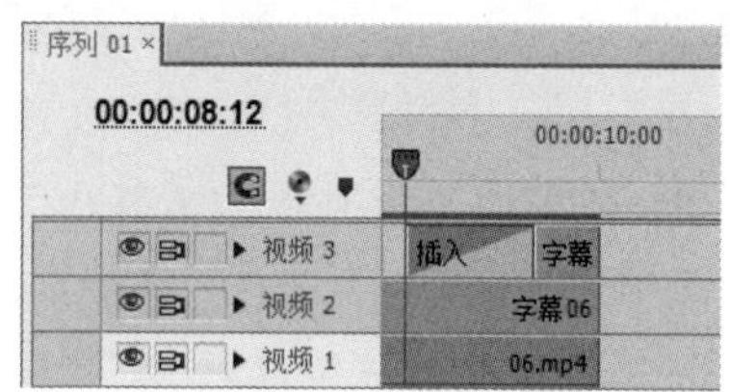

图 9-199

（28）选择“视频 3”轨道中的“插入”效果，如图 9-200 所示。选择“特效控制台”面板，将“持续时间”选项设置为 00:00:00:15，如图 9-201 所示。

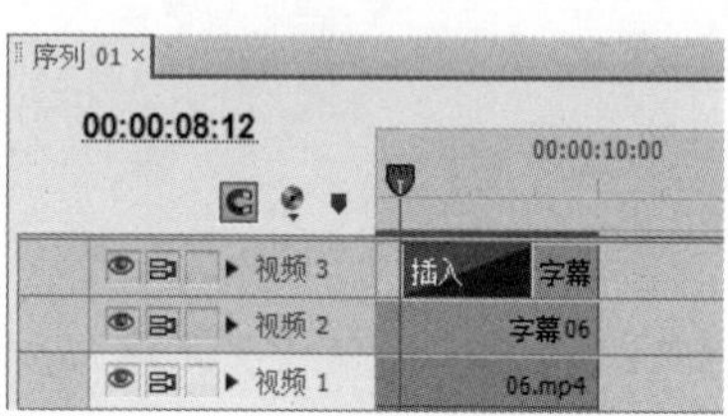

图 9-200

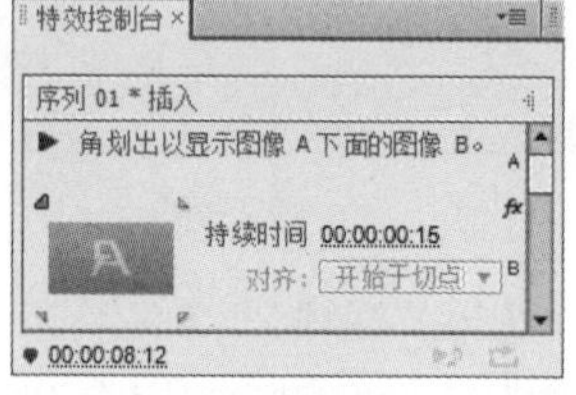

图 9-201

（29）在“项目”面板中，选中“07”文件并将其拖曳到“时间线”面板中的“音频 1”轨道中，覆盖原文件的音频，如图 9-202 所示。将鼠标指针放在“07”文件的结束位置单击，显示编辑点，当鼠标指针呈◀状时。向左拖曳编辑点到“06”文件的结束位置上，如图 9-203 所示。

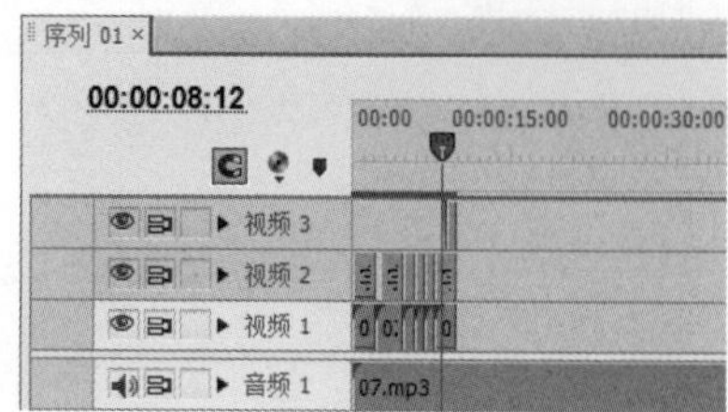

图 9-202

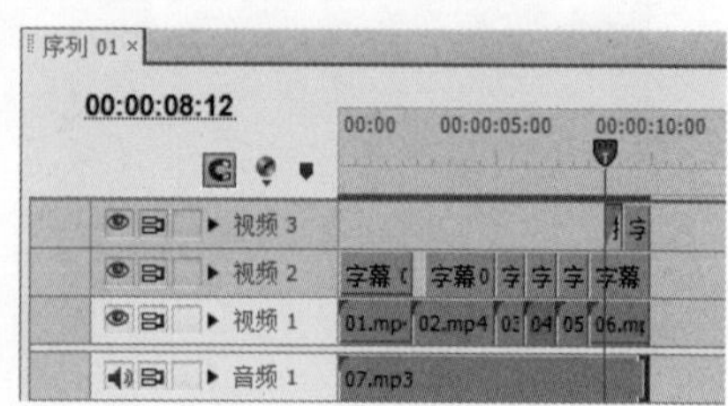

图 9-203

（30）将时间标签放置在 00:00:09:07 的位置。选择“时间线”面板中的“07”文件。选择“特效控制台”面板，展开“音量”选项，单击“级别”选项右侧的“添加/移除关键帧”按钮，如图 9-204 所示，记录第 1 个动画关键帧。将时间标签放置在 00:00:09:21 的位置。将“级别”选项设置为-999.0，如图 9-205 所示，记录第 2 个动画关键帧。旅游节目片头制作完成。

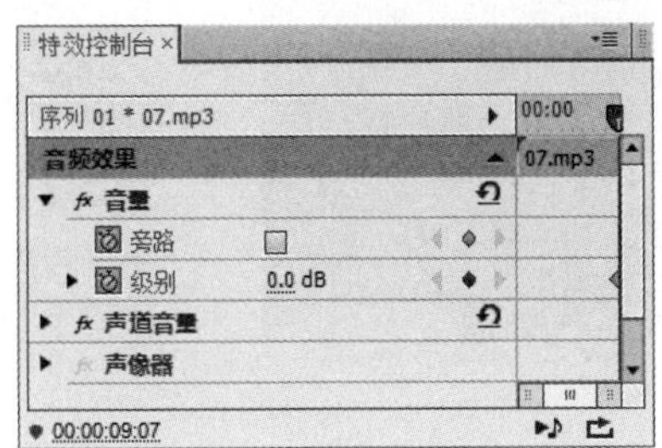


图 9-204

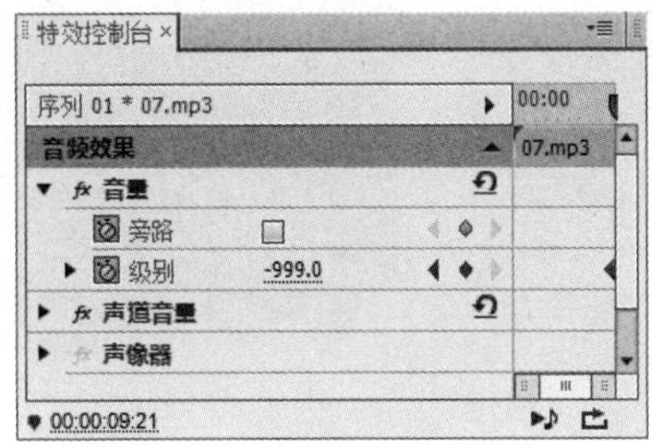


图 9-205

## 9.6 制作传统节日音乐 MV

### 9.6.1 【项目背景及要求】

**1. 客户名称**

传统文化教育网站。

**2. 客户需求**

传统文化教育网站是一家对我国的传统节日、约定俗成的风俗习惯和传统技艺等特色文化进行宣传、保护，并将其发扬光大的文化教育网站。本项目要求进行传统节日音乐 MV 的制作，设计要展现节日特色，符合大众审美。

**3. 设计要求**

（1）设计要以节日主题元素为主导。

（2）设计形式要新颖，能引起人们的关注。

（3）画面色彩要对比强烈，体现出喜庆吉祥感。

（4）设计排版合理，能够凸显宣传的重点。

（5）设计规格：帧大小为 1280×720，时基为 25.00 帧/秒，像素长宽比为方形像素（1.0）。

### 9.6.2 【项目设计及制作】

**1. 设计素材**

图片素材所在位置：云盘中的“Ch09/制作传统节日音乐 MV/素材/01 和 02”。

**2. 设计作品**

设计作品效果所在位置：云盘中的“Ch09/制作传统节日音乐 MV/制作传统节日音乐 MV.prproj”，如图 9-206 所示。

图 9-206

3. *步骤提示*

（1）启动 Premiere Pro CS6 软件，弹出"欢迎使用 Adobe Premiere Pro"欢迎界面，单击"新建项目"按钮，弹出"新建项目"对话框，如图 9-207 所示。单击"确定"按钮，弹出"新建序列"对话框，单击"设置"选项卡，设置相应参数，如图 9-208 所示，单击"确定"按钮，新建序列。

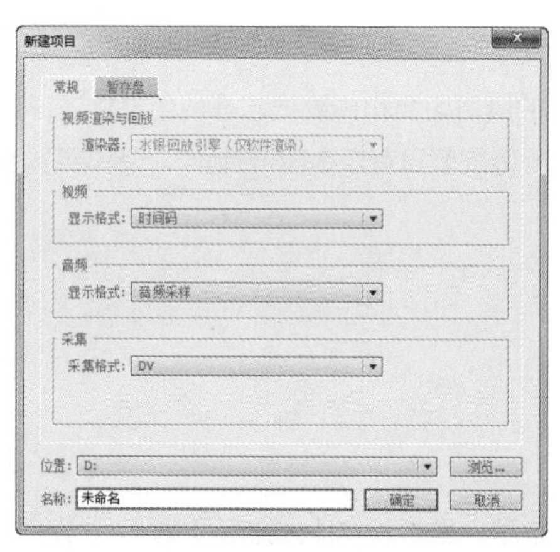


图 9-207

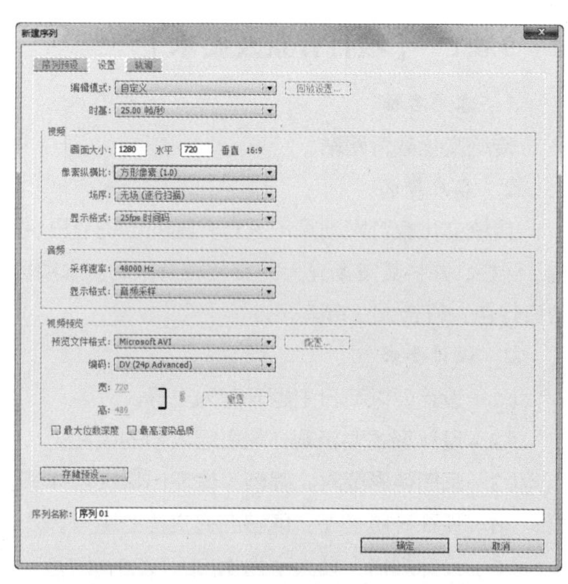


图 9-208

（2）选择"文件>导入"命令，弹出"导入"对话框，选择本书云盘中的"Ch09\制作传统节日音乐 MV\素材\01 和 02"文件，如图 9-209 所示，单击"打开"按钮，弹出"导入分层文件"对话框，选项如图 9-210 所示。单击"确定"按钮，将素材文件导入到"项目"面板中，如图 9-211 所示。

（3）在"项目"面板中，展开"01"文件夹，选中"01/01"和"02/01"文件分别将其拖曳到"时间线"面板的"视频 1"和"视频 2"轨道中，如图 9-212 所示。将时间标签放置在 00:00:00:03 的位置。选中"03/01"文件并将其拖曳到"时间线"面板的"视频 3"轨道中，如图 9-213 所示。

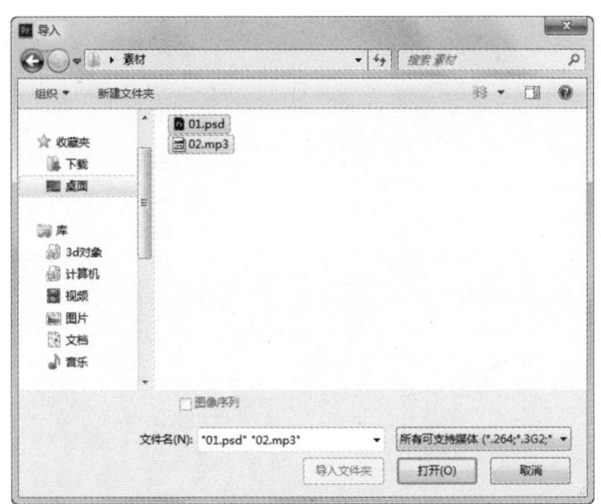


图 9-209

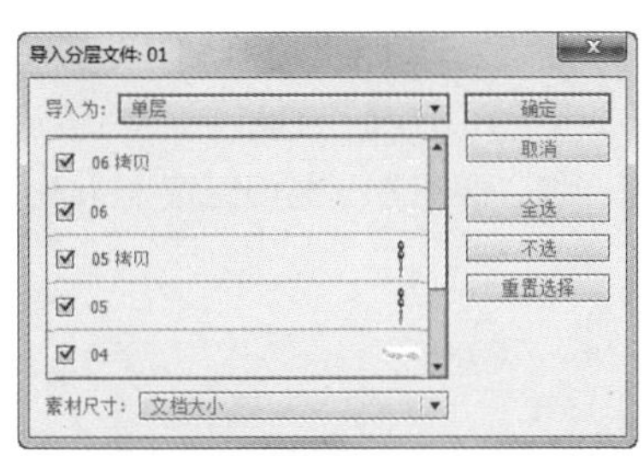


图 9-210

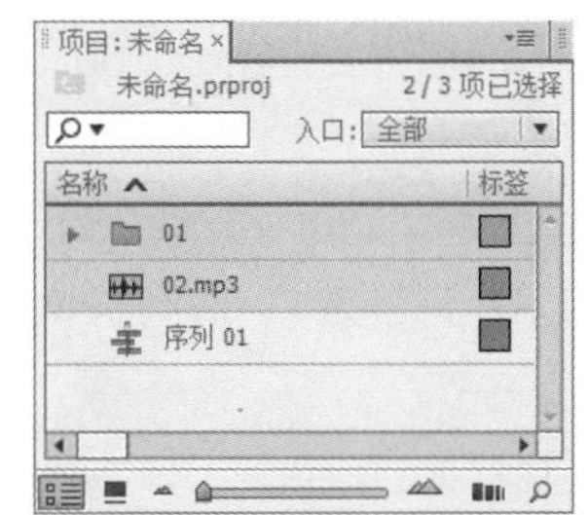


图 9-211

图 9-212

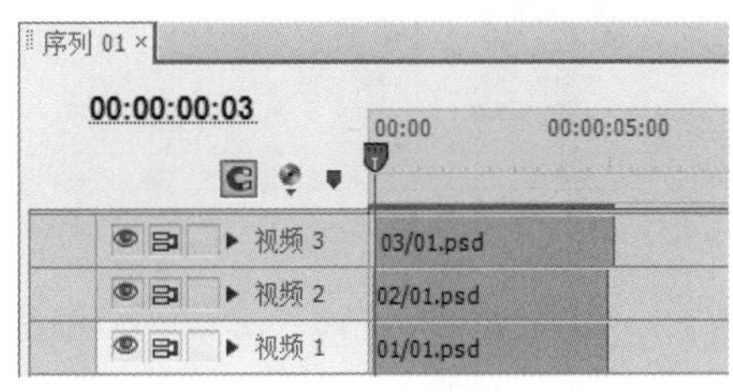


图 9-213

（4）将鼠标指针放在“03/01”文件的结束位置。当鼠标指针呈⇤状时，单击并向左拖曳指针到“02/01”文件结束位置，如图 9-214 所示。选择“序列 > 添加轨道”命令，在弹出的对话框中进行设置，如图 9-215 所示，单击“确定”按钮，在“时间线”面板中添加 5 条视频轨道。

图 9-214

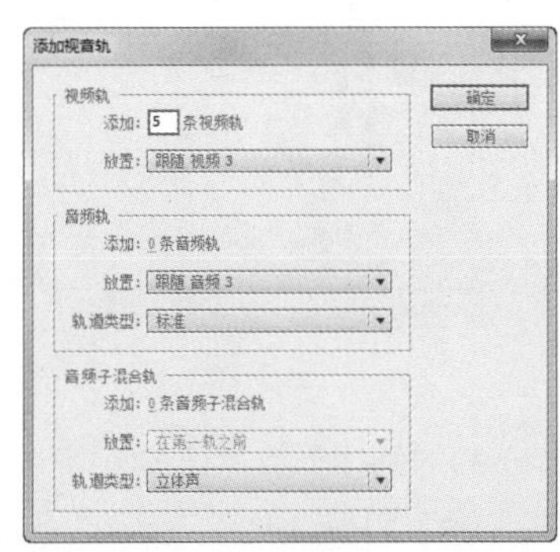


图 9-215

（5）使用相同的方法把其他文件分别拖曳到不同的视频轨道中，并剪辑素材，“时间线”面板中的效果如图 9-216 所示。

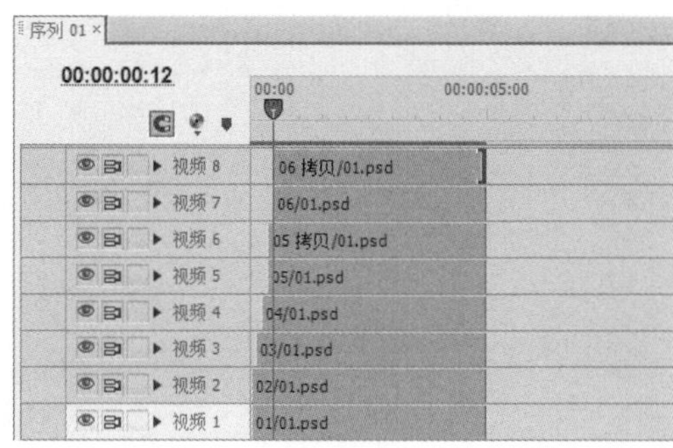

图 9-216

（6）将时间标签放置在 00:00:00:00 的位置。选择“时间线”面板中的“02/01”文件。选择“特效控制台”面板，展开“透明度”选项，将“透明度”选项设置为 0.0%，如图 9-217 所示，记录第 1 个动画关键帧。将时间标签放置在 00:00:00:03 的位置。将“透明度”选项设置为 100.0%，如图 9-218 所示，记录第 2 个动画关键帧。

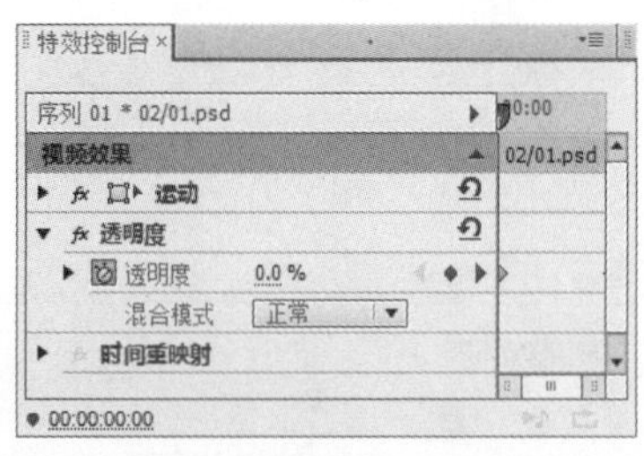

图 9-217

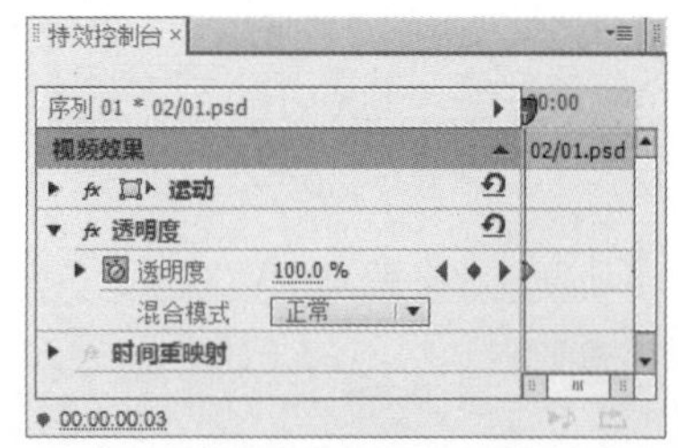

图 9-218

（7）选择“效果”面板，展开“视频特效”分类选项，单击“透视”文件夹前面的三角形按钮▶将其展开，选中“投影”效果，如图 9-219 所示。将“投影”效果拖曳到“时间线”面板“视频 3”轨道中的“03/01”文件上。选择“特效控制台”面板，展开“投影”选项，设置如图 9-220 所示。用相同的方法为其他文件添加投影效果。

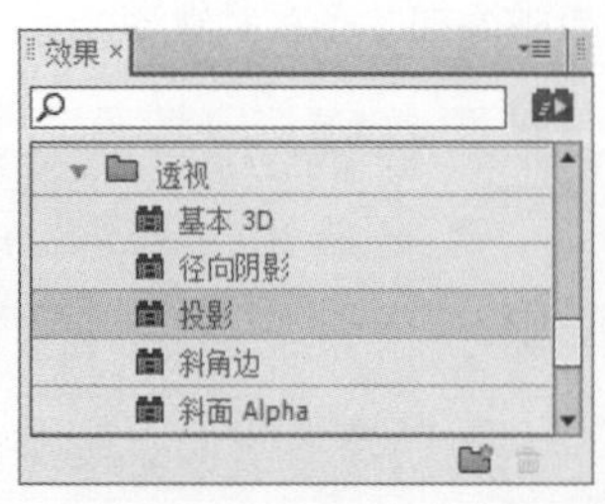

图 9-219

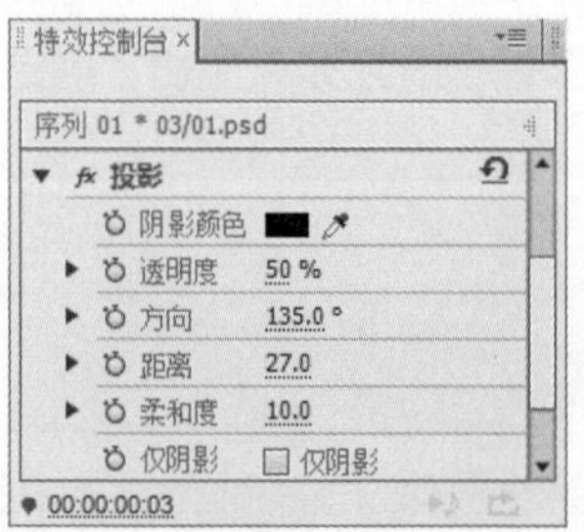

图 9-220

（8）将时间标签放置在 00:00:00:06 的位置。在“时间线”面板中选择“04/01”文件。选择“特效控制台”面板，展开“运动”选项，将“位置”选项设置为 640.0 和 608.0，单击“位置”选项左侧的“切换动画”按钮，记录第 1 个动画关键帧，如图 9-221 所示。

（9）将时间标签放置在 00:00:01:02 的位置。将“位置”选项设置为 640.0 和 390.0，记录第 2 个动画关键帧，如图 9-222 所示。将时间标签放置在 00:00:04:24 的位置。将“位置”选项设置为 640.0 和 360.0，记录第 3 个动画关键帧，如图 9-223 所示。

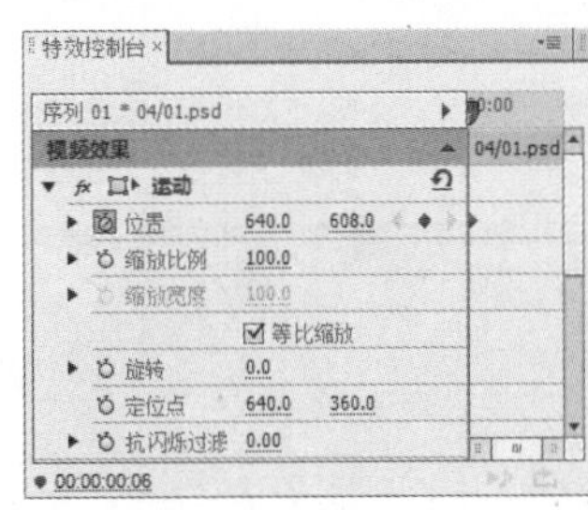


图 9-221

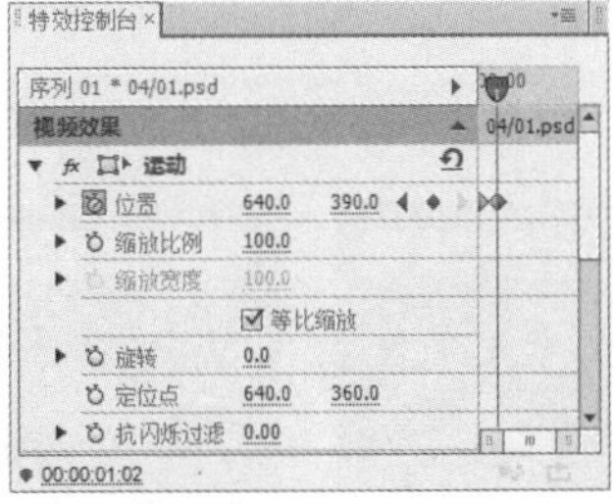


图 9-222

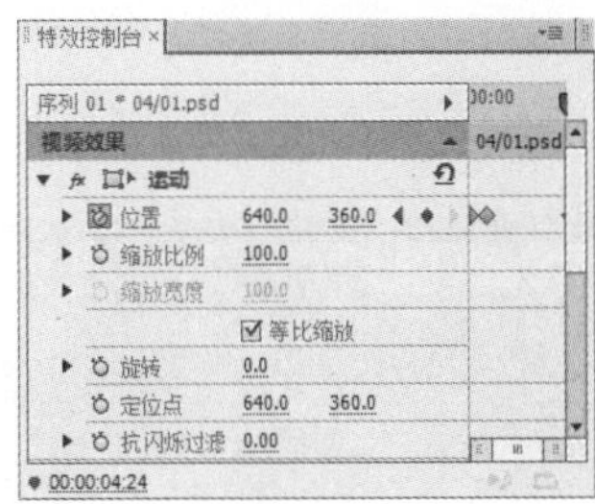


图 9-223

（10）将时间标签放置在 00:00:00:12 的位置。在“时间线”面板中选择“06/01”文件。选择“特效控制台”面板，展开“运动”选项，单击“位置”选项左侧的“切换动画”按钮，记录第 1 个动画关键帧，如图 9-224 所示。

（11）将时间标签放置在 00:00:02:11 的位置。将“位置”选项设置为 536.0 和 360.0，记录第 2 个动画关键帧，如图 9-225 所示。将时间标签放置在 00:00:04:24 的位置。将“位置”选项设置为 639.0 和 360.0，记录第 3 个动画关键帧，如图 9-226 所示。使用相同的方法制作“06 拷贝/01”文件动画。

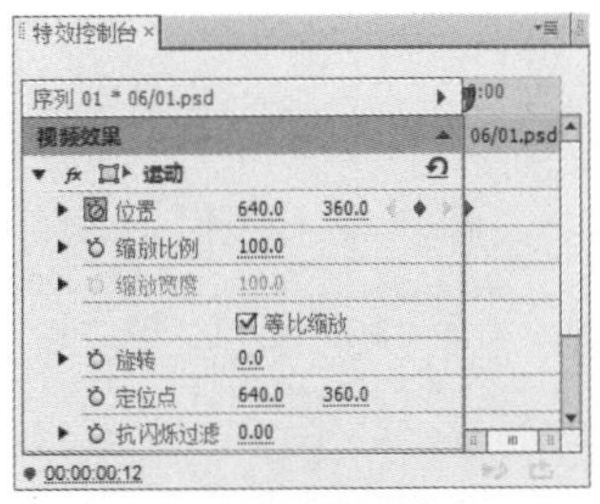


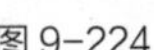

图 9-224

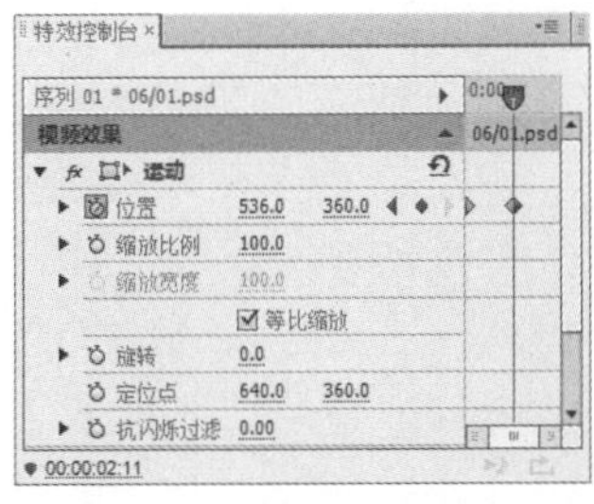


图 9-225

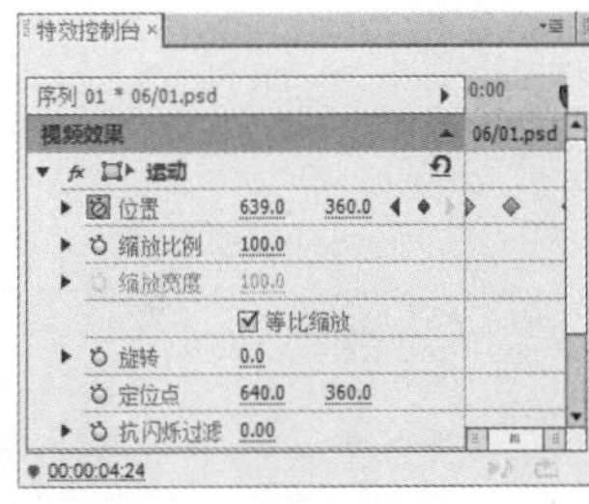


图 9-226

（12）将时间标签放置在 00:00:00:20 的位置。选择“文件>新建>字幕”命令，弹出“新建字幕”对话框，如图 9-227 所示，单击“确定”按钮，弹出“字幕”编辑面板。选择“字幕”编辑面板中的“垂直文字”工具，在“字幕”编辑面板中分别单击并输入需要的文字，如图 9-228 所示。

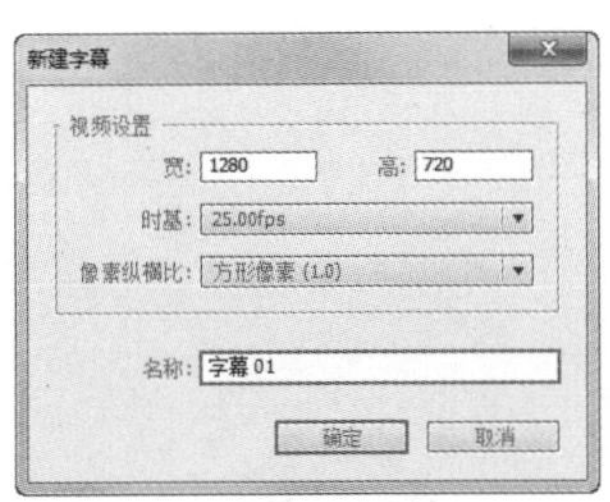


图 9-227

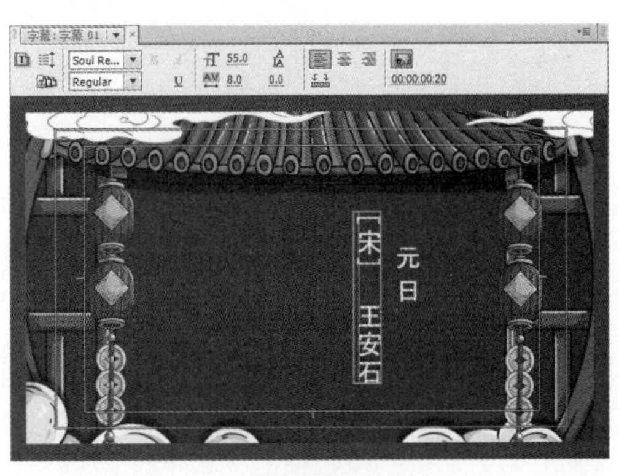


图 9-228

（13）选择“字幕”编辑面板中的“垂直区域文字”工具，在“字幕”编辑面板中拖曳出一个矩形框并输入需要的文字，如图 9-229 所示。分别选择文字，在“字幕”编辑面板上方设置适当的字体和文字大小。在“字幕属性”面板中，展开“填充”栏，将“颜色”选项设置为白色，“字幕”编辑面板中的效果如图 9-230 所示。在“项目”面板中生成“字幕 01”文件。

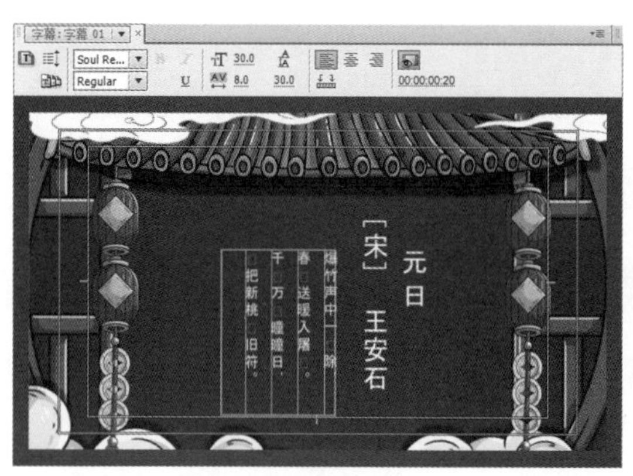


图 9-229

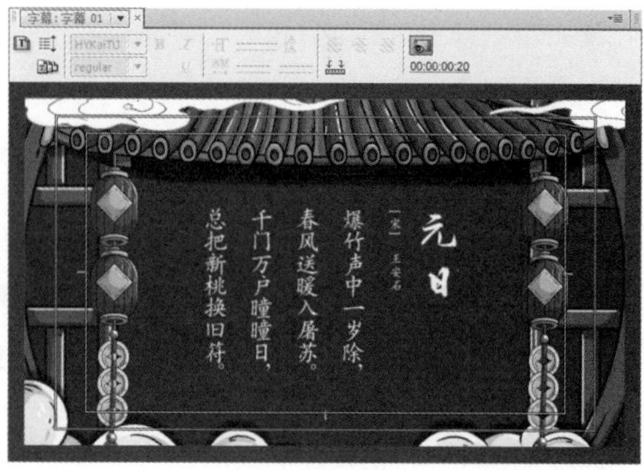


图 9-230

（14）将“项目”面板中的“字幕 01”文件拖曳到“时间线”面板中的“视频 9”轨道中，如图 9-231 所示。将鼠标指针放在“字幕 01”文件的结束位置单击，显示编辑点。当鼠标指针呈状时，向左拖曳指针到“06 拷贝/01”结束的位置，如图 9-232 所示。

图 9-231

图 9-232

（15）选择“效果”面板，展开“视频切换”分类选项，单击“擦除”文件夹前面的三角形按钮将其展开，选中“径向划变”效果，如图 9-233 所示。将“径向划变”效果拖曳到“视频 9”轨道中的“字幕 01”文件的开始位置，如图 9-234 所示。

图 9-233

图 9-234

（16）将时间标签放置在 00:00:00:00 的位置。在“项目”面板中选中“02”文件并将其拖曳到“时间线”面板中的“音频 1”轨道上，如图 9-235 所示。将鼠标指针放在“02”文件的结束位置单击，显示编辑点，当鼠标指针呈状时，向左拖曳鼠标到“01/01”文件结束的位置，如图 9-236 所示。传统节日音乐 MV 制作完成。

图 9-235

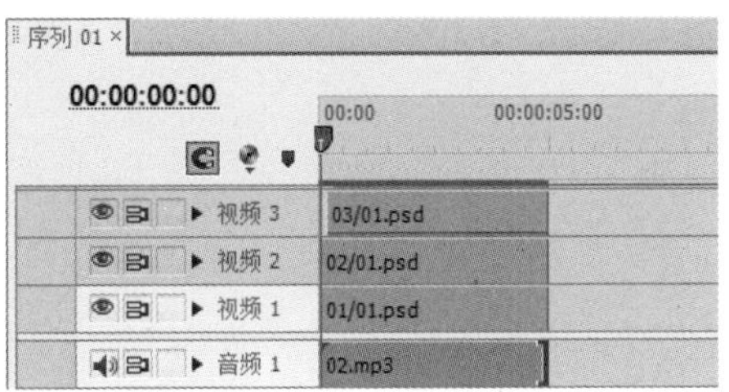


图 9-236